桐柏树木志

孙国山　陈秀坤　张旭培　主编

黄河水利出版社
·郑州·

内 容 提 要

桐柏县位于河南省南部,桐柏山北麓,是千里淮河的发源地,地处北亚热带北部边缘,属季风型大陆性半湿润气候,兼有亚热带和暖温带气候特点,四季分明,温暖湿润,雨水适中。地理位置优越,生态环境良好,区位优势明显,适宜多种植物生长,自然资源丰富。本书是在大量调查走访和查阅资料的基础上编写而成的,全面介绍了桐柏山区常见的树木种类情况,对了解和掌握桐柏山区树木资源、生长习性及开展科学研究都具有一定的指导意义和参考价值。

本书可供从事林业调查、森林抚育和植物种质资源研究的管理和技术人员阅读参考。

图书在版编目(CIP)数据

桐柏树木志/孙国山,陈秀坤,张旭培主编. —郑州:黄河
水利出版社,2017.7
ISBN 978 - 7 - 5509 - 1795 - 8

Ⅰ.①桐… Ⅱ.①孙… ②陈… ③张… Ⅲ.①树木 - 植物
志 - 桐柏县 Ⅳ.①S717.614

中国版本图书馆 CIP 数据核字(2017)第 165799 号

组稿编辑:李洪良 电话:0371 - 66026352 E-mail:hongliang0013@163.com

出 版 社:黄河水利出版社 网址:www.yrcp.com
　　　　　地址:河南省郑州市顺河路黄委会综合楼 14 层 邮政编码:450003
发行单位:黄河水利出版社
　　　　　发行部电话:0371 - 66026940、66020550、66028024、66022620(传真)
　　　　　E-mail:hhslcbs@126.com
承印单位:虎彩印艺股份有限公司
开本:890 mm×1 240 mm 1/32
印张:11
字数:250 千字 印数:1—1 000
版次:2017 年 7 月第 1 版 印次:2017 年 7 月第 1 次印刷

定价:35.00 元

《桐柏树木志》编委会

前　言

　　"盘古开天地,血为淮渎"。桐柏县位于河南省南部,桐柏山北麓,是千里淮河的发源地。东西长 76.1 km,南北宽 49.3 km,土地总面积 1 915 km^2。地处北亚热带北部边缘,属季风型大陆性半湿润气候,兼有亚热带和暖温带气候特点,四季分明,温暖湿润,雨水适中。桐柏分属淮河、长江两大水系,以淮源镇固庙村的西岭和大河镇土门村的新坡岭一线为分水岭,以东属淮河流域,以西属长江流域。

　　桐柏县地处南北气候过渡带,地理位置优越,生态环境良好,区位优势明显,适宜多种植物生长,自然资源丰富,生物物种繁多,兼容并蓄南北方动植物。共有维管植物 178 科 756 属 1 789 种,分别占全省的 89.6%、66.2%、49.4%。脊椎动物 5 纲 55 科 298 种,其中鸟类 200 种,占全省的 93.8%。根据有关资料统计,2015 年森林覆盖率已达 51.7%,主要用材林树种有"两松"、马尾松、栎类、杨树、泡桐等,主要经济林树种有板栗、桃、茶叶、木瓜等,有国家和省级重点保护植物香果树、水杉、青檀等 52 种,国家和省级重点保护动物斑羚、白冠长尾雉、大鲵等 36 种,素有中原特大天然动植物资源宝库之称。

　　该书是在大量调查走访和查阅资料的基础上编写而成的,全面介绍了桐柏山区常见的树木种类情况,对了解和掌握桐柏山区树木资源、生长习性及开展科学研究都具有一定的指导意义和参考价值。

　　由于作者水平和文献资料有限,不足之处在所难免,争取在今后的工作中臻于完善,敬请专家和同仁批评指正。

作　者

2017 年 3 月

目　录

第一章 概 况

1 | 地理位置

桐柏县位于河南省西南部,南阳盆地东缘,桐柏山腹地,豫鄂交界处,素有"宛东咽喉""信西屏障"之称。"盘古开天地,血为淮渎",为淮河发源地。地处北纬32°17′~32°43′,东经113°00′~113°49′,东西长76.1 km,南北宽49.3 km,土地总面积1 915 km²。东与信阳市平桥区接壤,西同南阳市唐河县相连,北和驻马店市的泌阳县、确山县为邻,南与湖北省的枣阳市、随州市交界。

2 | 地形地貌

桐柏县地形以浅山、丘陵为主,素有"七山一水二分田"之称,东西走向贯穿全境的桐柏山是构成该县地貌的骨架,主脉沿线山高谷深,沟窄坡陡。主峰太白顶海拔1 140 m,雄伟壮观;桐柏山余脉伸至中部、北部和东北部,呈指状放射,形成大面积的浅山和丘陵,800多个山岭、700多条岗丘相接相连,遍布全县。地势东南较高,中部突起,东西两侧渐低,山、岗、丘、平交错分布,平均海拔500 m左右。

3 | 气候

桐柏县地处北亚热带北部边缘,属季风型大陆性半湿润气候,兼有亚热带和暖温带气候特点,四季分明,温暖湿润,雨水适中。年平均日照时数2 027 h,年平均太阳总辐射量112.06 kcal/cm²,光合有效辐射54.91 kcal/cm²。年平均气温15 ℃,≥10 ℃的活动积温4 811 ℃,无霜期211~231 d,年平均降水量933~1 181 mm,年平均相对湿度74%,对林木生长很有利。

4 | 土壤

桐柏县共有3个土类、9个亚类、18个土属、74个土种。其中黄棕壤面积最大,主要分布在低山、丘陵、缓岗,占全县土壤面积的82.8%,是主要的林业土壤,成土母岩为花岗岩、片麻岩,包括黄棕壤、黄褐土、粗骨性黄棕壤、粗骨性黄褐土4个亚类;潮土类主要分布在三夹河、淮河及其支流沿岸,占总面积的3.32%;水稻土主要分布在山间盆地、河流两岸洼地,占总面积的13.87%,是农业土壤的主体。

5 水文

桐柏县分属淮河、长江两大水系,以淮源镇固庙村的西岭和大河镇土门村的新坡岭一线为分水岭,以东属淮河流域,面积1 310 km²;以西属长江流域,面积605 km²。县内河流交错,涧溪密布,共有大小河流58条,其中淮河流域32条,长江流域26条。流域面积在100 km²以上的河流共有9条,其中属于淮河水系的有5条,属于长江水系的有4条。县内共有中小型水库79座,总库容量11 508万m³。库容量大于1 000万m³的中型水库有赵庄水库、二郎山水库,另有水电灌站60余处。全县地表水径流总量年均7.56亿m³,地下水约0.5亿m³,地表径流可利用水量约2.6亿m³,现状利用水量约1.8亿m³。

6 社会经济概况

桐柏县土地总面积1 915 km²。共辖16个乡镇(包括城关、月河、吴城、固县、毛集、黄岗、大河、安棚、埠江、平氏、程湾、淮源等12个镇,城郊、回龙、朱庄、新集等4个乡),以及县产业聚集区、安棚化工专业园区管委会、国有毛集林场、陈庄林场和沙子岗牧场,共215个行政村(社区),111 875户,总人口44.3万人,其中农业人口34.2万人。

近年来,桐柏县大力实施"生态立县"发展战略,努力构建生态工业、生态农业、生态旅游、生态城镇四大体系,全县经济快速发展,综合实力不断增强。2016年全县生产总值完成132亿元,同比增长11.5%;公共财政预算收入完成8.5亿元,同比增长15%;城镇居民人均可支配收入24 242元,同比增长9.9%;农民人均纯收入9 567元,同比增长14.9%;全县金融机构存款余额121亿元,各项贷款余额54亿元,年均分别增长14.4%和13.8%。

7 森林资源概况

根据2007年进行的二类调查成果和桐柏县林业生产统计资料更新,截至2012年底,桐柏县林地总面积106 606.5 hm²,占国土面积(1 915 km²)的55.7%;森林覆盖率50.3%,活立木总蓄积量264万m³。

林业用地中,按地类分:有林地98 029.2 hm²,灌木林地560.4 hm²,疏林地517.8 hm²,未成林造林地969.2 hm²,苗圃地83.1 hm²,宜林地6 170.4 hm²,无立木林地168.8 hm²,林业辅助生产用地107.7 hm²。

8 野生动植物资源

桐柏县自然资源十分丰富,生物物种繁多,兼容并蓄南北方动植物种类。共有维管植物 178 科 756 属 1 789 种,分别占全省的 89.6%、66.2%、49.4%。脊椎动物 5 纲 55 科 298 种,其中鸟类 200 种,占全省的 93.8%。主要用材林树种有"两松"、马尾松、栎类、杨树、泡桐等,主要经济林树种有板栗、大枣、茶叶、木瓜、银杏等,属国家和省级重点保护植物的有香果树、水杉、青檀等 52 种,国家和省级重点保护动物有斑羚、白冠长尾雉、大鲵等 36 种,素有中原特大天然动植物资源宝库之称。

据不完全统计,桐柏县共有古树名木 228 株,主要树种有银杏、侧柏、圆柏、国槐、桂花、马尾松、板栗等。其中,以淮源镇清泉寺的千年银杏(胸围 327 cm)、程湾镇黑明寺的千年桂花、城关镇文庙的侧柏(树龄 2 000 多年)最为著名。还有淮源镇百年板栗园和月河镇白庙村百年板栗园,树龄超过百年的板栗树就有 160 余株,最大的一株胸围为 360 cm,长势较好,南北和东西冠幅都在 15 m 以上。此外,太白顶自然保护区核心区有树龄超过百年的马尾松 60 多株,胸径都在 80 cm 以上。

9 风景名胜资源概况

桐柏县历史悠久,人文荟萃,风光旖旎,生态旅游资源得天独厚,是中原旅游胜地,有主要景观 118 处。桐柏山创佛教临济宗白云山系,境内水帘寺为中原四大名寺之一。桐柏山淮源风景名胜区是河南省十佳风景名胜区、省级自然保护区、省级地质公园、国家重点风景名胜区,桐柏革命纪念馆是全国百家红色旅游经典景区。

桃花洞位于太白顶西侧的大峡谷内,峡谷两侧峻峰擎天,古木森森,岩石壁立,大小七十二洞分布其上,其中西壁有一大洞,即桃花洞,"桃洞铺霞"为桐柏明清古八景之一。太白顶位于桐柏县城西 15 km 的国营陈庄林场内,是桐柏山主峰,海拔 1 140 m,顶上有名刹云台禅寺,为佛教临济宗白云山系祖庭,堪称中原的"布达拉宫",现为省级自然保护区和国家级森林公园。桐柏县黄岗红叶苑位于黄岗镇境内,景区面积 50 km²,主峰启母岭海拔 758 m。景区内风景秀丽,海拔 500 m 以上以奇山怪石为主,500 m 以下以红叶灌木林为主。以苏区红色文化、西游记文化、盘古文化、山石文化为景区主要内涵。主体景点有《西游记》人物群像、盘古奶岭、风动石、飞来石、双狮岭、万亩红叶林、义和寨旧址等。桐柏县黑明寺景区位于程湾镇境内,景区核心面积约 30 km²,主要在石头庄村、岳沟村内。黑明寺景区主体由 17 个单体组成,景点主要有黑明寺、秦王洞、响水潭瀑布群、穆家寨等。

第二章　裸子植物

1 银杏科

拉丁学名：*Ginkgoaceae*　落叶大乔木，幼树树皮近平滑，浅灰色，大树之皮灰褐色，不规则纵裂，有长枝与生长缓慢的距状短枝。叶互生，在长枝上辐射状散生。雌雄异株，球花单生于短枝的叶腋；雄球花呈柔荑花序状，雄蕊多；雌球花有长梗，梗端常分两叉。种子核果状，具长梗，下垂，椭圆形、卵圆形或近球形，长 2.5～3.5 cm；种皮骨质，白色。

银杏

拉丁学名：*Ginkgo biloba* L.　落叶大乔木，胸径可达 4 m，幼树树皮近平滑，浅灰色，大树之皮灰褐色，不规则纵裂，粗糙；有长枝与生长缓慢的距状短枝。幼年及壮年树冠圆锥形，枝近轮生；一年生的长枝淡褐黄色，二年生以上变为灰色，并有细纵裂纹；短枝密被叶痕，黑灰色，短枝上亦可长出长枝；冬芽黄褐色，常为卵圆形，先端钝尖。

叶互生，在长枝上辐射状散生，在短枝上 3～5 枚呈簇生状，有细长的叶柄，扇形，两面淡绿色，无毛，有多数叉状并列细脉，在宽阔的顶缘多少具缺刻，宽 5～15 cm。在长枝上散生，在短枝上簇生。叶脉形式为"二歧状分叉叶脉"。在长枝上常 2 裂，基部宽楔形，柄长多为 5～8 cm，幼树及萌生枝上的叶常较大而深裂，叶在一年生长枝上螺旋状散生，在短枝上 3～8 叶呈簇生状，秋季落叶前变为黄色。球花雌雄异株，单性，生于短枝顶端的鳞片状叶的腋内，呈簇生状。雄球花呈柔荑花序状，下垂，雄蕊排列疏松，具短梗。4 月开花，10 月成熟，种子具长梗，下垂，常为椭圆形、卵圆形或近圆球形。

2 松科

拉丁学名：*Pinaceae*　常绿或落叶乔木，枝仅有长枝，或兼有长枝与生长缓慢的短枝，短枝通常明显。叶条形或针形，基部不下延生长；条形叶扁平，在长枝上螺旋状散生，在短枝上呈簇生状；针形叶 2～5 针成一束，着生于极度退化的短枝顶端，基部包有叶鞘。花单性，雌雄同株；雄球花腋生或单生枝顶，或多数集生于短枝顶端，具多数螺旋状着生的雄蕊。球果直立或下垂，熟时张开；种鳞背腹面扁平，木质或革质，宿存或熟后脱落；苞鳞与种鳞离生；种鳞的腹面基部有 2 粒种子。

华山松

拉丁学名：*Pinus armandii* Franch.　乔木，幼树树皮灰绿色或淡灰色，平滑，老则呈灰色,裂成方形或长方形厚块片固着于树干上,或脱落;枝条平展,形成圆锥形或柱状塔形树冠;一年生枝绿色或灰绿色,无毛,微被白粉。针叶5针一束,长8~15 cm,边缘具细锯齿。雄球花黄色,卵状圆柱形,基部围有近10枚卵状匙形的鳞片,多数集生于新枝下部成穗状,排列较疏松。球果圆锥状长卵圆形,长10~20 cm,径5~8 cm,幼时绿色,成熟时黄色或褐黄色,种鳞张开,种子脱落,果梗长2~3 cm;中部种鳞近斜方状倒卵形,长3~4 cm,鳞盾近斜方形或宽三角状斜方形,不具纵脊,先端钝圆或微尖,不反曲或微反曲,鳞脐不明显;种子黄褐色、暗褐色或黑色,倒卵圆形。花期4~5月,球果第二年9~10月成熟。

马尾松

拉丁学名:*Pinus massoniana* Lamb. 乔木,树皮红褐色,下部灰褐色,裂成不规则的鳞状块片;枝平展或斜展,树冠宽塔形或伞形,枝条每年生长一轮,淡黄褐色,无白粉,无毛;冬芽卵状圆柱形,褐色,顶端尖,芽鳞边缘丝状,先端尖或呈渐尖的长尖头,微反曲。

针叶2针一束,长12~20 cm,细柔,两面有气孔线,边缘有细锯齿;叶鞘初呈褐色,后渐变成灰黑色。雄球花淡红褐色,圆柱形,弯垂,聚生于新枝下部,穗状,长6~15 cm;雌球花单生或2~4个聚生于新枝近顶端,淡紫红色,一年生小球果圆球形或卵圆形,径约2 cm,褐色或紫褐色。

球果卵圆形或圆锥状卵圆形,长4~7 cm,有短梗,下垂,成熟前绿色,熟时栗褐色,陆续脱落;中部种鳞近矩圆状倒卵形;鳞盾菱形,微隆起或平;种子长卵圆形,长4~6 mm,子叶5~8枚,初生叶条形,叶缘具疏生刺毛状锯齿。花期4~5月,球果第二年10~12月成熟。

油松

拉丁学名:*Pinus tabuliformis* Carriere 乔木,树皮灰褐色或褐灰色,裂成不规则较厚的鳞状块片,裂缝及上部树皮红褐色;枝平展或向下斜展,小枝较粗,褐黄色,无毛,幼时微被白粉。针叶2针一束,深绿色,粗硬,长10~15 cm,边缘有细锯齿,叶鞘初呈淡褐色,后呈淡黑褐色。雄球花圆柱形,在新枝下部聚生成穗状。球果卵形或圆卵形,有短梗,成熟前绿色,熟时淡黄色或淡褐黄色;中部种鳞近矩圆状倒卵形;种子卵圆形或长卵圆形,淡褐色有斑纹。花期4~5月,球果第二年10月成熟。

黄山松

拉丁学名:*Pinus taiwanensis* Hayata 乔木,树皮深灰褐色,裂成不规则鳞状厚块片或薄片;枝平展,老树树冠平顶;一年生枝淡黄褐色或暗红褐色,无毛,不被白粉;冬芽深褐色,卵圆形或长卵圆形,顶端尖,微有树脂。针叶2针一束,稍硬直,边缘有细锯齿,叶鞘初呈淡褐色或褐色。雄球花圆柱形,淡红褐色。球果卵圆形,长3~5 cm,成熟前绿色,熟时褐色或暗褐色,后渐变成暗灰褐色;种子倒卵状椭圆形,具不规则的红褐色斑纹,两面中脉隆起,边缘有尖锯齿。花期4~5月,球果第二年10月成熟。

3 杉科

拉丁学名:*Taxodiaceae* 常绿、半常绿或落叶乔木,树干端直,大枝轮生或近轮生,树皮纵裂,成长条片脱落;叶、芽鳞、雄蕊、苞鳞、珠鳞及种鳞均螺旋状排列,极少交互对生。叶披针形、钻形、鳞片状或线形。球花单性,雌雄同株;雄球花小,单生或簇生枝顶,偶生叶腋;种子扁平或三棱形,周围或两侧有窄翅。

柳杉

拉丁学名:*Cryptomeria japonica*(L. F.)D. Don var. sinensis Miquel 乔木,树皮红棕色,纤维状,裂成长条片脱落;大枝近轮生,平展或斜展;小枝细长,常下垂,绿色,枝条中部的叶较长,常向两端逐渐变短。叶钻形,略向内弯曲,果枝的叶通常较短。雄球花单生叶腋,长椭圆形,集生于小枝上部,呈短穗状花序状;雌球花顶生于短枝上。球果圆球形或扁球形,种子褐色,近椭圆形,扁平。花期4月,球果10月成熟。

杉木

拉丁学名:*Cunninghamia lanceolata*(Lamb.)Hook. 乔木,幼树树冠尖塔形,大树树冠圆锥形,树皮灰褐色,裂成长条片脱落,内皮淡红色;大枝平展,小枝近对生或轮生,幼枝绿色,光滑无毛。叶在主枝上辐射伸展,侧枝叶基部扭转成二列状,披针形或条状披针形。

球果卵圆形,长2.5~5 cm,熟时苞鳞革质,三角状卵形,先端有坚硬的刺状尖头,边缘有不规则的锯齿,向外反卷或不反卷,种子扁平,遮盖着种鳞,长卵形或矩圆形,暗褐色,有光泽。花期4月,球果10月下旬成熟。

水杉

拉丁学名:*Metasequoia glyptostroboides* Hu et W. C. Cheng 乔木,树干基部常膨大;树皮灰色、灰褐色或暗灰色,幼树裂成薄片脱落,大树裂成长条状脱落,内皮淡紫褐色;枝斜展,小枝下垂,幼树树冠尖塔形,老树树冠广圆形,枝叶稀疏;一年生枝光滑无毛,幼时绿色,后渐变成淡褐色,二、三年生枝淡褐灰色或褐灰色;侧生小枝排成羽状,长4~15 cm,冬季凋落;主枝上的冬芽卵圆形或椭圆形,顶端钝,长约4 mm,径约3 mm,芽鳞宽卵形,先端圆或钝,长宽几相等,边缘薄而色浅,背面有纵脊。叶条形,上面淡绿色,下面色较淡,叶在侧生小枝上裂成二裂,羽状。

球果下垂,近四棱状球形或矩圆状球形,成熟前绿色,熟时深褐色;种子扁平,倒卵形,间或圆形或矩圆形,周围有翅,先端有凹缺。花期2月下旬,球果11月成熟。

4 柏科

拉丁学名:*Cupressaceae* 常绿乔木或灌木,有树脂,木材有香气,结构细致、均匀、纹理直。叶交叉对生,球花单性,雌雄同株或异株,单生枝顶或叶腋;雄球花具 3~8 对交叉对生的雄蕊,雌球花有 3~16 枚,交叉对生。球果圆球形、卵圆形或圆柱形;种鳞薄或厚,扁平或盾形,木质或近革质,熟时张开。

侧柏

拉丁学名:*Platycladus orientalis*(L.)Franco　乔木,树皮薄,浅灰褐色,纵裂成条片;枝条向上伸展或斜展,幼树树冠卵状尖塔形,老树树冠则为广圆形;叶鳞形,先端微钝,小枝中央的叶的露出部分呈倒卵状菱形或斜方形。

雄球花黄色,卵圆形,雌球花近球形,蓝绿色。球果近卵圆形,成熟前近肉质,蓝绿色,被白粉,成熟后木质,开裂,红褐色。种子卵圆形或近椭圆形,顶端微尖,灰褐色或紫褐色。花期 3~4 月,球果 10 月成熟。

圆柏

拉丁学名:*Juniperus chinensis* Linnaeus　常绿乔木,树冠尖塔形或广圆形。枝常向上直展。叶有两型,在幼树或基部萌蘖枝上全为刺形叶,三叶交叉轮生,叶基部无关节而向下延伸。随着树龄的增长,刺叶逐渐被鳞形叶代替,鳞形叶排列紧密并交互对生,先端钝。雌雄异株,雌花与雄花均着生于枝的顶端。球果近圆形,被白粉,熟时褐色。内有种子 1~4 粒,呈卵圆形。花期 4 月,次年 11 月果熟。

5 | 三尖杉科

拉丁学名:*Cephalotaxaccae*　常绿乔木或灌木,木材结构细致,材质优良,有弹性,具有多种用途。小枝常对生;叶条形或条状披针形,交互对生或近对生;树皮灰褐色至红褐色,老时成不规则片状剥落;小枝对生,基部有宿存芽鳞。

三尖杉

拉丁学名:*Cephalotaxus fortunei* Hook. F.　乔木,树皮褐色或红褐色,裂成片状脱落,枝条较细长,稍下垂;树冠广圆形。叶排成两列,披针状条形,通常微弯。雄球花 8~10 枚聚生成头状,雌球花的胚珠 3~8 枚发育成种子。种子椭圆状卵形或近圆球形,假种皮成熟时紫色或红紫色,顶端有小尖头;子叶 2 枚,条形,先端钝圆或微凹,下面中脉隆起,无气孔线。花期 4 月,种子 8~10 月成熟。

粗榧

拉丁学名:*Cephalotaxus sinensis*(Rehd. et Wils.)Li.　灌木或小乔木,树皮灰色或灰褐色,裂成薄片状脱落。叶条形,排列成两列,通常直,基部近圆形,上部通常与中下部等宽或微窄,先端通常渐尖或微凸尖,上面深绿色,中脉明显。雄球花 6~7 枚聚生成头状,雄球花卵圆形,基部有 1 枚苞片。种子卵圆形、椭圆状卵形或近球形,顶端中央有小尖头。

花期 3～4 月,种子 8～10 月成熟。

6 红豆杉科

拉丁学名:*Taxaceae* 常绿乔木或灌木,叶条形或披针形,螺旋状排列或交叉对生,上面中脉明显、微明显或不明显。雌雄异株;偶为同株;雄球花球状或穗状而单生叶腋,或相互对生排成穗状花序而集生枝顶;雌球花单生或成对生于叶腋或苞腋,有梗或无梗,基部有多数覆瓦状排列或交互对生的苞片。种子无梗,全部包于肉质假种皮内,或有短梗,生于杯状肉质假种皮中,当年成熟或次年成熟。

红豆杉

拉丁学名:*Taxus wallichiana* var. chinensis 常绿乔木或灌木;小枝不规则互生,基部有多数或少数宿存的芽鳞;冬芽芽鳞覆瓦状排列,背部纵脊明显或不明显。叶条形,螺旋状着生,基部扭转排成两列。

雌雄异株,球花单生叶腋;雄球花圆球形,有梗,基部具覆瓦状排列的苞片;雌球花几无梗,基部有多数覆瓦状排列的苞片。种子坚果状,当年成熟,生于杯状肉质的假种皮中,种脐明显,成熟时肉质假种皮红色。

南方红豆杉

拉丁学名:*Taxus mairei* SY Hu 乔木,树皮灰褐色、红褐色或暗褐色,裂成条片脱落;大枝开展,一年生枝绿色或淡黄绿色,秋季变成绿黄色或淡红褐色,二、三年生枝黄褐色、淡红褐色或灰褐色;冬芽黄褐色、淡褐色或红褐色,有光泽,芽鳞三角状卵形,背部无脊或有纵脊,脱落或少数宿存于小枝的基部。叶排列成两列,条形,微弯或较直。雄球花淡黄色,种子生于杯状红色肉质的假种皮中,间或生于近膜质盘状的种托之上,常呈卵圆形,先端有突起的短钝尖头,种脐近圆形或宽椭圆形。

第三章　被子植物

1 杨柳科

拉丁学名:*Salicaceae*　落叶乔木或直立、垫状和匍匐灌木。树皮光滑或开裂粗糙,通常味苦,有顶芽或无顶芽;单叶互生,不分裂或浅裂,全缘,锯齿缘或齿牙缘;托叶鳞片状或叶状,早落或宿存。花单性,雌雄异株,罕有杂性;葇荑花序,直立或下垂。

响叶杨

拉丁学名:*Populus Adenopoda* Maxim.　乔木,树皮灰白色,光滑,老时深灰色,纵裂;树冠卵形。小枝较细,暗赤褐色,被柔毛;老枝灰褐色,无毛。芽圆锥形,有黏质,无毛。叶卵状圆形或卵形,长 5 ~ 15 cm,宽 4 ~ 7 cm,先端长渐尖,基部截形或心形,边缘有内曲圆锯齿,齿端有腺点,上面无毛或沿脉有柔毛,深绿色,光亮,下面灰绿色,幼时被密柔毛;叶柄侧扁,被绒毛或柔毛,长 2 ~ 12 cm,顶端有 2 显著腺点。

雄花序长 6 ~ 10 cm,苞片条裂,有长缘毛,花盘齿裂。果序长 12 ~ 30 cm;花序轴有毛;蒴果卵状长椭圆形,长 4 ~ 6 mm,先端锐尖,无毛,有短柄。种子倒卵状椭圆形,长约 2.5 mm,暗褐色。花期 3 ~ 4 月,果期 4 ~ 5 月。

山杨

拉丁学名:*Populus davidiana*　乔木,树皮光滑灰绿色或灰白色,老树基部黑色粗糙;树冠圆形。小枝圆筒形,光滑,赤褐色,萌枝被柔毛。芽卵形或卵圆形,无毛,微有黏质。叶三角状卵圆形或近圆形,长宽近等,长 3 ~ 6 cm,先端钝尖、急尖或短渐尖,基部圆形、截形或浅心形,边缘有密波状浅齿,发叶时显红色,萌枝叶大,三角状卵圆形,下面被柔毛;叶柄侧扁,长 2 ~ 6 cm。花序轴有疏毛或密毛;苞片棕褐色,掌状条裂,边缘有密长毛;雄花序长 5 ~ 9 cm,雄蕊 5 ~ 12,花药紫红色;雌花序长 4 ~ 7 cm;子房圆锥形,柱头 2 深裂,带红色。果序长达 12 cm;蒴果卵状圆锥形,长约 5 mm,有短柄,2 瓣裂。花期 3 ~ 4 月,果期 4 ~ 5 月。

山杨叶较欧洲山杨 *P. tremula L.* 为小,边缘具浅而密锯齿,可与之区别,本种又颇似清溪杨 *P. rotundifolia Griff.* var. duclouxiana(Dode)Gomb.,其叶形较大,基部通常为浅心形,先端短渐尖,且果序长达 16 cm,可与山杨区别。

小叶杨

拉丁学名:*Populus simonii* Carr.　乔木,树皮幼时灰绿色,老时暗灰色,沟裂;树冠近圆形。幼树小枝及萌枝有明显棱脊,常为红褐色,后变为黄褐色,老树小枝圆形,细长而密,无毛。芽细长,先端长渐尖,褐色,有黏质。叶菱状卵形、菱状椭圆形或菱状倒卵形,长3~12 cm,宽2~8 cm,中部以上较宽,先端突急尖或渐尖,基部楔形、宽楔形或窄圆形,边缘平整,有细锯齿,无毛,上面淡绿色,下面灰绿或微白,无毛;叶柄圆筒形,长0.5~4 cm,黄绿色或带红色。雄花序长2~7 cm,花序轴无毛,苞片细条裂,雄蕊8~9;雌花序长2.5~6 cm;苞片淡绿色,裂片褐色,无毛,柱头2裂。果序长达15 cm;蒴果小,无毛。花期3~5月,果期4~6月。

钻天杨

拉丁学名:*Populus nigra* var. italica (Moench) Koehne　乔木,树冠阔椭圆形。树皮暗灰色,老时沟裂,黑褐色;树冠圆柱形。侧枝成20°~30°角开展,小枝圆形,光滑,黄褐色或淡黄褐色,嫩枝有时疏生短柔毛。芽长卵形,先端长渐尖,富黏质,赤褐色,花芽先端向外弯曲。长枝叶扁三角形,通常宽大于长,长约7.5 cm,先端短渐尖,基部截形或阔楔形,边缘钝圆锯齿;短枝叶菱状三角形,或菱状卵圆形,长5~10 cm,宽4~9 cm,先端渐尖,基部阔楔形或近圆形;叶柄上部微扁,长2~4.5 cm,顶端无腺点。叶柄略等于或长于叶片,侧扁,无毛。雄花序长5~6 cm,花序轴无毛,苞片膜质,淡褐色,长3~4 mm,顶端有线条状的尖锐裂片,雄蕊15~30;雌花序长10~15 cm。蒴果2瓣裂,先端尖,果柄细长。花药紫红色,子房卵圆形,有柄,无毛,柱头2枚。果序长5~10 cm,果序轴无毛,蒴果卵圆形,有柄,长5~7 mm,宽3~4 mm,2瓣裂。花期4~5月,果期6月。

毛白杨

拉丁学名:*Populus tomentosa* Carrière　乔木,高可达30 m。树皮幼时暗灰色,壮时灰绿色,渐变为灰白色,老时基部黑灰色,纵裂,粗糙,干直或微弯,皮孔菱形散生,或2~4连生;树冠圆锥形至卵圆形或圆形。侧枝开展,雄株斜上,老树枝下垂;小枝初被灰毡毛,后光滑。芽卵形,花芽卵圆形或近球形,微被毡毛。长枝叶阔卵形或三角状卵形,长10~15 cm,宽8~13 cm,先端短渐尖,基部心形或截形,边缘深齿牙缘或波状齿牙缘,上面暗绿色,光滑,下面密生毡毛,后渐脱落;叶柄上部侧扁,长3~7 cm,顶端通常有2腺点;短枝叶通常较小,长7~11 cm,宽6.5~10.5 cm,卵形或三角状卵形,先端渐尖,上面暗绿色,有金属光泽,下面光滑,具深波状齿牙缘;叶柄稍短于叶片,侧扁,先端无腺点。雄花序长10~14 cm,雄花苞片约具10个尖头,密生长毛,雄蕊6~12,花药红色;雌花序长4~7 cm,苞片褐色,尖裂,沿边缘有长毛;子房长椭圆形,柱头2裂,粉红色。果序长达14 cm;蒴果圆锥形或长卵形,2瓣裂。花期3月,果期4月。

加拿大杨

拉丁学名:*Populus X canadensis* Moench　落叶乔木,高30多 m。干直,树皮粗厚,深沟裂,下部暗灰色,上部褐灰色,大枝微向上斜伸,树冠卵形;萌枝及苗茎棱角明显,小枝圆柱形,稍有棱角,无毛。芽大,先端反曲,初为绿色,后变为褐绿色,富黏质。单叶互生,叶三角形或三角状卵形,长7~10 cm,长枝萌枝叶较大,长10~20 cm,一般长大于宽,先端渐尖,基部截形或宽楔形,无或有 1~2 腺体,边缘半透明,有圆锯齿,近基部较疏,具短缘毛。上面暗绿色,下面淡绿色,叶柄侧扁而长,带红色(苗期明显)。雄花序长 7~15 cm,花序轴光滑,每花有雄蕊 15~25,苞片淡绿褐色,不整齐,丝状深裂,花盘淡黄绿色,全叶缘,花丝细长,白色,超出花盘,雌花序有花 45~50 朵,柱头 4 裂。果序长达 27 cm;蒴果卵圆形,长约 8 mm,先端锐尖,2~3 瓣裂。雌雄异株。雄株多,雌株少。花期 4 月,果期 5~6 月。

垂柳

拉丁学名:*Salix babylonica* 乔木,高可达 12~18 m,树冠开展而疏散。树皮灰黑色,不规则开裂;枝细,下垂,淡褐黄色、淡褐色或带紫色,无毛。芽线形,先端急尖。叶狭披针形或线状披针形,长 9~16 cm,宽 0.5~1.5 cm,先端长渐尖,基部楔形,两面无毛或微有毛,上面绿色,下面色较淡,锯齿缘;叶柄长 3~10 mm,有短柔毛,托叶仅生在萌发枝上,斜披针形或卵圆形,边缘有齿牙。花序先叶开放,或与叶同时开放;雄花序长 1.5~3 cm,有短梗,轴有毛;雄蕊 2,花丝与苞片近等长或较长,基部多少有长毛,花药红黄色;苞片披针形,外面有毛;腺体 2;雌花序长达 2~5 cm,有梗,基部有 3~4 小叶,轴有毛;子房椭圆形,无毛或下部稍有毛,无柄或近无柄,花柱短,柱头 2~4 深裂;苞片披针形,长 1.8~2.5 mm,外面有毛;腺体 1。蒴果长 3~4 mm,带绿黄褐色。花期 3~4 月,果期 4~5 月。

黄花柳

拉丁学名:*Salix caprea* 乔木。叶卵状长圆形、宽卵形至倒卵状长圆形,长 5~7 cm,宽 2.5~4 cm,先端急尖或有小尖,常扭转,基部圆形,上面深绿色,鲜叶明显发皱,无毛(幼叶有柔毛),下面被白绒毛或柔毛,网脉明显,侧脉近叶缘处常相互连结,近"闭锁脉"状,边缘有不规则的缺刻或牙齿,或近全缘,常稍向下面反卷,叶质稍厚;叶柄长 1 cm;托叶半圆形,先端尖。花先叶开放;雄花序椭圆形或宽椭圆形,长 1.5~2.5 cm,粗约 1.6 cm,无花序梗;雄蕊 2,花丝细长,离生,花药黄色,长圆形;苞片披针形,上部黑色,下部色浅,两面密被白长毛;雌花序短圆柱形,长约 2 cm,粗 8~10 mm,果期长可达 6 cm,粗达 1.8 cm,有短花序梗;子房狭圆锥形,长 2.5~3 mm,有柔毛,有长柄,长约 2 mm,果柄更长,花柱短,柱头 2~4 裂,受粉后,子房发育非常迅速;苞片和腺体同雄花。

川鄂柳

拉丁学名:*Salix fargesii* Burkill 乔木或灌木。当年生小枝通常仅基部有丝状毛。芽顶端有疏毛。叶椭圆形或狭卵形,长达 11 cm,宽达 6 cm,先端急尖至圆形,基部圆形至楔形,边缘有细腺锯齿,上面暗绿色,无毛或多少有柔毛,下面淡绿色,特别是脉上被白色长柔毛,侧脉 16~20 对;叶柄长达 1.5 cm,初有丝状毛,后变为无毛,通常有数枚腺体。花序长 6~8 cm,花序梗长 1~3 cm,有正常叶,轴有疏丝状毛;苞片窄倒卵形,顶端圆,密被长柔毛,缘毛较苞片为长;雄蕊 2,无毛;腹腺长方形,长约 0.5 mm,背腺甚小,宽卵形;子房有长毛,有短柄,宽卵形。果序长 12 cm;蒴果长圆状卵形,有毛,有短柄。

筐柳

拉丁学名:*Salix linearistipularis*(Franch.)Hao 灌木或小乔木,树皮黄灰色至暗灰色;小枝细长;芽卵圆形,淡褐色或黄褐色,无毛。托叶线形或线状披针形;叶柄长 8~12 mm;叶片披针形或线状披针形,长 8~15 cm,两端渐狭或上部较宽,无毛;幼叶有绒毛,表面绿色,背面苍白色,边缘有腺齿,外卷。花先于叶开放或与叶近同时开放,花序圆柱形,长 3~4 cm,粗 3~5 mm,无花序梗,基部有鳞片状小叶,常脱落;雄蕊 2,花丝合生为一,下部有柔毛,花药黄色,苞片倒卵形,先端黑色,有柔毛;子房有毛,卵形或椭圆形,无柄,花柱明显,柱头 2 裂,苞片卵圆形,先端黑色,有长毛,仅 1 腹腺。花期 4 月下旬至 5 月上旬,果期 5 月下旬。

腺柳

拉丁学名:*Salix chaenomeloides* Kimura 小乔木,枝暗褐色或红褐色,有光泽。叶椭圆形、卵圆形至椭圆状披针形,长 4~8 cm,宽 1.8~3.5 cm,先端急尖,基部楔形,两面光滑,上面绿色,下面苍白色或灰白色,边缘有腺锯齿;叶柄幼时被短绒毛,后渐变光滑,长 5~12 mm,先端具腺点;托叶半圆形或肾形,边缘有腺锯齿,早落,萌枝上的很发育。雄花序长 4~5 cm,粗约 8 mm;花序梗和轴有柔毛;苞片小,卵形;雄蕊一般 5,花丝长为苞片的 2 倍,基部有毛,花药黄色,球形;雌花序长 4~5.5 cm,粗达 10 mm;花序梗长达 2 cm,轴被绒毛;子房狭卵形,具长柄,无毛,花柱缺,柱头头状或微裂;苞片椭圆状倒卵形,与子房柄等长或稍短。蒴果卵状椭圆形,长 3~7 mm。花期 4 月,果期 5 月。

杞柳

拉丁学名:*Salix integra* 灌木,树皮灰绿色。小枝淡黄色或淡红色,无毛,有光泽。芽卵形,黄褐色,无毛。叶近对生或对生,萌枝叶有时 3 叶轮生,椭圆状长圆形,长 2~5 cm,宽 1~2 cm,先端短渐尖,基部圆形或微凹,全缘或上部有尖齿,幼叶红褐色,成叶上面暗绿色,下面苍白色,中脉褐色,两面无毛;叶柄短或近无柄而抱茎。花先叶开放,花序长 1~2.5 cm,基部有小叶;苞片倒卵形,褐色至近黑色,被柔毛;腺体 1,腹生;雄蕊 2,花丝合生,无毛。蒴果长 2~3 mm,有毛。花期 5 月,果期 6 月。

簸箕柳

拉丁学名:*Salix suchowensis* W. C. Cheng 灌木,小枝淡黄绿色或淡紫红色;无毛,当年生枝初有疏绒毛,后仅芽附近有绒毛;叶披针形,长 7~11 cm,宽约 1.5 cm,先端短渐尖,基部楔形,边缘具细腺齿,上面暗绿色,下面苍白色,中脉淡褐色,侧脉呈钝角或直角开展,两面无毛,幼叶有短绒毛;叶柄长约 5 mm,上面常有短绒毛;托叶线形至披针形,长 1~1.5 cm,边缘有疏腺齿。花先叶开放,花序长 3~4 cm,无梗或近无梗,基部具鳞片,轴密被灰绒毛;苞片长倒卵形,褐色,先端钝圆,色较暗,外面有长柔毛;腺体 1,腹生;雄蕊 2,花丝合生,花药黄色;子房圆锥形,蒴果有毛。花期 3 月,果期 4~5 月。

紫枝柳

拉丁学名:*Salix heterochroma* Seemen　灌木或小乔木,枝深紫红色或黄褐色,初有柔毛,后变无毛。叶椭圆形至披针形或卵状披针形,长 4.5 ~ 10 cm,宽 1.5 ~ 2.7 cm,先端长渐尖或急尖,基部楔形,上面深绿色,下面带白粉,具疏绢毛,全缘或有疏细齿;叶柄长 5 ~ 15 mm。雄花序近无梗,长 3 ~ 5.5 cm,轴有绢毛;雄蕊 2,花丝具疏柔毛,长约为苞片的 2 倍,花药卵状长圆形,黄色;苞片长圆形,黄褐色,两面被绢质长柔毛和缘毛,腺体倒卵圆形,长为苞片的 1/3;雌花序圆柱形,花序梗长 10 mm,轴具柔毛;蒴果卵状长圆形,长约 5 mm,先端尖,被灰色柔毛。花期 4 ~ 5 月,果期 5 ~ 6 月。

旱柳

拉丁学名:*Salix matsudana* Koidz.　落叶乔木,大枝斜上,树冠广圆形;树皮暗灰黑色,有裂沟;枝细长,直立或斜展,浅褐黄色或带绿色,后变褐色,无毛,幼枝有毛。芽微有短柔毛。叶披针形,长 5 ~ 10 cm,宽 1 ~ 1.5 cm,先端长渐尖,基部窄圆形或楔形,上面绿色,无毛,有光泽,下面苍白色或带白色,有细腺锯齿缘,幼叶有丝状柔毛;叶柄短,长 5 ~ 8 mm,在上面有长柔毛;托叶披针形或缺,边缘有细腺锯齿。花序与叶同时开放;雄花序圆柱形,长 1.5 ~ 2.5 cm,粗 6 ~ 8 mm,多少有花序梗,轴有长毛;雄蕊 2,花丝基部有长毛,花药卵形,黄色;苞片卵形,黄绿色,先端钝,基部多少有短柔毛;雌花序较雄花序短,长约 2 cm,有 3 ~ 5 小叶生于短花序梗上,轴有长毛;子房长椭圆形,近无柄,无毛,无花柱或很短,柱头卵形,近圆裂。花期 4 月,果期 4 ~ 5 月。

皂柳

拉丁学名:*Salix wallichiana* Anderss.　灌木或乔木,小枝红褐色、黑褐色或绿褐色,初有毛,后无毛。芽卵形,有棱,先端尖,常外弯,红褐色或栗色,无毛。叶披针形,长圆状披针形,卵状长圆形,狭椭圆形,长 4 ~ 10 cm,宽 1 ~ 3 cm,先端急尖至渐尖,基部楔形至圆形,上面初有丝毛,后无毛,平滑,下面有平伏的绢质短柔毛或无毛,浅绿色至有白霜,网脉不明显,幼叶发红色;全缘,萌枝叶常有细锯齿;上年落叶灰褐色;叶柄长 1 cm;托叶小,比叶柄短,半心形,边缘有牙齿。

花序先叶开放或近同时开放,无花序梗;雄花序长 1.5 ~ 2.5 cm,粗 1 ~ 1.3 cm;雄蕊 2,花药大,椭圆形,长 0.8 ~ 1 mm,黄色,花丝纤细,离生,长 5 ~ 6 mm,无毛或基部有疏柔毛;苞片赭褐色或黑褐色,长圆形或倒卵形,先端急尖,两面有白色长毛或外面毛少;卵状长方形;雌花序圆柱形,或向上部渐狭,长 2.5 ~ 4 cm,粗 1 ~ 1.2 cm,果序可伸长至 12 cm,粗约 1.5 cm;子房狭圆锥形,长 3 ~ 4 mm,密被短柔毛,子房柄短或受粉后逐渐伸长,有的果柄可与苞片近等长,花柱短至明显,柱头直立,2 ~ 4 裂;苞片长圆形,先端急尖,赭褐色或黑褐色,有长毛;腺体同雄花。蒴果长可达 9 mm,有毛或近无毛,开裂后,果瓣向外反卷。花期 4 月中下旬至 5 月初,果期 5 月。

2 胡桃科

拉丁学名:*Juglandaceae* 落叶乔木,羽状复叶。花单性,雄花序葇荑状。坚果核果状或具翅。胡桃科为双子叶植物纲金缕梅亚纲的 1 科,落叶或半常绿或常绿乔木,羽状复叶,无托叶,通常在幼嫩部分有橙黄色的盾状着生的圆形腺鳞;花单性,雌雄同株,风媒传粉;雄花序常为柔荑状,单生或数条成束生;雌花序穗状;雄花生于 1 枚不分裂或 3 裂的苞片腋内;果实为假核果或坚果;种子完全填满果实,具 1 层膜质种皮,无胚乳。

野胡桃

拉丁学名:*Juglans cathayensis* 落叶乔木或呈灌木状,树皮灰褐色,有纵裂纹;幼枝和裸芽密被黄棕色腺毛,一年生枝毛较稀疏,皮孔圆形或椭圆形,褐色,叶痕略呈三角形,微隆起。复叶长达 75 cm,总柄与叶轴密被棕褐色腺毛;小叶厚纸质,无柄,卵状长圆形或卵形,先端微渐尖或钝尖,基部不对称,近圆形或近心形,边缘有不规则细锯齿,长 5 ~ 20 cm,宽 3 ~ 7.5 cm,腹面疏生细毛,背面被棕褐色腺毛和星状毛,脉上尤密,侧脉 11 ~ 18 对。雄花序长达 15 ~ 25 m,序轴有疏毛,雄花密生,有疏生腺毛,雄蕊通常 10 ~ 13,花药呈黄色,略有毛;雌花序通常具雌花 5 ~ 12,长达 11 cm,序轴密生棕褐色腺毛,雌花排列稀疏,子房卵形,总苞密被棕褐色腺毛。果序下垂,长 10 ~ 20 cm,通常具果 5 ~ 9 枚,序轴密被棕褐色腺毛,果实尖卵形,密被黄褐色长腺毛,长 4 ~ 5 cm,直径 3 ~ 4 cm,果核具 6 ~ 10 条脊,纵脊与突起成钝状,壁厚硬而皱褶深,种仁取出较难。花期 4 ~ 5 月,果期 8 ~ 9 月。

化香树

拉丁学名:*Platycarya strobilacea* Sieb. et Zucc. 落叶小乔木,树皮灰色,老时则不规则纵裂。二年生枝条暗褐色,具细小皮孔;芽卵形或近球形,芽鳞阔,边缘具细短睫毛;嫩枝被有褐色柔毛,不久即脱落而无毛。叶长 15 ~ 30 cm,叶总柄显著短于叶轴,叶总柄及叶轴初时被稀疏的褐色短柔毛,后来脱落而近无毛,具 7 ~ 23 枚小叶;小叶纸质,侧生小叶无叶柄,对生或生于下端者偶尔有互生,卵状披针形至长椭圆状披针形,长 4 ~ 11 cm,宽 1.5 ~ 3.5 cm,不等边,上方一侧较下方一侧为阔,基部歪斜,顶端长渐尖,边缘有锯齿,顶生小叶具长 2 ~ 3 cm 的小叶柄,基部对称,圆形或阔楔形,小叶上面绿色,近无毛或脉上有褐色短柔毛,下面浅绿色,初时脉上有褐色柔毛,后来脱落,或在侧脉腋内、在基部两侧毛不脱落,甚或毛全不脱落,毛的疏密依不同个体及生境而变异较大。两性花序和雄花序在小枝顶端排列成伞房状花序束,直立;两性花序通常 1 条,着生于中央顶端,长 5 ~ 10 cm,雌花序位于下部,长 1 ~ 3 cm,雄花序部分位于上部,有时无雄花序而仅有雌花序;雄花序通常 3 ~ 8 条,位于两性花序下方四周,长 4 ~ 10 cm。雄花:苞片阔卵形,顶端渐尖而向外弯曲,外面的下部、内面的上部及边缘生短柔毛,长 2 ~ 3 mm;雌花:苞片卵状披针形,顶端长渐尖、硬而不外曲,长 2.5 ~ 3 mm。果序球果状,卵状椭圆形至长椭圆状圆柱形,长 2.5 ~ 5 cm,直径 2 ~ 3 cm;果实为小坚果状,背腹压扁状,两侧具狭翅,长 4 ~ 6 mm,宽 3 ~

6 mm。种子卵形,种皮黄褐色,膜质。5~6月开花,7~8月果成熟。

湖北枫杨

拉丁学名:*Pterocarya hupehensis* Skan 落叶乔木,树皮灰白色,光滑,老则纵裂,呈纤维状;小枝有糠秕状细毛,皮孔圆形;裸芽密被锈褐色鳞状小腺点。奇数羽状复叶长10~25 cm,总柄长5~7 cm,叶轴圆柱形,无毛,小叶纸质;雄花序单生新枝下部叶痕腋内,长7~10 cm,雄花花被2~3裂,较苞片小,雄蕊9~10;雌花序长达20~40 cm,雌花苞片有疏生毛或无毛,小苞片和花被裂片被有小腺点而无毛。果序长达30~45 cm,序轴近于无毛或疏生星状毛;果实近球形,果翅半圆形,长10~15 mm,宽7~10 mm,基部心脏形,翅与果体同具鳞片状腺点,无毛。花期4~5月,果期8~9月。

枫杨

拉丁学名:*Pterocarya stenoptera* C. DC. 大乔木,幼树树皮平滑,浅灰色,老时则深纵裂;小枝灰色至暗褐色,具灰黄色皮孔;芽具柄,密被锈褐色盾状着生的腺体。叶多为偶数羽状复叶,长8~16 cm,叶柄长2~5 cm,叶轴具翅至翅不甚发达,与叶柄一样被有疏或密的短毛;小叶10~16枚,无小叶柄,对生,长椭圆形至长椭圆状披针形,长8~12 cm,宽2~3 cm,顶端常钝圆,基部歪斜,上方一侧楔形至阔楔形,下方一侧圆形,边缘有向内弯的细锯齿。

雄性菜荑花序长6~10 cm,单独生于去年生枝条上叶痕腋内,花序轴常有稀疏的星芒状毛。雄花常具1枚发育的花被片,雄蕊5~12。雌性菜荑花序顶生,长10~15 cm,花序轴密被星芒状毛及单毛,下端不生花的部分长达3 cm,具2枚不孕性苞片。雌花几乎无梗,苞片及小苞片基部常有细小的星芒状毛,并密被腺体。果序长20~45 cm,果序轴常被有宿存的毛。果实长椭圆形,长6~7 mm,基部常有宿存的星芒状毛;果翅狭,条形或阔条形,长12~20 mm,宽3~6 mm,具近于平行的脉。花期4~5月,果熟期8~9月。

青钱柳

拉丁学名:*Cyclocarya paliurus* 乔木,树皮灰色;枝条黑褐色,具灰黄色皮孔。芽密被锈褐色盾状着生的腺体。奇数羽状复叶长20 cm,具7~9片小叶,叶轴密被短毛或有时脱落而成近于无毛;叶柄长3~5 cm,密被短柔毛或逐渐脱落而无毛;小叶纸质;侧生小叶近于对生或互生,具密被短柔毛的小叶柄,长椭圆状卵形至阔披针形,长5~14 cm,宽2~6 cm,基部歪斜,阔楔形至近圆形,顶端钝或急尖;顶生小叶具长约1 cm的小叶柄,长椭圆形至长椭圆状披针形,长5~12 cm,宽4~6 cm,基部楔形,顶端钝或急尖;叶缘具锐锯齿,侧脉10~16对,上面被有腺体,仅沿中脉及侧脉有短柔毛,下面网脉明显突起,被有灰色细小鳞片及盾状着生的黄色腺体,沿中脉和侧脉生短柔毛,侧脉腋内具簇毛。雄性菜荑花序长7~18 cm,3条成一束生于长3~5 mm的总梗上,总梗自1年生枝条的叶痕腋内生出。雌性菜荑花序单独顶生,花序轴常密被短柔毛,老时毛常脱落而成无毛,在其下端不生雌花的部分常有1长约1 cm的被锈褐色毛的鳞片。果序轴长25~30 cm,无毛或被柔毛。果实扁球形,径约7 mm,果梗长1~3 mm,密被短柔毛,果实中部围有水平方向的径达 2.5~6 cm 的革质圆盘状翅,顶端具 4 枚宿存的花被片及花柱,果实及果翅全部被有腺体,在基部及宿存的花柱上则被稀疏的短柔毛。花期 4~5 月,果期 7~9 月。

3 桦木科

拉丁学名:*Betulaceae* 落叶乔木或灌木;小枝及叶有时具树脂腺体或腺点。单叶,互生,叶缘具重锯齿或单齿,较少具浅裂或全缘,叶脉羽状,侧脉直达叶缘或在近叶缘处向上弓曲相互网结成闭锁式;托叶分离,早落,很少宿存。花单性,雌雄同株,风媒;雄花序顶生或侧生,春季或秋季开放;雄花具苞鳞,有花被或无;雄蕊 2~20 枚插生在苞鳞内,花丝短;雌花序为球果状、穗状、总状或头状,直立或下垂;子房 2 室或不完全 2 室,每室具 1 个倒生胚珠,或 2 个倒生胚珠而其中的 1 个败育;花柱 2 枚,分离,宿存。

桤木

拉丁学名:*Alnus japonica* (Thunb.) Steud. 乔木,树皮灰褐色,平滑;枝条暗灰色或灰褐色,无毛,具棱;小枝褐色,无毛或被黄色短柔毛,有时密生腺点;芽具柄,芽鳞 2 枚,光滑。短枝上的叶倒卵形或长倒卵形,长 4~6 cm,宽 2.5~3 cm,顶端骤尖、锐尖或渐尖,基部楔形,很少微圆,边缘具疏细齿;长枝上的叶披针形,较少与短枝上的叶同形,较大,长可达 15 cm,上面无毛,下面于幼时疏被短柔毛或无毛,脉腋间具簇生的毛,有时具腺点,侧脉 7~11 对;叶柄长 1~3 cm,疏生腺点,幼时疏被短柔毛,后渐无毛。雄花序 2~5 枚排成总状,下垂,春季先叶开放。果序矩圆形,长约 2 cm,直径 1~1.5 cm,2~9 枚呈总状或圆锥状排列;序梗粗壮,长约 10 mm;果苞木质,长 3~5 mm,基部楔形,顶端圆,具 5 枚小裂片。小坚果卵形或倒卵形,长 3~4 mm,宽 2~2.5 mm;果翅厚纸质,极狭,宽为果的 1/4。

千金榆

拉丁学名:*Carpinus cordata* Bl. 乔木,树皮灰色;小枝棕色或橘黄色,具沟槽,初时疏被长柔毛,后变无毛。叶厚纸质,卵形或矩圆状卵形,较少倒卵形,长 8~15 cm,宽 4~5 cm,顶端渐尖,具刺尖,基部斜心形,边缘具不规则的刺毛状重锯齿,上面疏被长柔毛或无毛,下面沿脉疏被短柔毛,侧脉 15~20 对;叶柄长 1.5~2 cm,无毛或疏被长柔毛。
果序长 5~12 cm,直径约 4 cm;序梗长约 3 cm,无毛或疏被短柔毛;序轴密被短柔毛及稀疏的长柔毛;果苞宽卵状矩圆形,长 15~25 mm,宽 10~13 mm,无毛,外侧的基部无裂片,内侧的基部具一矩圆形内折的裂片,遮盖着小坚果,中裂片外侧内折,其边缘的上部具疏齿,内侧的边缘具明显的锯齿,顶端锐尖。小坚果矩圆形,长 4~6 mm,直径约 2 mm,无毛,具不明显的细肋。

水榆花楸

拉丁学名:*Sorbus alnifolia* (Sieb. et Zucc.) K. Koch 乔木,树皮光滑,灰色;小枝无毛或稍有柔毛,褐色。单叶互生;质薄或略为草质;卵形至椭圆状卵形,长 3~10 cm,先端短锐尖,基部圆形或宽楔形,边缘有不整齐单锯齿或重锯齿,上面无毛,暗绿色,下面光滑或稍有柔毛,侧脉 6 ~ 13 对;托叶披针形。花序伞房状,疏生,有花 6 ~ 25 朵,花托具柔毛;萼片 5;花瓣 5,白色;雄蕊多数,突出。梨果稍圆形,红黄色,直径 7 ~ 10 mm;具长柄。花期 4 ~ 5 月,果期 9 ~ 10 月。

鹅耳枥

拉丁学名:*Carpinus turczaninowii* Hance　乔木,树皮暗灰褐色,粗糙,浅纵裂;枝细瘦,灰棕色,无毛;小枝被短柔毛。叶卵形、宽卵形、卵状椭圆形或卵菱形,有时卵状披针形,长 2.5 ~ 5 cm,宽 1.5 ~ 3.5 cm,顶端锐尖或渐尖,基部近圆形或宽楔形,有时微心形或楔形,边缘具规则或不规则的重锯齿,上面无毛或沿中脉疏生长柔毛,下面沿脉通常疏被长柔毛,脉腋间具毛,侧脉 8 ~ 12 对;叶柄长 4 ~ 10 mm,疏被短柔毛。

果序长 3 ~ 5 cm;序梗长 10 ~ 15 mm,序梗、序轴均被短柔毛;果苞变异较大,半宽卵形、半卵形、半矩圆形至卵形,长 6 ~ 20 mm,宽 4 ~ 10 mm,疏被短柔毛,顶端钝尖或渐尖,有时钝,内侧的基部具一个内折的卵形小裂片,外侧的基部无裂片,中裂片内侧边缘全缘或疏生不明显的小齿,外侧边缘具不规则的缺刻状粗锯齿或具 2 ~ 3 个齿裂。小坚果宽卵形,长约 3 mm,无毛,有时顶端疏生长柔毛,无或有时上部疏生树脂腺体。花期 4 ~ 5 月。坚果,果序下垂,长 6 ~ 20 mm,果期 8 ~ 9 月。

镰苞鹅耳枥

拉丁学名:*Carpinus tschonoskii* Maxim. var. falcatibracteata(Hu)　乔木,树皮暗灰色;小枝褐色,疏被长柔毛,后渐变无毛。叶椭圆形、矩圆形、卵状披针形,少有倒卵形或卵形,长 5 ~ 12 cm,宽 2.5 ~ 5 cm,顶端渐尖至尾状,基部圆楔形或近圆形,边缘具刺毛状重锯齿,两面均疏被长柔毛,以后除背面沿脉尚具疏毛、脉腋间具稀疏的毛外,其余无毛,侧脉 14 ~ 16 对;叶柄长 8 ~ 12 mm,上面疏被短柔毛。

果序长 6 ~ 10 cm,直径 3 ~ 4 cm;序梗长 1 ~ 4 cm,序梗、序轴均疏被长柔毛;果苞长 3 ~ 3.5 cm,宽 8 ~ 12 mm,外侧基部无裂片,内侧的基部仅边缘微内折,较少具耳突,中裂片披针形,外侧边缘具疏锯齿,内侧边缘直或微呈镰状弯曲。小坚果宽卵圆形,长 4 ~ 5 mm,顶端疏被长柔毛,有时具树脂腺体。

川鄂鹅耳枥

拉丁学名:*Carpinus hupeana* Hu var. henryana(H. Winkl.)P. C. Li　乔木,树皮淡灰棕色;枝条灰黑色有小而突起的皮孔,无毛;小枝细瘦,密被灰棕色长柔毛。叶厚纸质,卵状披针形、卵状椭圆形、长椭圆形,长 6 ~ 10 cm,宽 2.5 ~ 4.5 cm,顶端锐尖或渐尖,有时微钝,基部圆形或微心形,边缘具重锯齿,上面沿中脉被长柔毛,下面除沿中脉与侧脉被长柔毛,脉腋间尚具毛,密生疣状突起,侧脉 13 ~ 16 对;叶柄细瘦,长 7 ~ 12 mm,密被灰棕色长柔毛。

果序长 6 ~ 7 cm,直径 2 ~ 3 cm;序梗长 15 ~ 20 mm,序梗、序轴均密被长柔毛;果苞半卵形,长 10 ~ 16 mm,宽 7 ~ 10 mm,沿脉疏被长柔毛,外侧的基部无裂片,内侧的基部具耳突或边缘微内折,中裂片半宽卵形、半三角状矩圆形,内侧的边缘全缘或上部有疏生而不明显的细齿,外侧边缘具疏锯齿或具齿牙状粗锯齿,有时具缺刻状粗齿,顶端渐尖或钝。小坚果宽卵圆形,除顶部疏生长柔毛外,其余无毛,无腺体。

多脉鹅耳枥

拉丁学名:*Carpinus polyneura* Franch. 乔木,树皮灰色;小枝细瘦,暗紫色,光滑或疏被白色短柔毛。叶厚纸质,长椭圆形、披针形、卵状披针形至狭披针形或狭矩圆形,较少椭圆形或矩圆形,长 4~8 cm,宽 1.5~2.5 cm,顶端长渐尖至尾状,基部圆楔形,较少近圆形或楔形,边缘具刺毛状重锯齿,上面初时疏被长柔毛,沿脉密被短柔毛,后变无毛,下面除沿脉疏被长柔毛或短柔毛外,余则无毛,脉腋间具簇生的毛,侧脉 16~20 对;叶柄长 5~10 mm。

果序长 3~6 cm,直径 1~2 cm;序梗细瘦,长约 2 cm,序梗、序轴疏被短柔毛;果苞半卵形或半卵状披针形,长 8~15 mm,宽 4~6 mm,两面沿脉疏被长柔毛,背面较密,外侧基部无裂片,内侧基部的边缘微内折,中裂片的外侧边缘仅具 1~2 疏锯齿或具不明显的疏细齿,有时近全缘,内侧边缘直。小坚果卵圆形,长 2~3 mm,被或疏或密的短柔毛,顶端被长柔毛,具数肋。

华榛

拉丁学名:*Corylus chinensis* Franch. 乔木,树皮灰褐色,纵裂;枝条灰褐色,无毛;小枝褐色,密被长柔毛和刺状腺体,很少无毛无腺体,基部通常密被淡黄色长柔毛。叶椭圆形、宽椭圆形或宽卵形,长 8~18 cm,宽 6~12 cm,顶端骤尖至短尾状,基部心形,两侧显著不对称,边缘具不规则的钝锯齿,上面无毛,下面沿脉疏被淡黄色长柔毛,有时具刺状腺体,侧脉 7~11 对;叶柄长 1~2.5 cm,密被淡黄色长柔毛及刺状腺体。雄花序 2~8 枚排成总状,长 2~5 cm;苞鳞三角形,锐尖,顶端具 1 枚易脱落的刺状腺体。果 2~6 枚簇生成头状,长 2~6 cm,直径 1~2.5 cm;果苞管状,于果的上部缢缩,较果长约 2 倍,外面具纵肋,疏被长柔毛及刺状腺体,很少无毛和无腺体,上部深裂,具 3~5 枚镰状披针形的裂片,裂片通常又分叉成小裂片。坚果球形,长 1~2 cm,无毛。花期 4~5 月,果期 9~10 月。

榛

拉丁学名:*Corylus heterophylla* Fisch. 灌木或小乔木,树皮灰色;枝条暗灰色,无毛,小枝黄褐色,密被短柔毛兼被疏生的长柔毛,无或多少具刺状腺体。叶的轮廓为矩圆形或宽倒卵形,长 4~13 cm,宽 2.5~10 cm,顶端凹缺或截形,中央具三角状突尖,基部心形,有时两侧不相等,边缘具不规则的重锯齿,中部以上具浅裂,上面无毛,下面于幼时疏被短柔毛,以后仅沿脉疏被短柔毛,其余无毛,侧脉 3~5 对;叶柄纤细,长 1~2 cm,疏被短毛或近无毛。雄花序单生,长约 4 cm。果单生或 2~6 枚簇生成头状;果苞钟状,外面具细条棱,密被短柔毛兼有疏生的长柔毛,密生刺状腺体,很少无腺体,较果长但不超过 1 倍,很少较果短,上部浅裂,裂片三角形,边缘全缘,很少具疏锯齿;序梗长 1.5 cm,密被短柔毛。坚果近球形,长 7~15 mm,无毛或仅顶端疏被长柔毛。

川榛

拉丁学名:*Corylus heterophylla* Fisch. ex Trautv. var. *sutchuenensis* Franch. 灌木或小乔木,树皮灰色;枝条暗灰色,无毛,小枝黄褐色,密被短柔毛兼被疏生的长柔毛,无或多少具刺状腺体。叶的轮廓为矩圆形或宽倒卵形,长 4~13 cm,宽 2.5~10 cm,顶端凹缺或截形,中央具三角状突尖,基部心形,有时两侧不相等,边缘具不规则的重锯齿,中部以上具浅裂,上面无毛,下面于幼时疏被短柔毛,以后仅沿脉疏被短柔毛,其余无毛,侧脉 3~5对;叶柄纤细,长 1~2 cm,疏被短毛或近无毛。雄花序单生,长约 4 cm。果单生或 2~6枚簇生成头状;果苞钟状,外面具细条棱,密被短柔毛兼有疏生的长柔毛,密生刺状腺体,很少无腺体,较果长但不超过 1 倍,很少较果短,上部浅裂,裂片三角形,边缘全缘,很少具疏锯齿;序梗长 1.5 cm,密被短柔毛。坚果近球形,长 7~15 mm,无毛或仅顶端疏被长柔毛。

4 壳斗科

拉丁学名:*Fagaceae* 常为山地常绿阔叶或针叶阔叶混交林的主要上层树种,又是水源林的重要成分,也是各地的主要用材树种。单叶,互生,极少轮生,全缘或齿裂,或不规则的羽状裂;托叶早落。花单性同株,风媒或虫媒;花被 1 轮,4~6 片,基部合生,干膜质;雄花有雄蕊 4~12 枚,花丝纤细,花药基着或背着;雌花 1~3 朵聚生于一壳斗内,有时伴有可育或不育的短小雄蕊,子房下位,花柱与子房室同数,柱头面线状,近于头状,或浅裂的舌状,或几与花柱同色的窝点,子房室与心皮同数,或因隔膜退化而减少,3~6 室,每室有倒生胚珠 2 颗,仅 1 颗发育,中轴胎座。

板栗

拉丁学名:*Castanea mollissima* 落叶乔木,树皮深灰色;小枝有短毛或散生长绒毛;无顶芽。叶互生,排成 2 列,卵状椭圆形至长椭圆状披针形,长 8~18 cm,宽 4~7 cm,先端渐尖,基部圆形或宽楔形,边缘有锯齿,齿端芒状,下面有灰白色星状短绒毛或长单毛,侧脉 10~18 对,中脉有毛;叶柄长 1~1.5 cm,有毛;托叶早落。

花单性,雌雄同株;雄花序穗状,直立,长 15~20 cm,雄花萼 6 裂,雄蕊 10~12;雌花集生于枝条上部的雄花序基部,2~3 朵生于有刺的总苞内。雌花萼 6 裂,子房下位。壳斗球形,直径 3~5 cm,内藏坚果 2~3 个,成熟时裂为 4 瓣;坚果半球形或扁球形,暗褐色,直径 2~3 cm。花期 5 月,果期 8~10 月。

茅栗

拉丁学名:*Castanea seguinii* Dode 小乔木或灌木状,冬芽长 2~3 mm,小枝暗褐色,托叶细长,长 7~15 mm,开花仍未脱落。叶倒卵状椭圆形或兼有长圆形的叶,长 6~14cm,宽 4~5 cm,顶部渐尖,基部楔尖至圆或耳垂状,基部对称至一侧偏斜,叶背有黄或灰白色鳞腺,幼嫩时沿叶背脉两侧有疏单毛;叶柄长 5 ~ 15 mm。雄花序长 5 ~ 12 cm,雄花簇有花 3 ~ 5 朵;雌花单生或生于混合花序的花序轴下部,每壳斗有雌花 3 ~ 5 朵,通常 1 ~ 3 朵发育结实,花柱 9 或 6 枚,无毛;壳斗外壁密生锐刺,成熟壳斗连刺径 3 ~ 5 cm,宽略大于高,刺长 6 ~ 10 mm;坚果长 15 ~ 20 mm,宽 20 ~ 25 mm,无毛或顶部有疏伏毛。花期 5 ~ 7 月,果期 9 ~ 11 月。果较小,但味较甜。树性矮,有试验将它作栗树的钻木,可提早结果及适当密植。

心水青冈

拉丁学名:*Fagus engleriana* Seem. 乔木,冬芽长达 25 mm,小枝的皮孔近圆形。叶菱状卵形,长 5 ~ 9 cm,宽 2.5 ~ 4.5 cm,稀较小或更大,顶部短尖,基部宽楔形或近于圆,常一侧略短,叶缘波浪状,侧脉每边 9 ~ 14 条,在叶缘附近急向上弯并与上一侧脉连结,新生嫩叶的中脉被有光泽的长伏毛,结果期的叶几无毛或仅叶背沿中脉两侧有稀疏长毛;叶柄长 5 ~ 15 mm。果梗长 2 ~ 7 cm,无毛;壳斗裂瓣长 15 ~ 18 mm,位于壳壁下部的小苞片狭倒披针形,叶状,绿色,有中脉及支脉,无毛;位于上部的为线状而弯钩,被毛;每壳斗有坚果 2 个,坚果脊棱的顶部有狭而稍下延的薄翅。花期 4 ~ 5 月,果 8 ~ 10 月成熟。

麻栎

拉丁学名:*Quercus acutissima* Carruth. 落叶乔木,树皮深灰褐色,深纵裂。幼枝被灰黄色柔毛,后渐脱落,老时灰黄色,具淡黄色皮孔。冬芽圆锥形,被柔毛。叶片形态多样,通常为长椭圆状披针形,长 8 ~ 19 cm,宽 2 ~ 6 cm,顶端长渐尖,基部圆形或宽楔形,叶缘有刺芒状锯齿,叶片两面同色,幼时被柔毛,老时无毛或叶背面脉上有柔毛,侧脉每边 13 ~ 18 条;叶柄长 1 ~ 5 cm,幼时被柔毛,后渐脱落。

雄花序常数个集生于当年生枝下部叶腋,有花 1 ~ 3 朵,包着坚果约 1/2,连小苞片直径 2 ~ 4 cm,高约 1.5 cm;小苞片钻形或扁条形,向外反曲,被灰白色绒毛。坚果卵形或椭圆形,直径 1.5 ~ 2 cm,高 1.7 ~ 2.2 cm,顶端圆形,果脐突起。花期 3 ~ 4 月,果期 9 ~ 10 月。

槲栎

拉丁学名:*Quercus aliena* Bl. 落叶乔木,树皮暗灰色,深纵裂。老枝暗紫色,具多数灰白色突起的皮孔;小枝灰褐色,近无毛,具圆形淡褐色皮孔;芽卵形,芽鳞具缘毛。叶片长椭圆状倒卵形至倒卵形,长 10 ~ 20 cm,宽 5 ~ 14 cm,顶端微钝或短渐尖,基部楔形或圆形,叶缘具波状钝齿,叶背被灰棕色细绒毛,侧脉每边 10 ~ 15 条,叶面中脉侧脉不凹陷;叶柄长 1 ~ 1.3 cm,无毛。

雄花序长 4 ~ 8 cm,雄花单生或数朵簇生于花序轴,雄蕊通常 10 枚;雌花序生于新枝叶腋,单生或 2 ~ 3 朵簇生。壳斗杯形,包着坚果约 1/2,直径 1.2 ~ 2 cm,高 1 ~ 1.5 cm;小苞片卵状披针形,排列紧密,被灰白色短柔毛。坚果椭圆形至卵形,直径 1.3 ~ 1.8 cm,高 1.7 ~ 2.5 cm,果脐微突起。花期 4 ~ 5 月,果期 9 ~ 10 月。

锐齿槲栎

拉丁学名:*Quercus aliena* var. acuteserrata Maxim. 落叶乔木,小枝具沟槽,无毛。叶长椭圆状卵形至卵形,长9~20 cm,宽5~9 cm,顶端短渐尖,基部楔形或圆形,边缘有粗大锯齿,齿端尖锐,内弯,背面密生灰白色星状细绒毛,侧脉10~16 对,有时更多;叶柄长1~2 cm,无毛。壳斗碗形,包围坚果1/3,直径1~1.5 cm,高0.6~1 cm;苞片小,卵状披针形,紧密覆瓦状排列,被薄柔毛。坚果长卵形至卵形,直径1~1.4 cm,高1.5~2 cm,顶端有疏毛,果脐微突起。花期3~4月,果熟期10~11月。

小叶栎

拉丁学名:*Quercus chenii* Nakai 落叶乔木,树皮黑褐色,纵裂。小枝较细,径约1.5 mm。叶片宽披针形至卵状披针形,长7~12 cm,宽2~3.5 cm,顶端渐尖,基部圆形或宽楔形,略偏斜,叶缘具刺芒状锯齿,幼时被黄色柔毛,以后两面无毛,或仅背面脉腋有柔毛,侧脉每边12~16条;叶柄长0.5~1.5 cm。雄花序长4 cm,花序轴被柔毛。壳斗杯形,包着坚果约1/3,径约1.5 cm,高约0.8 cm,壳斗上部的小苞片线形,长约5 mm,直伸或反曲;中部以下的小苞片为长三角形,长约3 mm,紧贴壳斗壁,被细柔毛。坚果椭圆形,直径1.3~1.5 cm,高1.5~2.5 cm,顶端有微毛;果脐微突起,径约5 mm。花期3~4月,果期次年9~10月。

白栎

拉丁学名:*Quercus fabri* Hance 落叶乔木,树皮灰褐色,深纵裂。小枝密生灰色至灰褐色绒毛;冬芽卵状圆锥形,芽长4~6 mm,芽鳞多数,被疏毛。叶片倒卵形、椭圆状倒卵形,长7~15 cm,宽3~8 cm,顶端钝或短渐尖,基部楔形或窄圆形,叶缘具波状锯齿或粗钝锯齿,幼时两面被灰黄色星状毛,侧脉每边8~12条,叶背支脉明显;叶柄长3~5 mm,被棕黄色绒毛。

雄花序长6~9 cm,花序轴被绒毛,雌花序长1~4 cm,生2~4朵花,壳斗杯形,包着坚果约1/3,直径0.8~1.1 cm,高4~8 mm;小苞片卵状披针形,排列紧密,在口缘处稍伸出。坚果长椭圆形或卵状长椭圆形,直径0.7~1.2 cm,高1.7~2 cm,无毛,果脐突起。花期4月,果期10月。

青冈栎

拉丁学名:*Cyclobalanopsis glauca*(Thunb.) Oerst. 常绿乔木,小枝无毛。叶片革质,倒卵状椭圆形或长椭圆形,长6~13 cm,宽2~5.5 cm,顶端渐尖或短尾状,基部圆形或宽楔形,叶缘中部以上有疏锯齿,侧脉每边9~13条,叶背支脉明显,叶面无毛,叶背有整齐平伏白色单毛,老时渐脱落,常有白色鳞秕;叶柄长1~3 cm。雄花序长5~6 cm,花序轴被苍色绒毛。果序长1.5~3 cm,着生果2~3个。壳斗碗形,包着坚果1/3~1/2,直径0.9~1.4 cm,高0.6~0.8 cm,被薄毛;小苞片合生成5~6条同心环带,环带全缘或有细缺刻,排列紧密。坚果卵形、长卵形或椭圆形,直径0.9~1.4 cm,高1~1.6 cm,无毛或被薄毛,果脐平坦或微突起。花期4~5月,果期10月。

短柄枹栎

拉丁学名:*Quercus glandulifera* Bl. 落叶乔木,树皮暗灰褐色,不规则深纵裂。幼枝有黄色绒毛,后变无毛。单叶互生,叶集生在小枝顶端,叶片较短窄;叶柄较短或近无柄,长2~5 mm。叶片长椭圆状披针形或披针形,叶边缘具粗锯齿,齿端微内弯,叶片下面灰白色,被平伏毛。花期4~5月,果实次年10月成熟。

小叶青冈

拉丁学名:*Cyclobalanopsis myrsinifolia*(Blume)Oersted 常绿乔木,小枝无毛,被突起淡褐色长圆形皮孔。叶卵状披针形或椭圆状披针形,长6~11 cm,宽1.8~4 cm,顶端长渐尖或短尾状,基部楔形或近圆形,叶缘中部以上有细锯齿,侧脉每边9~14条,常不达叶缘,叶背支脉不明显,叶面绿色,叶背粉白色,干后为暗灰色,无毛;叶柄长1~2.5 cm,无毛。雄花序长4~6 cm;雌花序长1.5~3 cm。

壳斗杯形,包着坚果1/3~1/2,直径1~1.8 cm,高5~8 mm,壁薄而脆,内壁无毛,外壁被灰白色细柔毛;小苞片合生成6~9条同心环带,环带全缘。坚果卵形或椭圆形,直径1~1.5 cm,高1.4~2.5 cm,无毛,顶端圆,柱座明显,有5~6条环纹;果脐平坦,直径约6 mm。花期6月,果期10月。

栓皮栎

拉丁学名:*Quercus variabilis* Bl. 落叶乔木,树皮黑褐色,深纵裂,木栓层发达。小枝灰棕色,无毛;芽圆锥形,芽鳞褐色,具缘毛。叶片卵状披针形或长椭圆形,长8~15 cm,宽2~6 cm,顶端渐尖,基部圆形或宽楔形,叶缘具刺芒状锯齿,叶背密被灰白色星状绒毛,侧脉每边13~18条,直达齿端;叶柄长1~3 cm,无毛。

雄花序长达14 cm,花序轴密被褐色绒毛,花被4~6裂,雄蕊10枚或较多;雌花序生于新枝上端叶腋;花柱30,壳斗杯形,包着坚果2/3,连小苞片直径2.5~4 cm,高约1.5 cm;小苞片钻形,反曲,被短毛。坚果近球形或宽卵形,高、径约1.5 cm,顶端圆,果脐突起。花期3~4月,果期次年9~10月。

5 榆科

拉丁学名:*Ulmaceae* 落叶灌木或乔木;叶互生,单叶,羽状脉,有锯齿;托叶常早落;花两性或单性,簇生,或雌花单生,无花瓣;萼片3~8,分离或基部稍联合;雄蕊与萼片同数且与彼等对生,花丝劲直;果为翅果、坚果或核果。

紫弹树

拉丁学名:*Celtis biondii* Pamp. 落叶小乔木至乔木,树皮暗灰色;当年生小枝幼时黄褐色,密被短柔毛,后渐脱落,至结果时为褐色,有散生皮孔,毛几脱净;冬芽黑褐色,芽鳞被柔毛,内部鳞片的毛长而密。叶宽卵形、卵形至卵状椭圆形,长 2.5 ~ 7 cm,宽 2 ~ 3.5 cm,基部钝至近圆形,稍偏斜,先端渐尖至尾状渐尖,在中部以上疏具浅齿,薄革质,边稍反卷,上面脉纹多下陷,被毛的情况变异较大,两面被微糙毛,或叶面无毛,仅叶背脉上有毛,或下面除糙毛外还密被柔毛;叶柄长 3 ~ 6 mm,幼时有毛,老后几脱净。托叶条状披针形,被毛,比较迟落,往往到叶完全长成后才脱落。果序单生叶腋,通常具 2 果,由于总梗极短,很像果梗双生于叶腋,总梗连同果梗长 1 ~ 2 cm,被糙毛;果幼时被疏或密的柔毛,后毛逐渐脱净,黄色至橘红色,近球形,直径约 5 mm,核两侧稍压扁,侧面观近圆形,直径约 4 mm,表面具明显的网孔状。花期 4 ~ 5 月,果期 9 ~ 10 月。

小叶朴

拉丁学名:*Celtis bungeana* Bl.　落叶乔木,树皮灰色或暗灰色;当年生小枝淡棕色,老后色较深,无毛,散生椭圆形皮孔,去年生小枝灰褐色;冬芽棕色或暗棕色,鳞片无毛。叶厚纸质,狭卵形、长圆形、卵状椭圆形至卵形,长 3 ~ 7 cm,宽 2 ~ 4 cm,基部宽楔形至近圆形,稍偏斜至几乎不偏斜,先端尖至渐尖,中部以上疏具不规则浅齿,有时一侧近全缘,无毛;叶柄淡黄色,长 5 ~ 15 mm,上面有沟槽,幼时槽中有短毛,老后脱净;萌发枝上的叶形变异较大,先端具尾尖且有糙毛。果单生叶腋,果柄较细软,无毛,长 10 ~ 25 mm,果成熟时蓝黑色,近球形,直径 6 ~ 8 mm;核近球形,表面极大部分近平滑或略具网孔状凹陷,直径 4 ~ 5 mm。花期 4 ~ 5 月,果期 10 ~ 11 月。

珊瑚朴

拉丁学名:*Celtis julianae* Schneid.　落叶乔木,树皮淡灰色至深灰色;当年生小枝、叶柄、果柄老后深褐色,密生褐黄色茸毛,去年生小枝色更深,毛常脱净,毛孔不十分明显;冬芽褐棕色,内鳞片有红棕柔毛。叶厚纸质,宽卵形至尖卵状椭圆形,长 6 ~ 12 cm,宽 3.5 ~ 8 cm,基部近圆形或二侧稍不对称,一侧圆形,一侧宽楔形,先端具突然收缩的短渐尖至尾尖,叶面粗糙至稍粗糙,叶背密生短柔毛,近全缘至上部以上具浅钝齿;叶柄长 7 ~ 15 mm,较粗壮;萌发枝上的叶面具短糙毛,叶背在短柔毛中也夹有短糙毛。果单生叶腋,果梗粗壮,长 1 ~ 3 cm,果椭圆形至近球形,长 10 ~ 12 mm,金黄色至橙黄色;核乳白色,倒卵形至倒宽卵形,长 7 ~ 9 mm,上部有 2 条较明显的肋,两侧或仅下部稍压扁,基部尖至略钝,表面略有网孔状凹陷。花期 3 ~ 4 月,果期 9 ~ 10 月。

大叶朴

拉丁学名:*Celtis koraiensis* Nakai　落叶乔木,树皮灰色或暗灰色,浅微裂;当年生小枝老后褐色至深褐色,散生小而微凸、椭圆形的皮孔;冬芽深褐色,内部鳞片棕色柔毛。叶椭圆形至倒卵状椭圆形,少数为倒广卵形,长 7 ~ 12 cm,宽 3.5 ~ 10 cm,基部稍不对称,宽楔形至近圆形或微心形,先端具尾状长尖,长尖常由平截状先端伸出,边缘具粗锯齿,两面无毛,或仅叶背疏生短柔毛或在中脉和侧脉上有毛;叶柄长 5 ~ 15 mm,无毛或生短毛;在萌发枝上的叶较大,且具较多和较硬的毛。果单生叶腋,果梗长 1.5 ~ 2.5 cm,果近球形至球状椭圆形,直径约 12 mm,成熟时橙黄色至深褐色;核球状椭圆形,直径约 8 mm,有 4 条纵肋,表面具明显网孔状凹陷,灰褐色。花期 4 ~ 5 月,果期 9 ~ 10 月。

朴树

拉丁学名:*Celtis sinensis* Pers. 落叶乔木,树皮平滑,灰色;一年生枝被密毛。叶互生,叶柄长;叶片革质,宽卵形至狭卵形,先端急尖至渐尖,基部圆形或阔楔形,偏斜,中部以上边缘有浅锯齿,三出脉,上面无毛,下面沿脉及脉腋疏被毛。花杂性(两性花和单性花同株),当年生枝的叶腋;核果近球形,红褐色;果柄较叶柄近等长;核果单生或 2 个并生,近球形,熟时红褐色;果核有穴和突肋。果梗常 2 ~ 3 枚生于叶腋,其中一枚果梗常有 2 果,其他的具 1 果,无毛或被短柔毛,长 7 ~ 17 mm;果成熟时黄色至橙黄色,近球形,直径约 8 mm;核近球形,直径约 5 mm,具 4 条肋,表面有网孔状凹陷。

青檀

拉丁学名:*Pteroceltis tatarinowii* Maxim. 乔木,树皮灰色或深灰色,不规则的长片状剥落;小枝黄绿色,干时变栗褐色,疏被短柔毛,后渐脱落,皮孔明显,椭圆形或近圆形;冬芽卵形。叶纸质,宽卵形至长卵形,长 3 ~ 10 cm,宽 2 ~ 5 cm,先端渐尖至尾状渐尖,基部不对称,楔形、圆形或截形,边缘有不整齐的锯齿,基部 3 出脉,侧出的一对近直伸达叶的上部,侧脉 4 ~ 6 对,叶面绿,幼时被短硬毛,后脱落,常残留有圆点,光滑或稍粗糙,叶背淡绿,在脉上有稀疏的或较密的短柔毛,脉腋有簇毛,其余近光滑无毛;叶柄长 5 ~ 15 mm,被短柔毛。

翅果状坚果近圆形或近四方形,直径 10 ~ 17 mm,黄绿色或黄褐色,翅宽,稍带木质,有放射线条纹,下端截形或浅心形,顶端有凹缺,果实外面无毛或多少被曲柔毛,常有不规则的皱纹,有时具耳状附属物,具宿存的花柱和花被,果梗纤细,长 1 ~ 2 cm,被短柔毛。花期 3 ~ 5 月,果期 8 ~ 20 月。

兴山榆

拉丁学名:*Ulmus bergmanniana* Schneid. 落叶乔木,树皮灰白色、深灰色或灰褐色,纵裂,粗糙;当年生枝无毛,小枝无木栓翅;冬芽卵圆形或长圆状卵圆形,芽鳞背面的露出部分及边缘无毛。叶椭圆形、长圆状椭圆形、长椭圆形、倒卵状矩圆形或卵形,长 6 ~ 16 cm,宽 3 ~ 8.5 cm,先端渐窄长尖或骤突长尖,或尾状,尖头边缘有明显的锯齿,基部多少偏斜,圆形、心脏形、耳形或楔形,上面幼时密生硬毛,后脱落无毛,有时沿主脉凹陷处有毛,平滑或微粗糙,下面除脉腋有簇生毛外,余处无毛,平滑,侧脉每边 17 ~ 26 条,边缘具重锯齿,叶柄长 3 ~ 13 mm,无毛或几无毛。花自花芽抽出,再生枝上排成簇状聚伞花序,稀出自混合芽而密集于当年生枝基部。翅果宽倒卵形、倒卵状圆形、近圆形或长圆状圆形,长 1.2 ~ 1.8 cm,宽 1 ~ 1.6 cm,除先端缺口柱头面有毛外,余处无毛,果核部分位于翅果的中部或稍偏下,宿存花被钟形,无毛,上端 4 ~ 5 浅裂,裂片边缘有毛,果梗较花被为短,多少被毛。花、果期 3 ~ 5 月。

春榆

拉丁学名：*Ulmus davidiana Planch.* var. japonica（Rehd.）Nakai　落叶乔木,树皮暗灰色,粗糙,不规则纵裂。幼树枝条直立,且被白色毛;老树枝条先端下垂,有时木栓质发达成为瘤状。叶片倒卵状椭圆形或广倒卵形,先端急尖,基部楔形、偏斜,长 8 ~ 12 cm,宽 3 ~ 7 cm,叶缘具重锯齿和缘毛,上表面深绿色,背面淡绿色;叶脉羽状,侧脉 15 ~ 20 对;叶柄密生或疏生白色短绒毛。花早春先叶开放,老枝上为束状聚伞花序,深紫色;花两性。翅果扁平,倒卵形,无毛或仅在顶端凹陷处被毛;种子位于翅果的上部,上端接近凹陷处,周围均具膜质的翅。花期 4 ~ 5 月,果熟期 5 ~ 6 月。

榔榆

拉丁学名：*Ulmus parvifolia* Jacq.　落叶乔木,或冬季叶变为黄色或红色宿存至第二年新叶开放后脱落,树冠广圆形,树干基部有时呈板状根,树皮灰色或灰褐色,裂成不规则鳞状薄片剥落,露出红褐色内皮,近平滑,微凹凸不平;当年生枝密被短柔毛,深褐色;冬芽卵圆形,红褐色,无毛。叶质地厚,披针状卵形或窄椭圆形,中脉两侧长宽不等,长 2.5 ~ 5 cm,宽 1 ~ 2 cm,先端尖或钝,基部偏斜,楔形或一边圆,叶面深绿色,有光泽,除中脉凹陷处有疏柔毛外,余处无毛,侧脉部凹陷,叶背色较浅,幼时被短柔毛,后变无毛或沿脉有疏毛,或脉腋有簇生毛,边缘从基部到先端有钝而整齐的单锯齿,侧脉每边 10 ~ 15 条,细脉在两面均明显,叶柄长 2 ~ 6 mm,仅上面有毛。花秋季开放,3 ~ 6 朵在叶脉簇生或排成簇状聚伞花序,花被上部杯状,下部管状,花被片 4,深裂至杯状花被的基部或近基部,花梗极短,被疏毛。翅果椭圆形或卵状椭圆形,长 10 ~ 13 mm,宽 6 ~ 8 mm,除顶端缺口柱头面被毛外,余处无毛,果翅稍厚,基部的柄长 2 mm,两侧的翅较果核部分为窄,果核部分位于翅果的中上部,上端接近缺口,花被片脱落或残存,果梗较管状花被为短,长 1 ~ 3 mm,有疏生短毛。花、果期 8 ~ 10 月。

榆树

拉丁学名：*Ulmus pumila* L.　落叶乔木,在干瘠土地长成灌木状;幼树树皮平滑,灰褐色或浅灰色,大树皮暗灰色,不规则深纵裂,粗糙,小枝无毛或有毛,淡黄灰色、淡褐灰色或灰色,有散生皮孔,无膨大的木栓层及突起的木栓翅;冬芽近球形或卵圆形,芽鳞背面无毛,内层芽鳞的边缘具白色长柔毛。叶椭圆状卵形、长卵形、椭圆状披针形或卵状披针形,长 2 ~ 8 cm,宽 1.2 ~ 3.5 cm,先端渐尖或长渐尖,基部偏斜或近对称,一侧楔形至圆形,另一侧圆形至半心脏形,叶面平滑无毛,叶背幼时有短柔毛,后变无毛或部分脉腋有簇生毛,边缘具重锯齿或单锯齿,侧脉每边 9 ~ 16 条,叶柄长 4 ~ 10 mm,通常仅上面有短柔毛。花先叶开放,再生枝的叶腋呈簇生状。

翅果近圆形,长 1.2 ~ 2 cm,除顶端缺口柱头面被毛外,余处无毛,果核部分位于翅果的中部,上端不接近或接近缺口,成熟前后其色与果翅相同,初淡绿色,后白黄色,裂片边缘有毛,果梗较花被为短,被短柔毛。花、果期 3 ~ 6 月。

榉树

拉丁学名:*Zelkova serrata*(Thunb.)Makino 乔木,树皮灰白色或褐灰色,呈不规则片状剥落;当年生枝紫褐色或棕褐色,疏被短柔毛,后渐脱落;冬芽圆锥状卵形或椭圆状球形。叶薄纸质至厚纸质,大小形状变异很大,卵形、椭圆形或卵状披针形,长3~10 cm,宽1.5~5 cm,先端渐尖或尾状渐尖,基部有的稍偏斜,圆形或浅心形,叶面绿色,干后绿色或深绿色,幼时疏生糙毛,后脱落变平滑,叶背浅绿色,幼时被短柔毛,后脱落或仅沿主脉两侧残留有稀疏的柔毛,边缘有圆齿状锯齿,具短尖头,侧脉7~14对;叶柄粗短,长2~6 mm,被短柔毛;托叶膜质,紫褐色,披针形,长7~9 mm。

雄花具极短的梗,径约3 mm,花被裂至中部,花被裂片6~7,不等大,外面被细毛,退化子房缺;雌花近无梗,径约1.5 mm,花被片4~5,外面被细毛,子房被细毛。核果,淡绿色,斜卵状圆锥形,上面偏斜,凹陷,表面被柔毛,具宿存的花被。花期4月,果期9~11月。

刺榆

拉丁学名:*Hemiptelea davidii*(Hance)Planch. 落叶小乔木,树皮深灰色或褐灰色,不规则的条状深裂;小枝灰褐色或紫褐色,被灰白色短柔毛,具粗而硬的棘刺;刺长2~10 cm;叶椭圆形或椭圆状矩圆形,长4~7 cm,宽1.5~3 cm,先端急尖或钝圆,基部浅心形或圆形,边缘有整齐的粗锯齿,叶面绿色,幼时被毛,后脱落残留有稍隆起的圆点,叶背淡绿色,光滑无毛,或在脉上有稀疏的柔毛,侧脉8~12对,排列整齐,斜直出至齿尖;叶柄短,长3~5 mm,被短柔毛;托叶矩圆形、长矩形或披针形,长3~4 mm,淡绿色。

小坚果黄绿色,斜卵圆形,两侧扁,长5~7 mm,形似鸡头,翅端渐狭呈缘状,果梗纤细,长2~4 mm。花期4~5月,果期9~10月。

6 桑科

拉丁学名:*Moraceae* 乔木或灌木,藤本,通常具乳液,有刺或无刺。叶互生,全缘或具锯齿,分裂或不分裂,叶脉掌状或羽状,有或无钟乳体;托叶2枚,通常早落。花小,单性,雌雄同株或异株,无花瓣;花序腋生,典型成对,总状、圆锥状、头状、穗状或壶状,花序托有时为肉质,增厚或封闭而为隐头花序,或开张而为头状或圆柱状。坚果,核果聚合为花果。

藤构

拉丁学名:*Broussonetia kaempferi Sieb.* var. australis Suzuki 蔓生藤状灌木;树皮黑褐色;小枝显著伸长,幼时被浅褐色柔毛,成长脱落。叶互生,螺旋状排列,近对称的卵状椭圆形,长3.5~8 cm,宽2~3 cm,先端渐尖至尾尖,基部心形或截形,边缘锯齿细,齿尖具腺体,不裂,表面无毛,稍粗糙;叶柄长 8 ~ 10 mm,被毛。花雌雄异株。雄花序短穗状,长 1.5 ~ 2.5 cm,花序轴约 1 cm;雄花花被片 4 ~ 3,裂片外面被毛,雄蕊 4 ~ 3,花药黄色,椭圆球形,退化雌蕊小。雌花集生为球形头状花序。聚花果直径 1 cm,花柱线形,延长。花期 4 ~ 6 月,果期 5 ~ 7 月。

小构树

拉丁学名:*Broussonetia kazinoki* S. et Z.　灌木,高 0.5 ~ 3 m;小枝无毛。当年生枝近四棱形,枝上部叶常对生,革质,无毛,倒披针形至长圆形,长 2 ~ 4 cm,宽 0.3 ~ 1.2 cm,先端具短尖,基部楔形至宽楔形,上面绿色,下面白绿色,侧脉在上面较明显,与中肋成尖角,在下面不明显;叶柄长 1 mm,无毛。总状花序单生,顶生或腋生,花序梗长 2 ~ 4 cm,花序轴在花时延长,稍肉质增厚,因而较花序梗粗壮,无毛;花梗短,无毛,具关节,开花时花梗常向下弯;花黄色;花盘鳞片 1 枚,线形。果小,圆柱形,基部狭,外包以宿存花萼。花期夏秋间,果期秋冬。

构树

拉丁学名:*Broussonetia papyrifera*(Linn.)L Her. ex Vent.　落叶乔木,树皮暗灰色;小枝密生柔毛。树冠张开,卵形至广卵形;树皮平滑,浅灰色或灰褐色,不易裂,全株含乳汁。叶螺旋状排列,广卵形至长椭圆状卵形,长 6 ~ 18 cm,宽 5 ~ 9 cm,先端渐尖,基部心形,两侧常不相等,边缘具粗锯齿,不分裂或 3 ~ 5 裂,小树的叶常有明显分裂,表面粗糙,疏生糙毛,背面密被绒毛,基生叶脉三出,侧脉 6 ~ 7 对;叶柄长 2.5 ~ 8 cm,密被糙毛;托叶大,卵形,狭渐尖,长 1.5 ~ 2 cm,宽 0.8 ~ 1 cm。

花雌雄异株;雄花序为葇荑花序,粗壮,长 3 ~ 8 cm,苞片披针形,被毛,花被 4 裂,裂片三角状卵形,被毛,雄蕊 4,花药近球形,退化雌蕊小;雌花序球形头状,苞片棍棒状,顶端被毛,花被管状,顶端与花柱紧贴,子房卵圆形,柱头线形,被毛。聚花果直径 1.5 ~ 3 cm,成熟时橙红色,肉质;瘦果具与其等长的柄,表面有小瘤,龙骨双层,外果皮壳质。花期 4 ~ 5 月,果期 6 ~ 7 月。

柘树

拉丁学名:*Cudrania tricuspidata*　落叶灌木或小乔木,树皮灰褐色,小枝无毛,略具棱,有棘刺,刺长 5 ~ 20 mm;冬芽赤褐色。叶卵形或菱状卵形,偶为 3 裂,长 5 ~ 14 cm,宽 3 ~ 6 cm,先端渐尖,基部楔形至圆形,表面深绿色,背面绿白色,无毛或被柔毛,侧脉 4 ~ 6 对;叶柄长 1 ~ 2 cm,被微柔毛。雌雄异株,雌雄花序均为球形头状花序,单生或成对腋生,具短总花梗;雄花序直径约 0.5 cm,雄花有苞片 2 枚,附着于花被片上,花被片 4,肉质,先端肥厚,内卷,内面有黄色腺体 2 个,雄蕊 4,与花被片对生,花丝在花芽时直立,退化雌蕊锥形;雌花序直径 1 ~ 1.5 cm,花被片与雄花同数,花被片先端盾形,内卷,内面下部有 2 黄色腺体,子房埋于花被片下部。聚花果近球形,直径约 2.5 cm,肉质,成熟时橘红色。花期 5 ~ 6 月,果期 6 ~ 7 月。

无花果

拉丁学名:*Ficus carica* Linn. 落叶灌木,多分枝;树皮灰褐色,皮孔明显;小枝直立,粗壮。叶互生,厚纸质,广卵圆形,长、宽近相等,10～20 cm,通常3～5裂,小裂片卵形,边缘具不规则钝齿,表面粗糙,背面密生细小钟乳体及灰色短柔毛,基部浅心形,基生侧脉3～5条,侧脉5～7对;叶柄长2～5 cm,粗壮,托叶卵状披针形,长约1 cm,红色。果单生叶腋,大,梨形,直径3～5 cm,顶部下陷,成熟时紫红色或黄色;瘦果透镜状。花、果期5～7月。

异叶榕

拉丁学名:*Ficus heteromorpha* Hemsl. 落叶灌木或小乔木,树皮灰褐色;小枝红褐色,节短。叶多形,如琴形、椭圆形、椭圆状披针形,长10～18 cm,宽2～7 cm,先端渐尖或为尾状,基部圆形或浅心形,表面略粗糙,背面有细小钟乳体,全缘或微波状,基生侧脉较短,侧脉6～15对,红色;叶柄长1.5～6 cm,红色;托叶披针形,长约1 cm。果成对生短枝叶腋,无总梗,球形或圆锥状球形,光滑,直径6～10 mm;成熟时紫黑色,顶生苞片脐状,基生苞片3枚,卵圆形,雄花和瘿花同生于一果中。瘦果光滑。花期4～5月,果期5～7月。

薜荔

拉丁学名:*Ficus pumila* Linn. 攀缘或匍匐灌木。叶卵状心形,薄革质,基部稍不对称,尖端渐尖,叶柄很短;结果枝上无不定根,革质,卵状椭圆形,长5～10 cm,宽2～3.5 cm,先端急尖至钝形,基部圆形至浅心形,全缘,上面无毛,背面被黄褐色柔毛,基生叶脉延长,网脉3～4对,在表面下陷,背面突起,网脉甚明显,呈蜂窝状;叶柄长5～10 mm;托叶2,披针形,被黄褐色丝状毛。

果单生叶腋,瘿花果梨形,雌花果近球形,长4～8 cm,直径3～5 cm,顶部截平,略具短钝头或为脐状突起,基部收窄成一短柄,基生苞片宿存,三角状卵形,密被长柔毛,榕果幼时被黄色短柔毛,成熟黄绿色或微红;总梗粗短;雄花,生于榕果内壁口部,多数,排为几行,有柄,花被片2～3,线形,雄蕊2枚,花丝短;瘿花具柄,花被片3～4,线形,花柱侧生,短;雌花生于另一植株榕果内壁,花柄长,花被片4～5。瘦果近球形,有黏液。花、果期5～8月。

珍珠莲

拉丁学名:*Ficus sarmentosa* var. henryi 木质攀缘匍匐藤状灌木,幼枝密被褐色长柔毛,叶革质,卵状椭圆形,长8～10 cm,宽3～4 cm,先端渐尖,基部圆形至楔形,表面无毛,背面密被褐色柔毛或长柔毛,基生侧脉延长,侧脉5～7对,小脉网结成蜂窝状;叶柄长5～10 mm,被毛。榕果成对腋生,圆锥形,直径1～1.5 cm,表面密被褐色长柔毛,成长后脱落,顶生苞片直立,长约3 mm,基生苞片卵状披针形,长3～6 mm。果无总梗或具短梗。

爬藤榕

拉丁学名：*Ficus martini* Levl. et Vant. 藤状匍匐灌木。叶革质,披针形,长 4 ~ 7 cm,宽 1 ~ 2 cm,先端渐尖,基部钝,背面白色至浅灰褐色,侧脉 6 ~ 8 对,网脉明显;叶柄长 5 ~ 10 mm。果成对腋生或生于落叶枝叶腋,球形,直径 7 ~ 10 mm,幼时被柔毛。花期 4 ~ 5 月,果期 6 ~ 7 月。

桑

拉丁学名：*Morus alba* L. 落叶乔木,树皮黄褐色。叶卵形至广卵形,叶端尖,叶基圆形或浅心形,边缘有粗锯齿,有时有不规则的分裂。叶面无毛,有光泽,叶背脉上有疏毛。冬芽红褐色,卵形,芽鳞覆瓦状排列,灰褐色,有细毛;小枝有细毛。叶卵形或广卵形,长 5 ~ 15 cm,宽 5 ~ 12 cm,先端急尖、渐尖或圆钝,基部圆形至浅心形,边缘锯齿粗钝,有时叶为各种分裂,表面鲜绿色,无毛,背面沿脉有疏毛,脉腋有簇毛;叶柄长 1.5 ~ 5.5 cm,具柔毛;托叶披针形,早落,外面密被细硬毛。

花单性,腋生或生于芽鳞腋内,与叶同时生出;雄花序下垂,长 2 ~ 3.5 cm,密被白色柔毛,雄花花被片宽椭圆形,淡绿色。花丝在芽时内折,花药 2 室,球形至肾形,纵裂;雌花序长 1 ~ 2 cm,被毛,总花梗长 5 ~ 10 mm,被柔毛,雌花无梗,花被片倒卵形,顶端圆钝,外面和边缘被毛。聚花果卵状椭圆形,长 1 ~ 2.5 cm,成熟时红色或暗紫色。花期 4 ~ 5 月,果期 5 ~ 8 月。

鸡桑

拉丁学名：*Morus australis* Poir. 灌木或小乔木,树皮灰褐色,冬芽大,圆锥状卵圆形。叶卵形,长 5 ~ 14 cm,宽 3.5 ~ 12 cm,先端急尖或尾状,基部楔形或心形,边缘具粗锯齿,不分裂或 3 ~ 5 裂,表面粗糙,密生短刺毛,背面疏被粗毛;叶柄长 1 ~ 1.5 cm,被毛;托叶线状披针形,早落。雄花序长 1 ~ 1.5 cm,被柔毛,雄花绿色,具短梗,花被片卵形,花药黄色;雌花序球形,长约 1 cm,密被白色柔毛,雌花花被片长圆形,暗绿色。聚花果短椭圆形,直径约 1 cm,成熟时红色或暗紫色。花期 3 ~ 4 月,果期 4 ~ 5 月。

细裂叶鸡桑

拉丁学名：*Morus australis* Poir. var. incisa C. Y. Wu 灌木或小乔木。叶卵形,长 5 ~ 14 cm,宽 3.5 ~ 12 cm,先端急尖或尾状,基部楔形或心形,边缘具粗锯齿,不分裂或 3 ~ 5 裂,表面粗糙,密生短刺毛,背面疏被粗毛;叶柄长 1 ~ 1.5 cm,被毛;托叶线状披针形,早落。雄花序长 1 ~ 1.5 cm,被柔毛,雄花绿色,具短梗,花被片卵形,花药黄色;雌花序球形,长约 1 cm,密被白色柔毛,雌花花被片长圆形,暗绿色,花柱很长,柱头 2 裂,内面被柔毛。聚花果短椭圆形,直径约 1 cm,成熟时红色或暗紫色。花期 3 ~ 4 月,果期 4 ~ 5 月。

华桑

拉丁学名：*Morus cathayana* Hemsl. 小乔木或为灌木状;树皮灰白色,平滑;小枝幼时被细毛,成长后脱落,皮孔明显。叶厚纸质,卵圆形或近圆形,长8~20 cm,宽6~13 cm,先端渐尖或短尖,基部心形或截形,略偏斜,边缘具疏浅锯齿或钝锯齿,有时分裂,表面粗糙,疏生短伏毛,基部沿叶脉被柔毛,背面密被白色柔毛;叶柄长2~5 cm,粗壮,被柔毛;托叶披针形。花雌雄同株异序,雄花序长3~5 cm,雄花花被片4,黄绿色,长卵形,外面被毛,雄蕊4,退化雌蕊小;雌花序长1~3 cm,雌花花被片倒卵形,先端被毛,花柱短,柱头2裂,内面被毛。聚花果圆筒形,长2~3 cm,成熟时白色、红色或紫黑色。花期4~5月,果期5~6月。

蒙桑

拉丁学名:*Morus mongolica* Schneid. 小乔木或灌木,树皮灰褐色,纵裂;小枝暗红色,老枝灰黑色;冬芽卵圆形,灰褐色。叶长椭圆状卵形,长8~15 cm,宽5~8 cm,先端尾尖,基部心形,边缘具三角形单锯齿,齿尖有长刺芒,两面无毛;叶柄长2.5~3.5 cm。雄花序长3 cm,雄花花被暗黄色,外面及边缘被长柔毛,花药2室,纵裂;雌花序短圆柱状,长1~1.5 cm,总花梗纤细,长1~1.5 cm。雌花花被片外面上部疏被柔毛,或近无毛。聚花果长约1.5 cm,成熟时红色至紫黑色。花期3~4月,果期4~5月。

7 铁青树科

拉丁学名:*Olacaceae* 花小,通常两性,辐射对称,排成总状花序状、穗状花序状、圆锥花序状、头状花序状或伞形花序状的聚伞花序或二歧聚伞花序;花萼筒小,杯状或碟状,花后不增大或增大,顶端具4~5枚小裂齿,或顶端截平,下部无副萼或有副萼;花瓣4~5片,离生或部分花瓣合生或合生成花冠管,花蕾时通常成镊合状排列;花盘环状;雄蕊为花瓣数的2~3倍或与花瓣同数并与其对生,花丝长或短。

香芙木

拉丁学名:*Schoepfia fragrans* Wall 落叶小乔木或灌木,树皮灰黄色;小枝干时黑褐色,老枝灰褐色。叶革质或薄革质,干后灰绿色,长椭圆形、长卵形、椭圆形或长圆形,长6~9 cm,宽3.5~5 cm,顶端渐尖或长渐尖,常偏斜,基部通常楔形,有时近圆形;侧脉每边3~8条,两面明显,网脉稍明显;叶柄长4~7 mm。花5~10朵或更多,排成总状花序状的蝎尾状聚伞花序,花序长2~3.5 cm,花梗长2~6 mm,总花梗长1~1.5 cm;花萼筒杯状,与子房贴生,上端具4~5枚小萼齿;副萼小,杯状,结实时不增大,上端具3裂齿;花冠筒状或管状,长6~8 mm,宽2.5~3 mm,白色或淡黄色,先端有4~5枚三角形的小裂齿,裂齿不反卷,雄蕊着生在花冠管上,花冠内面着生雄蕊处的下部各有一束短毛。果近球形,直径7~12 mm,成熟时几全部为增大的花萼筒所包围,增大的花萼筒外部黄色,基部为杯状的副萼所承托。花期9~10月,果期10月至次年1月。

8 檀香科

拉丁学名:*Santalaceae* 草本或灌木,稀小乔木,常为寄生或半寄生植物,有时寄生于其他树上或根上;叶互生或对生,全缘,有时退化为鳞片;花常淡绿色,两性或单性,辐射对称,单生或排成各式花序;萼花瓣状,常肉质,裂片 3~6;无花瓣,有花盘;雄蕊 3~6,与萼片对生;子房下位或半下位,1 室,有胚珠 1~3 颗;果为核果或坚果。

米面蓊

拉丁学名:*B. lanceolata*(Sieb. et Zucc.)Miq. 灌木,多分枝,枝多少被微柔毛,幼嫩时有棱或有条纹。叶对生,薄膜质,近无柄;下部枝的叶呈阔卵形,上部枝的叶呈披针形,长 3~9 cm,宽 1.5~2.5 cm,先端尾状渐尖(基生枝上的叶尖常具红色鳞片),基部楔形,全缘,嫩时两面被疏毛。雄花序顶生和腋生;花梗纤细,长 3~6 mm;花被裂片卵状长圆形,被稀疏短柔毛;雄蕊 4,内藏。雌花单一,顶生或腋生;花梗细长或很短;花被漏斗形,长 7~8 mm,外被微柔毛或近无毛,裂片小,三角状卵形或卵形,先端锐尖;苞片 4 枚,披针形,长 1.5 mm;花柱黄色。核果椭圆形或倒圆锥形,长约 1.5 cm,直径约 1 cm,无毛,宿存苞片叶状,披针形或倒披针形,长 3~4 m,宽 8~9 mm,干膜质,羽脉明显;果柄细长,棒状,先端有节,长 8~15 mm。花期 6 月,果期 9~10 月。

9 领春木科

拉丁学名:*Eupteleaceae* 落叶灌木或乔木;枝有长枝、短枝之分,具散生椭圆形皮孔,基部有多数叠生环状芽鳞片痕;芽常侧生,有多数鳞片,为扩展的近鞘状叶柄基部包裹。叶互生,圆形或近卵形,边缘有锯齿,具羽状脉,有较长叶柄,无托叶。花先叶开放,小,两性,6~12 朵,各单生在苞片腋部,有花梗;无花被;雄蕊多数,1 轮,最后常扭捩,花丝条形,花药侧缝开裂,药隔延长成一附属物;花托扁平;心皮多数,离生,1 轮,子房 1 室,有 1~3 个倒生胚珠。翅果周围有翅,顶端圆,下端渐细成明显子房柄,有果梗;种子 1~3 个,有胚乳。

领春木

拉丁学名:*Euptelea pleiosperma* Hook. f. et Thoms. 落叶灌木或小乔木,树皮紫黑色或棕灰色;小枝无毛,紫黑色或灰色;芽卵形,鳞片深褐色,光亮。叶纸质,卵形或近圆形,少数椭圆卵形或椭圆披针形,长 5~14 cm,宽 3~9 cm,先端渐尖,有 1 突生尾尖,长 1~1.5 cm,基部楔形或宽楔形,边缘疏生顶端加厚的锯齿,下部或近基部全缘,上面无毛或散生柔毛后脱落,仅在脉上残存,下面无毛或脉上有伏毛,脉腋具丛毛,侧脉 6~11 对;叶柄长 2~5 cm,有柔毛后脱落。花丛生;花梗长 3~5 mm;苞片椭圆形,早落;雄蕊 6~14,长 8~15 mm,花药红色,比花丝长,药隔附属物长 0.7~2 mm;心皮 6~12 枚,子房歪形,长

2 ~ 4 mm,柱头面在腹面或远轴,斧形,具微小黏质突起,有 1 ~ 3 个胚珠。翅果长 5 ~ 10 mm,宽 3 ~ 5 mm,棕色,果梗长 8 ~ 10 mm;种子 1 ~ 3 个,卵形,黑色。花期 4 ~ 5 月,果期 7 ~ 8 月。

10 连香树科

拉丁学名:*Cercidiphyllaceae*　落叶乔木,树干单一或数个;枝有长枝、短枝之分,长枝具稀疏对生或近对生叶,短枝有重叠环状芽鳞片痕,有 1 个叶及花序;芽生短枝叶腋,卵形,有 2 鳞片。叶纸质,边缘有钝锯齿,具掌状脉;有叶柄,托叶早落。花单性,雌雄异株,先叶开放;每花有 1 苞片;无花被;雄花丛生,近无梗,雄蕊 8 ~ 13,花丝细长,花药条形,红色,药隔延长成附属物;雌花 4 ~ 8 朵,具短梗。蓇葖果 2 ~ 4 个,具宿存花柱及短果梗;种子扁平,一端或两端有翅。

连香树

拉丁学名:*Cercidiphyllum japonicum* Sieb. et Zucc.　落叶大乔木,树皮灰色或棕灰色;小枝无毛,短枝在长枝上对生;芽鳞片褐色。叶:生短枝上的为近圆形、宽卵形或心形,生长枝上的为椭圆形或三角形,长 4 ~ 7 cm,宽 3.5 ~ 6 cm,先端圆钝或急尖,基部心形或截形,边缘有圆钝锯齿,先端具腺体,两面无毛,下面灰绿色带粉霜,掌状脉 7 条,直达边缘;叶柄长 1 ~ 2.5 cm,无毛。雄花常 4 朵丛生,近无梗;苞片在花期红色,膜质,卵形;花丝长 4 ~ 6 mm,花药长 3 ~ 4 mm。雌花 2 ~ 6 朵,丛生;花柱长 1 ~ 1.5 cm,上端为柱头面。蓇葖果 2 ~ 4 个,荚果状,长 10 ~ 18 mm,宽 2 ~ 3 mm,褐色或黑色,微弯曲,先端渐细,有宿存花柱;果梗长 4 ~ 7 mm;种子数个,扁平四角形,长 2 ~ 2.5 mm,褐色,先端有透明翅,长 3 ~ 4 mm。花期 4 月,果期 8 月。

11 木通科

拉丁学名:*Lardizabalaceae*　木质藤本,稀为灌木,叶互生,掌状复叶,少数为羽状复叶,叶柄基部和小叶柄的两端常膨大为节状。花辐射对称,常排成总状花序;萼片 6,花瓣状,排成 2 轮,有时 3 轮,花瓣缺,或为蜜腺状;雄蕊 6,分离或花丝连合成管,药隔常突出于药室之上而呈角状,雌花中有退化雄蕊 6 或无;子房上位,胚珠 1 至多数,倒生,纵行排列。果实肉质,有时开裂。种子卵形或近肾形,有肉质而丰富的胚乳,胚小而直。

木通

拉丁学名:*Akebia quinata*（Houtt.）Decne.　落叶木质藤本,茎纤细,圆柱形,缠绕,茎皮灰褐色,有圆形、小而突起的皮孔;芽鳞片覆瓦状排列,淡红褐色。掌状复叶互生或在短枝上的簇生,通常有小叶 5 片,偶有 3 ~ 4 片;叶柄纤细,长 4.5 ~ 10 cm;小叶纸质,倒卵形或倒卵状椭圆形,长 2 ~ 5 cm,宽 1.5 ~ 2.5 cm,先端圆或凹入,具小凸尖,基部圆或阔楔形,上面深绿色,下面青白色;中脉在上面凹入,下面突起,侧脉每边 5~7 条,与网脉均在两面突起;小叶柄纤细,长 8~10 mm,中间 1 枚长达 18 mm。

伞房花序式的总状花序腋生,长 6~12 cm,疏花,基部有雌花 1~2 朵,以上 4~10 朵为雄花;总花梗长 2~5 cm;着生于缩短的侧枝上,基部为芽鳞片所包托;花略芳香。雄花:花梗纤细,长 7~10 mm;萼片通常 3 片,有时 4 片,淡紫色,偶有淡绿色或白色,兜状阔卵形,顶端圆形,长 6~8 mm,宽 4~6 mm;雄蕊 6,离生,初时直立,后内弯,花丝极短,花药长圆形,钝头;退化心皮 3~6 枚,小。雌花:花梗细长,长 2~4 cm;萼片暗紫色,偶有绿色或白色,阔椭圆形至近圆形,长 1~2 cm,宽 8~15 mm;心皮 3~6 枚,离生,圆柱形,柱头盾状,顶生;退化雄蕊 6~9 枚。

果孪生或单生,长圆形或椭圆形,长 5~8 cm,直径 3~4 cm,成熟时紫色,腹缝开裂;种子多数,卵状长圆形,略扁平,不规则的多行排列,着生于白色、多汁的果肉中,种皮褐色或黑色,有光泽。花期 4~5 月,果期 6~8 月。

多叶木通

拉丁学名:*Akebia ruinata* var. *polyphylla*　落叶藤本植物,老枝红褐色,密生小皮孔。掌状复叶,小叶 5~7 枚,椭圆形或椭圆状倒卵形,全缘,长 4.5~6 cm,宽 2.5~2.8 cm,顶端凹,有凸尖,基部圆形,叶背面带白色,总叶柄长 5~7 cm,小叶柄长 10~15 mm。5 月开花,花深紫色,有香气。果实长 6~7 cm,熟时紫红色,带白粉。

三叶木通

拉丁学名:*Akebia trifoliata*　落叶木质藤本,茎皮灰褐色,有稀疏的皮孔及小疣点。掌状复叶互生或在短枝上簇生;叶柄直,长 7~11 cm;小叶 3 片,纸质或薄革质,卵形至阔卵形,长 4~7.5 cm,宽 2~6 cm,先端通常钝或略凹入,具小凸尖,基部截平或圆形,边缘具波状齿或浅裂,上面深绿色,下面浅绿色;侧脉每边 5~6 条,与网脉同在两面略突起;中央小叶柄长 2~4 cm,侧生小叶柄长 6~12 mm。总状花序自短枝上簇生叶中抽出,下部有 1~2 朵雌花,以上有 15~30 朵雄花,长 6~16 cm;总花梗纤细,长约 5 cm。雄花:花梗丝状,长 2~5 mm;萼片淡紫色,阔椭圆形或椭圆形,长 2.5~3 mm;雄蕊 6,离生,排列为杯状,花丝极短,药室在开花时内弯;退化心皮 3 枚,长圆状锥形。雌花:花梗稍较雄花的粗,长 1.5~3 cm;萼片 3,紫褐色,近圆形,长 10~12 mm,宽约 10 mm,先端圆而略凹入,开花时扩展反折;退化雄蕊 6 枚或更多,小,长圆形,无花丝;心皮 3~9 枚,离生,圆柱形,长 3~6 mm,柱头头状,具乳凸,橙黄色。果长圆形,长 6~8 cm,直径 2~4 cm,直或稍弯,成熟时灰白略带淡紫色;种子极多数,扁卵形,长 5~7 mm,宽 4~5 mm,种皮红褐色或黑褐色,稍有光泽。花期 4~5 月,果期 7~8 月。

白木通

拉丁学名:*Akebia trifoliata* (Thunb.) Koidz. var. Australis (Diels) Rehd　落叶木质藤本,小叶革质,卵状长圆形或卵形,长 4~7 cm,宽 1.5~3 cm,先端狭圆,顶微凹入而具小凸尖,基部圆形、阔楔形、截形或心形,边通常全缘;有时略具少数不规则的浅缺刻。总状花序长 7 ~ 9 cm,腋生或生于短枝上。雄花:萼片长 2 ~ 3 mm,紫色;雄蕊 6,离生,长 2.5 mm,红色或紫红色,干后褐色或淡褐色。雌花:直径 2 cm;萼片长 9 ~ 12 mm,宽 7 ~ 10 mm,暗紫色;心皮 5 ~ 7 枚,紫色。果长圆形,长 6 ~ 8 cm,直径 3 ~ 5 cm,熟时黄褐色;种子卵形,黑褐色。花期 4 ~ 5 月,果期 6 ~ 9 月。

鹰爪枫

拉丁学名:*Holboellia coriacea* Diels.　常绿木质藤本,茎皮褐色。掌状复叶,有小叶 3 片;叶柄长 3.5 ~ 10 cm;小叶厚革质,椭圆形或卵状椭圆形,较少为披针形或长圆形,顶小叶有时倒卵形,长 6 ~ 10 cm,宽 4 ~ 5 cm,先端渐尖或微凹而有小尖头,基部圆形或楔形,边缘略背卷,上面深绿色,有光泽,下面粉绿色;中脉在上面凹入,下面突起,基部三出脉,侧脉每边 4 条,与网脉在嫩叶时两面突起,叶成长时脉在上面稍下陷或两面不明显;小叶柄长 5 ~ 30 mm。花雌雄同株,白绿色或紫色,组成短的伞房式总状花序;总花梗短或近于无梗,数至多个簇生于叶腋。雄花:花梗长约 2 cm;萼片长圆形,长约 1 cm,宽约 4 mm;顶端钝,内轮的较狭;花瓣极小,近圆形,直径不及 1 mm;雄蕊长 6 ~ 7.5 mm,药隔突出于药室之上成极短的凸头,退化心皮锥尖。雌花:花梗稍粗,长 3.5 ~ 5 cm;萼片紫色,与雄花的近似,但稍大,外轮的长约 12 mm,宽约 7 ~ 8 mm;退化雄蕊极小,无花丝;心皮卵状棒形,长约 9 mm。果长圆状柱形,长 5 ~ 6 cm;直径约 3 cm,熟时紫色,干后黑色,外面密布小疣点;种子椭圆形,略扁平,长约 8 mm,宽 5 ~ 6 mm,种皮黑色,有光泽。花期 4 ~ 5 月,果期 6 ~ 8 月。

大血藤

拉丁学名:*Sargentodoxa cuneata* (Oliv.) Rehd. et Wils.　落叶木质藤本,长达 10 余 m。藤径粗达 9 cm,全株无毛;当年枝条暗红色,老树皮有时纵裂。三出复叶,或兼具单叶;叶柄长 3 ~ 12 cm;小叶革质,顶生小叶近棱状倒卵圆形,长 4 ~ 12.5 cm,宽 3 ~ 9 cm,先端急尖,基部渐狭成 6 ~ 15 mm 的短柄,全缘,侧生小叶斜卵形,先端急尖,基部内面楔形,外面截形或圆形,上面绿色,下面淡绿色,干时常变为红褐色,比顶生小叶略大,无小叶柄。总状花序长 6 ~ 12 cm,雄花与雌花同序或异序,同序时,雄花生于基部;花梗细,长 2 ~ 5 cm;苞片 1 枚,长卵形,膜质,长约 3 mm,先端渐尖;雌蕊多数,螺旋状生于卵状突起的花托上,子房瓶形,花柱线形,柱头斜;退化雌蕊线形。每浆果近球形,直径约 1 cm,成熟时黑蓝色,小果柄长 0.6 ~ 1.2 cm。种子卵球形,长约 5 mm,基部截形;种皮,黑色,光亮,平滑;种脐显著。花期 4 ~ 5 月,果期 6 ~ 9 月。

串果藤

拉丁学名:*Sinofranchetia chinensis* (Franch.) Hemsl.　落叶木质藤本,全株无毛。幼枝被白粉;冬芽大,有覆瓦状排列的鳞片数至多枚。叶具羽状 3 小叶,通常密集与花序同自芽鳞片中抽出;叶柄长 10 ~ 20 cm;托叶小,早落;小叶纸质,顶生小叶菱状倒卵形,长 9 ~ 15 cm,宽 7 ~ 12 cm,先端渐尖,基部楔形,侧生小叶较小,基部略偏斜,上面暗绿色,下面苍白灰绿色;侧脉每边 6 ~ 7 条;小叶柄顶生的长 1 ~ 3 cm,侧生的极短。总状花序长而纤细,下垂,长 15 ~ 30 cm,基部为芽鳞片所包托;花稍密集着生于花序总轴上;花梗长 2 ~ 3 mm。雄花:萼片 6,绿白色,有紫色条纹,倒卵形,蜜腺状花瓣 6,肉质,近倒心形,长不及 1 mm;雄蕊 6,花丝肉质,离生,花药略短于花丝,药隔不突出;退化心皮小。雌花:萼片与雄花的相似,长 2.5 mm;花瓣很小;退化雄蕊与雄蕊形状相似但较小;心皮 3,椭圆形或倒卵状长圆形,比花瓣长,长 1.5 ~ 2 mm,无花柱,柱头不明显,胚珠多数,2 列。成熟心皮浆果状,椭圆形,淡紫蓝色,长约 2 cm,直径约 1.5 cm,种子多数,卵圆形,压扁,长 4 ~ 6 mm,种皮灰黑色。花期 5 ~ 6 月,果期 9 ~ 10 月。

12 小檗科

拉丁学名:*Berberidaceae* 灌木或多年生草本,稀小乔木,常绿或落叶,有时具根状茎或块茎。茎具刺或无。叶互生,稀对生或基生,单叶或 1 ~ 3 回羽状复叶;托叶存在或缺;叶脉羽状或掌状。花序顶生或腋生,花单生,簇生或组成总状花序、穗状花序、伞形花序、聚伞花序或圆锥花序;花具花梗或无;花两性,辐射对称,小苞片存在或缺;雄蕊与花瓣同数而对生,瓣裂或纵裂;胚珠多数或少数,稀 1 枚,基生或侧膜胎座,花柱存在或缺,有时结果时缩存。浆果,蒴果,菁葵果或瘦果。种子 1 至多数,有时具假种皮;富含胚乳;胚大或小。

十大功劳

拉丁学名:*Mahonia fortunei*(Lindl.)Fedde 灌木,高 0.5 ~ 2 m。叶倒卵形至倒卵状披针形,长 10 ~ 28 cm,宽 8 ~ 18 cm,具 2 ~ 5 对小叶,最下一对小叶外形与往上小叶相似,距叶柄基部 2 ~ 9 cm,上面暗绿至深绿色,叶脉不显,背面淡黄色,偶稍苍白色,叶脉隆起,叶轴粗 1 ~ 2 mm,节间长 1.5 ~ 4 cm,往上渐短;小叶无柄或近无柄,狭披针形至狭椭圆形,长 4.5 ~ 14 cm,宽 0.9 ~ 2.5 cm,基部楔形,边缘每边具 5 ~ 10 刺齿,先端急尖或渐尖。

总状花序 4 ~ 10 个簇生,长 3 ~ 7 cm;芽鳞披针形至三角状卵形,长 5 ~ 10 mm,宽 3 ~ 5 mm;花梗长 2 ~ 2.5 mm;苞片卵形,急尖,长 1.5 ~ 2.5 mm,宽 1 ~ 1.2 mm;花黄色;外萼片卵形或三角状卵形,长 1.5 ~ 3 mm,宽 1.5 mm,中萼片长圆状椭圆形,长 3.8 ~ 5 mm,宽 2 ~ 3 mm,内萼片长圆状椭圆形,长 4 ~ 5.5 mm,宽 2.1 ~ 2.5 mm;花瓣长圆形,长 3.5 ~ 4 mm,宽 1.5 ~ 2 mm,基部腺体明显,先端微缺裂,裂片急尖;雄蕊长 2 ~ 2.5 mm,药隔不延伸,顶端平截。浆果球形,直径 4 ~ 6 mm,紫黑色,被白粉。花期 7 ~ 9 月,果期 9 ~ 11 月。

南天竹

拉丁学名:*Nandina domestica* 常绿小灌木。茎常丛生而少分枝,高 1 ~ 3 m,光滑无毛,幼枝常为红色,老后呈灰色。叶互生,集生于茎的上部,三回羽状复叶,长 30 ~ 50 cm;2 ~ 3 回羽片对生;小叶薄革质,椭圆形或椭圆状披针形,长 2 ~ 10 cm,宽 0.5 ~ 2 cm,顶端渐尖,基部楔形,全缘,上面深绿色,冬季变红色,背面叶脉隆起,两面无毛,近无柄。

圆锥花序直立,长 20 ~ 35 cm;花小,白色,具芳香,直径 6 ~ 7 mm;萼片多轮,外轮萼片卵状三角形,向内各轮渐大,最内轮萼片卵状长圆形,长 2 ~ 4 mm;花瓣长圆形,长约 4.2 mm,宽约 2.5 mm,先端圆钝;雄蕊 6,长约 3.5 mm,花丝短,花药纵裂,药隔延伸;子房 1 室,具 1 ~ 3 枚胚珠。果柄长 4 ~ 8 mm;浆果球形,直径 5 ~ 8 mm,熟时鲜红色。种子扁圆形。花期 3 ~ 6 月,果期 5 ~ 11 月。

13 木兰科

拉丁学名:*Magnoliaceae* 落叶或常绿的乔木或灌木。树皮、叶、花有香气。单叶互生,托叶大,脱落后留存枝上有环状托叶痕,花大,单生枝顶或叶腋,两性,萼片和花瓣很相似,分化不明显,排列成数轮,分离,花托柱状;雄蕊、雌蕊均为多数,分离,螺旋状排列。果实为聚合果,背缝开裂。种子胚小,胚乳丰富。

野八角

拉丁学名:*Illicium simonsii* Maxim 乔木。幼枝带褐绿色,稍具棱,老枝变灰色;芽卵形或尖卵形,外芽鳞明显具棱。叶近对生或互生,有时 3 ~ 5 片聚生,革质,披针形至椭圆形,或长圆状椭圆形,通常长 5 ~ 10 cm,宽 1.5 ~ 3.5 cm,先端急尖或短渐尖,基部渐狭楔形,下延至叶柄成窄翅;干时上面暗绿色,下面灰绿色或浅棕色;中脉在叶面凹下,至叶柄成狭沟,侧脉常不明显;叶柄长 7 ~ 20 mm,在上面下凹成沟状。

花有香气,淡黄色,有时为奶油色或白色,很少为粉红色,腋生,常密集于枝顶端聚生;花梗极短,在盛开时长 2 ~ 8 mm,直径 1.5 ~ 2 mm;花被片 18 ~ 23 片,很少 26 片,最外面的 2 ~ 5 片,薄纸质,椭圆状长圆形,长 5 ~ 11 mm,宽 4 ~ 7 mm,最大的长 9 ~ 15 mm,宽 2 ~ 4 mm,长圆状披针形至舌状,膜质,里面的花被片渐狭,最内的几片狭舌形,长 7 ~ 15 mm;雄蕊 16 ~ 28 枚,2 ~ 3 轮,长 2.5 ~ 4.0 mm,花丝舌状,长 1 ~ 2.2 mm,花药长圆形,长 1.2 ~ 2.5 mm。果梗长 5 ~ 16 mm。蓇葖 8 ~ 13 枚,长 11 ~ 20 mm,宽 6 ~ 9 mm,厚 2.5 ~ 4 mm,先端具钻形尖头,长 3 ~ 7 mm。种子灰棕色至稻秆色,长 6 ~ 7 mm,宽 4 ~ 5 mm,厚 2 ~ 2.5 mm。花期多为 2 ~ 5 月,果期 6 ~ 10 月。

红茴香

拉丁学名:*Illicium henryi* 灌木或乔木,树皮灰褐色至灰白色。芽近卵形。叶互生或簇生,革质,倒披针形,长披针形或倒卵状椭圆形,长 6 ~ 18 cm,宽 1.2 ~ 5 cm,先端长渐尖,基部楔形;中脉在叶上面下凹,在下面突起,侧脉不明显;叶柄长 7 ~ 20 mm,直径 1 ~ 2 mm,上部有不明显的狭翅。

花粉红至深红色,暗红色,腋生或近顶生,单生或 2 ~ 3 朵簇生;花梗细长,长 15 ~ 50 mm;花被片 10 ~ 15,最大的花被片长圆状椭圆形或宽椭圆形,长 7 ~ 10 mm,宽 4 ~ 8.5 mm;雄蕊 11 ~ 14 枚,长 2.2 ~ 3.5 mm,花丝长 1.2 ~ 2.3 mm。果梗长 15 ~ 55 mm;蓇葖 7 ~ 9 枚,长 12 ~ 20 mm,宽 5 ~ 8 mm,厚 3 ~ 4 mm,先端明显钻形,细尖,尖头长 3 ~ 5 mm。种子长 6.5 ~ 7.5 mm,宽 5 ~ 5.5 mm,厚 2.5 ~ 3 mm。花期 4 ~ 6 月,果期 8 ~ 10 月。

南五味子

拉丁学名:*Kadsura longipedunculata* Finet et Gagnep.　藤本植物,各部无毛。叶长圆状披针形、倒卵状披针形或卵状长圆形,长 5～13 cm,宽 2～6 cm,先端渐尖或尖,基部狭楔形或宽楔形,边有疏齿,侧脉每边 5～7 条;上面具淡褐色透明腺点,叶柄长 0.6～2.5 cm。

花单生于叶腋,雌雄异株。雄花:花被片白色或淡黄色,8～17 片,中轮最大 1 片,椭圆形,长 8～13 mm,宽 4～10 mm;花托椭圆体形,顶端伸长圆柱状,不凸出雄蕊群外;雄蕊群球形,直径 8～9 mm,具雄蕊 30～70 枚;雄蕊长 1～2 mm,药隔与花丝连成扁四方形,药隔顶端横长圆形,药室几与雄蕊等长,花丝极短;花梗长 0.7～4.5 mm。雌花:花被片与雄花相似,雌蕊群椭圆体形或球形,直径约 10 mm,具雌蕊 40～60 枚。花梗长 3～13 cm。聚合果球形,径 1.5～3.5 cm;小浆果倒卵圆形,长 8～14 mm,外果皮薄革质,干时显出种子。种子 2～3 枚,肾形或肾状椭圆体形,长 4～6 mm,宽 3～5 mm。花期 6～9 月,果期 9～12 月。

望春玉兰

拉丁学名:*Magnolia biondii* Pamp.　落叶乔木,树皮淡灰色,光滑;小枝细长,灰绿色,直径 3～4 mm,无毛;顶芽卵圆形或宽卵圆形,长 1.7～3 cm,密被淡黄色展开长柔毛。叶椭圆状披针形、卵状披针形,狭倒卵或卵形,长 10～18 cm,宽 3.5～6.5 cm,先端急尖,或短渐尖,基部阔楔形,或圆钝,边缘干膜质,下延至叶柄,上面暗绿色,下面浅绿色,初被平伏棉毛,后无毛;侧脉每边 10～15 条;叶柄长 1～2 cm,托叶痕为叶柄长的 1/5～1/3。花先叶开放,直径 6～8 cm,芳香;花梗顶端膨大,长约 1 cm,具 3 苞片脱落痕;花被片 9,外轮 3 片紫红色,近狭倒卵状条形,长约 1 cm,中内两轮近匙形,白色,外面基部常紫红色,长 4～5 cm,宽 1.3～2.5 cm,内轮的较狭小;雄蕊长 8～10 mm,花药长 4～5 mm,花丝长 3～4 mm,紫色;雌蕊群长 1.5～2 cm。聚合果圆柱形,长 8～14 cm,常因部分不育而扭曲;果梗长约 1 cm,径约 7 mm,残留长绢毛;蓇葖浅褐色,近圆形,侧扁,具突起瘤点;种子心形,外种皮鲜红色,内种皮深黑色,顶端凹陷,具"V"形槽,中部突起,腹部具深沟,末端短尖不明显。花期 3 月,果熟期 9 月。

厚朴

拉丁学名:*Magnolia officinalis* Rehd. et Wils.　落叶乔木,树皮厚,褐色,不开裂;小枝粗壮,淡黄色或灰黄色,幼时有绢毛;顶芽大,狭卵状圆锥形,无毛。叶大,近革质,7～9 片聚生于枝端,长圆状倒卵形,长 22～45 cm,宽 10～24 cm,先端具短急尖或圆钝,基部楔形,全缘而微波状,上面绿色,无毛,下面灰绿色,被灰色柔毛,有白粉;叶柄粗壮,长 2.5～4 cm,托叶痕长为叶柄的 2/3。

花白色,径 10～15 cm,芳香;花梗粗短,被长柔毛,离花被片下 1 cm 处具包片脱落痕,花被片 9～12,厚肉质,外轮 3 片淡绿色,长圆状倒卵形,长 8～10 cm,宽 4～5 cm,盛开时常向外反卷,内两轮白色,倒卵状匙形,长 8～8.5 cm,宽 3～4.5 cm,基部具爪,最内轮 7～

8.5 cm,花盛开时中内轮直立;雄蕊约 72 枚,长 2~3 cm,花药长 1.2~1.5 cm,内向开裂,花丝长 4~12 mm,红色;雌蕊群椭圆状卵圆形,长 2.5~3 cm。聚合果长圆状卵圆形,长 9~15 cm;蓇葖具长 3~4 mm 的喙;种子三角状倒卵形,长约 1 cm。花期 5~6 月,果期 8~10 月。

凹叶厚朴与厚朴相比,二者不同之处在于凹叶厚朴叶先端凹缺,成 2 钝圆的浅裂片,但幼苗的叶先端钝圆,并不凹缺;聚合果基部较窄。花期 4~5 月,果期 10 月。

五味子

拉丁学名:*Schisandra chinensis*　落叶木质藤本,茎柔软坚韧,右旋缠绕于其他乔、灌木上生长,在森林内属层间植物。根系发达,主根不明显,有密集须根。还有大量的匍匐茎分布于土壤浅层,横向伸长,也称走茎,上有节,节上有芽,产生萌蘖,长出地面,形成新株,扩大种群。五味子老藤皮暗褐色,幼茎紫红色或淡黄色,密布圆形凸出的皮孔,单叶互生,倒卵形或椭圆形,长 5~9 cm,宽约 2.5 cm,先端锐尖,基部楔形,叶缘有具腺点的疏细齿。叶面绿色,有光泽,叶背淡绿色,沿脉有疏毛,叶柄长 2~3 cm,叶柄及叶脉红色,网脉在表面下凹,在背面突起,背面中脉有毛;无托叶。

芽为单芽或混合芽,混合芽内着 2~3 朵花,也有 4~5 朵花,雌雄异株,花被 6~9,乳白或粉红色,雄花具雄蕊 4~5,无花丝,雌蕊的心皮离生,集合排在突起的花托上,花药聚生于圆柱状花托顶端;果期花托伸长成穗状聚合果,似长果序。果为聚合浆果,近球形,成熟时为艳红色,径约 1 cm,有 1~2 粒种子,肾形,淡橘黄色,表面光滑,花期 5~6 月,果期 8~9 月。

华中五味子

拉丁学名:*Schisandra sphenanthera* Rehd. et Wils.　落叶木质藤本,全株无毛,很少在叶背脉上有稀疏细柔毛。冬芽、芽鳞具长缘毛,先端无硬尖,小枝红褐色,距状短枝或伸长,具颇密而突起的皮孔。叶纸质,倒卵形、宽倒卵形,或倒卵状长椭圆形,有时圆形,很少椭圆形,长 5~11 cm,宽 3~7 cm,先端短急尖或渐尖,基部楔形或阔楔形,干膜质边缘至叶柄成狭翅,上面深绿色,下面淡灰绿色,有白色点,1/2~2/3 以上边缘具疏离、胼胝质齿尖的波状齿,上面中脉稍凹入,侧脉每边 4~5 条,网脉密致,干时两面不明显突起;叶柄红色,长 1~3 cm。

花生于近基部叶腋,花梗纤细,长 2~4.5 cm,基部具长 3~4 mm 的膜质苞片,花被片 5~9,橙黄色,近相似,椭圆形或长圆状倒卵形,中轮的长 6~12 mm,宽 4~8 mm,具缘毛,背面有腺点。雄花:雄蕊群倒卵圆形,径 4~6 mm;花托圆柱形,顶端伸长,无盾状附属物;雄蕊 11~19 枚,基部的长 1.6~2.5 mm,药室内侧向开裂,药隔倒卵形,两药室向外倾斜,顶端分开,基部近邻接,花丝上部 1~4 雄蕊与花托顶贴生,无花丝。雌花:雌蕊群卵球形,直径 5~5.5 mm,雌蕊 30~60 枚,子房近镰刀状椭圆形,长 2~2.5 mm,柱头冠狭窄,下延成不规则的附属体。聚合果果托长 6~17 cm,径约 4 mm。

聚合果梗长 3~10 cm,成熟小浆果红色,长 8~12 mm,宽 6~9 mm,具短柄;种子长圆体形或肾形,长约 4 mm,宽 3~3.8 mm,高 2.5~3 mm,种脐斜"V"形,长约为种子宽的

1/3;种皮褐色光滑,或仅背面微皱。花期4~7月,果期7~9月。

14 水青树科

拉丁学名:*Tetracentron sinense* Oliv.　落叶乔木,植株无毛;树皮淡褐色或赤褐色,光滑。长枝细长,短枝距状,有叠生环状的芽鳞痕和叶痕。叶互生,纸质,心形,卵形至宽卵形或卵状椭圆形,长7~15 cm,先端渐尖或尾状渐尖,或心形,边缘有密生具腺锯齿,基出脉5~7条;叶柄长2~3.5 cm,基部增粗与托叶合生,包围幼芽。穗状花序生于短枝顶,下垂;花小无梗,直径2~4 mm,4朵盛开簇,互生于花序轴上;花片淡黄色;雄蕊与花被片对生;蓇葖果褐色,长2~4 mm,室背开裂。种子条形。花期6~7月,果期9~10月。

水青树

拉丁学名:*Tetracentron sinense* Oliv.　乔木,全株无毛;水青树树皮灰褐色或灰棕色而略带红色,片状脱落;长枝顶生,细长,幼时暗红褐色,短枝侧生,距状,基部有叠生环状的叶痕及芽鳞痕。叶片卵状心形,长7~15 cm,宽4~11 cm,顶端渐尖,基心形,边缘具细锯齿,齿端具腺点,两面无毛,背面略被白霜,掌状脉5~7条,近缘边形成不明显的网络;叶柄长2~3.5 cm。花小,呈穗状花序,花序下垂,着生于短枝顶端,多花;花被淡绿色或黄绿色;雄蕊与花被片对生,长约为花被片的2.5倍,花药卵珠形,纵裂;心皮沿腹缝线合生。果长圆形,长3~5 mm,棕色,沿背缝线开裂;种子4~6粒,条形,长2~3 mm。花期6~7月,果期9~10月。

15 蜡梅科

拉丁学名:*Calycanthaceae*　落叶或常绿灌木;小枝四方形至近圆柱形;有油细胞。鳞芽或芽无鳞片而被叶柄的基部所包围。单叶对生,全缘或近全缘;羽状脉;有叶柄,无托叶。花两性,辐射对称,单生于侧枝的顶端或腋生,通常芳香,黄色、黄白色、褐红色或粉红白色,先叶开放;花梗短;花被片多数,未明显地分化成花萼和花瓣,成螺旋状着生于杯状的花托外围,花被片形状各式,最外轮的似苞片,内轮的呈花瓣状;雄蕊两轮,外轮的能发育,内轮的败育,发育的雄蕊5~30枚,螺旋状着生于杯状的花托顶端,花丝短而离生。

蜡梅

拉丁学名:*Chimonanthus praecox*(Linn.)Link　落叶灌木,幼枝四方形,老枝近圆柱形,灰褐色,无毛或被疏微毛,有皮孔;鳞芽通常着生于二年生的枝条叶腋内,芽鳞片近圆形,覆瓦状排列,外面被短柔毛。叶纸质至近革质,卵圆形、椭圆形、宽椭圆形至卵状椭圆形,有时长圆状披针形,长5~25 cm,宽2~8 cm,顶端急尖至渐尖,有时具尾尖,基部急尖至圆形,除叶背脉上被疏微毛外无毛。

花着生于二年生枝条叶腋内,先花后叶,芳香,直径2~4 cm;花被片圆形、长圆形、倒卵形、椭圆形或匙形,长 5 ~ 20 mm,宽 5 ~ 15 mm,无毛,内部花被片比外部花被片短,基部有爪;雄蕊长 4 mm,花丝比花药长或等长,花药向内弯,无毛,药隔顶端短尖,退化雄蕊长约 3 mm;心皮基部被疏硬毛,花柱长达子房的 3 倍,基部被毛。果托近木质化,坛状或倒卵状椭圆形,长 2 ~ 5 cm,直径 1 ~ 2.5 cm,口部收缩,并具有钻状披针形的被毛附生物。花期 11 月至次年 3 月,果期 4 ~ 11 月。

16 樟科

拉丁学名:*Lauraceae* 大多为乔木或灌木,叶互生、对生、近对生或轮生,革质,有时为膜质或纸质,全缘,极少分裂,羽状脉,三出脉或离基三出脉,小脉常为密网状;无托叶,气孔为茜草型,局限于下表面且常凹陷。花组呈腋生或近顶生的圆锥花序、总状花序、近伞形花序或团伞花序;总苞片无或有,开花时脱落或宿存;花两性或单性,辐射对称,排成两轮,大小相等或外轮的较小,花被筒短或很短,有的花后增大变成杯状或盘状的果托。

红果黄肉楠

拉丁学名:*Actinodaphne* Nees 灌木或小乔木,小枝细,灰褐色,幼时有灰色或灰褐色微柔毛。顶芽卵圆形或圆锥形,鳞片外面被锈色丝状短柔毛,边缘有睫毛。叶通常 5 ~ 6 片簇生于枝端呈轮生状,长圆形至长圆状披针形,长 5.5 ~ 13.5 cm,宽 1.5 ~ 2.7 cm,两端渐尖或急尖,革质,上面绿色,有光泽,无毛,下面粉绿色,有灰色或灰褐色短柔毛,后毛被渐脱落,羽状脉,中脉在叶上面下陷,在下面突起,侧脉每边 8 ~ 13 条,斜展,纤细,在叶上面不甚明显,稍下陷,在下面明显,且突起,横脉不甚明显;叶柄长 3 ~ 8 mm,有沟槽,被灰色或灰褐色短柔毛。伞形花序单生或数个簇生于枝侧,无总梗;苞片 5 ~ 6,外被锈色丝状短柔毛。每一雄花序有雄花 6 ~ 7 朵;花梗及花被筒密被黄褐色长柔毛;花被裂片,卵形,外面中肋有柔毛,内面无毛;能育雄蕊 9,花丝长 4 mm,无毛,第三轮基部两侧的 2 极腺体有柄;退化雌蕊细小,无毛。雌花序常有雌花 5 朵。子房椭圆形,无毛,花柱外露,柱头 2 裂。果卵形或卵圆形,长 12 ~ 14 mm,直径约 10 mm,先端有短尖,无毛,成熟时红色,着生于杯状果托上;果托长 4 ~ 5 mm,外面有皱褶,边缘全缘或为粗波状缘。花期 10 ~ 11 月,果期 8 ~ 9 月。

香樟树

拉丁学名:*Cinnamomum camphora* (L.) Presl. 常绿大乔木,树冠广卵形;枝、叶及木材均有樟脑气味;树皮黄褐色,有不规则的纵裂。顶芽广卵形或圆球形,鳞片宽卵形或近圆形,外面略被绢状毛。枝条圆柱形,淡褐色,无毛。叶互生,卵状椭圆形,长 6 ~ 12 cm,宽 2.5 ~ 5.5 cm,先端急尖,基部宽楔形至近圆形,边缘全缘,软骨质,有时呈微波状,上面绿色或黄绿色,有光泽,下面黄绿色或灰绿色,晦暗,两面无毛或下面幼时略被微柔毛,具离基三出脉,有时过渡到基部具不显的 5 脉,中脉两面明显,上部每边有侧脉 1 ~ 5 条。基生侧脉向叶缘一侧有少数支脉,侧脉及支脉脉腋上面明显隆起,下面有明显腺窝,窝内常被柔毛;叶柄纤细,长2~3 cm,腹凹背凸,无毛。幼时树皮绿色,平滑,老时渐变为黄褐色或灰褐色纵裂;冬芽卵圆形。

圆锥花序腋生,长3.5~7 cm,具梗,总梗长2.5~4.5 cm,与各级序轴均无毛或被灰白色至黄褐色微柔毛,被毛时往往在节上尤为明显。花绿白色或带黄色,长3 mm;花梗长1~2 mm,无毛。花被外面无毛或被微柔毛,内面密被短柔毛,花被筒倒锥形,花被裂片椭圆形,长约2 mm。能育雄蕊9,花丝被短柔毛。子房球形,无毛。果卵球形或近球形,直径6~8 mm,紫黑色;果托杯状,长约5 mm,顶端截平,宽达4 mm,具纵向沟纹。花期4~5月,果期8~11月。

狭叶山胡椒

拉丁学名:*Lindera angustifolia* Cheng　落叶灌木或小乔木。花单性,雌雄异株;2~7朵成短梗呈无梗的伞形花序;花被片6,倒卵状矩圆形;雄花的花梗长4~6 mm,被灰色毛,雄蕊9,花药2室;雌花有退化雄蕊9;核果球形,直径约8 mm,黑色,无毛。花期3~4月,果期9~10月。

香叶树

拉丁学名:*Lindera communis* Hemsl.　常绿灌木或小乔木,树皮淡褐色。当年生枝条纤细,平滑,具纵条纹,绿色,干时棕褐色,或疏或密被黄白色短柔毛,基部有密集芽鳞痕,一年生枝条粗壮,无毛,皮层不规则纵裂。顶芽卵形,长5 mm。叶互生,通常披针形、卵形或椭圆形,长4~9 cm,宽1.5~3 cm,先端渐尖、急尖、骤尖或有时近尾尖,基部宽楔形或近圆形;薄革质至厚革质;上面绿色,无毛,下面灰绿或浅黄色,被黄褐色柔毛,后渐脱落成疏柔毛或无毛,边缘内卷,羽状脉,侧脉每边5~7条,弧曲,与中脉上面凹陷,下面突起,被黄褐色微柔毛或近无毛;叶柄长5~8 mm,被黄褐色微柔毛或近无毛。伞形花序具5~8朵花,单生或2个同生于叶腋,总梗极短;总苞片4,早落。雄花黄色,直径达4 mm,花梗长2~2.5 mm,略被金黄色微柔毛;花被片6,卵形,近等大,长约3 mm,宽约1.5 mm,先端圆形,外面略被金黄色微柔毛或近无毛;雄蕊9,长2.5~3 mm,花丝略被微柔毛或无毛,与花药等长,第三轮基部有2个具角突宽肾形腺体;退化雌蕊的子房卵形,无毛,花柱、柱头不分,成一短凸尖。雌花黄色或黄白色,花梗长2~2.5 mm;花被片6,卵形,外面被微柔毛;退化雄蕊9,条形,第三轮有2个腺体;子房椭圆形,无毛,花柱头盾形,具乳突。果卵形,长约1 cm,宽7~8 mm,有时略小而近球形,无毛,成熟时红色;果梗长4~7 mm,被黄褐色微柔毛。花期3~4月,果期9~10月。

红果钓樟

拉丁学名:*Lindera erythrocarpa* Makino　落叶灌木或小乔木,树皮灰褐色,小枝有显著突起的瘤状皮孔。叶纸质,倒卵状披针形,长6~14 cm,宽2.5~4.5 cm,顶端长渐尖,基部窄楔形,下延,背面有棕黄色毛,或仅沿脉有毛,脉红色。花序腋生,有花序梗,花多数,淡黄色,花柄有毛。果实球形,熟时红色。

江浙钓樟

拉丁学名:*Lindera chienii* Cheng 落叶灌木或小乔木。顶芽长卵形,先端渐尖。叶互生,倒披针形或倒卵形,长 6~10 cm,宽 2.5~4 cm,先端短渐尖,基部楔形,纸质,上面深绿色,中脉上初时被疏柔毛,羽状脉,侧脉 5~7 条,网脉极明显;叶柄 0.2~1 cm,被白柔毛。伞形花序通常着生于腋芽两侧各一;总柄长 5~7 mm,被白色微柔毛;总苞片 4,内有花 6~12 朵;花梗密被白色柔毛;花被片椭圆形,等长,长 3.5~4 mm,宽 1~1.5 mm,外面被柔毛,内面无毛;第一、二轮花丝长约 3 mm,第三轮长 2.5 mm,基部着生 2 个具长柄三角漏斗状腺体;退化雌蕊宽卵形,无毛。雌花花被片椭圆形或卵形,长 1.5~1.8 mm,外面被柔毛,内面无毛,退化雄蕊条形,无毛,第一、二轮雄蕊长约 1.5 mm,第三轮长约 1 mm,中部着生 2 个三角形具柄腺体;果大,近圆球形,直径 10~11 mm,熟时红色,果托扩大;果梗长 6~12 mm。花期 3~4 月,果期 9~10 月。

绿叶甘橿

拉丁学名:*Lindera neesiana* (Wallich ex Nees) Kurz 落叶灌木或小乔木,树皮绿色或绿褐色。幼枝青绿色,有黑斑,干后棕黄色或棕褐色,光滑。顶芽卵球形,基部着生 2 花序。叶互生,卵形至宽卵形,长 5~14 cm,宽 2.5~8 cm,先端渐尖,基部圆形,有时宽楔形,纸质,上面深绿色,无毛,下面苍白色,初时密被柔毛,后毛被渐脱落,三出脉或离基三出脉,基部一对侧脉在为三出脉时较直,在为离基三出脉时则呈弧曲状,其余侧脉每边 2~3 条,脉网两面不明显;叶柄长 10~12 mm。伞形花序有花 7~9 朵,单生或少数簇生于腋生短枝上;总梗通常长约 4 mm,无毛;苞片 4,具缘毛,内面基部被柔毛。未开放的雄花花被片绿色,宽椭圆形或近圆形,先端浑圆,无毛;能育雄蕊 9,花丝无毛,第三轮基部有 2 个具柄的三角形腺体,有时第一、二轮花丝也有 1 个腺体;退化雌蕊"凸"字形。雌花花梗被微柔毛;花被片黄色,宽倒卵形,先端浑圆,无毛;退化雄蕊线形,第一、二轮花丝长约 0.8 mm,第三轮的基部有 2 个具长柄的三角形或长圆形大小不等的腺体;子房椭圆形,无毛。果球形,直径 6~8 mm;果梗长 4~7 mm。花期 4 月,果期 9 月。

黑壳楠

拉丁学名:*Lindera megaphylla* Hemsl. 常绿乔木,树皮灰黑色。枝条圆柱形,粗壮,紫黑色,无毛,散布有木栓质突起的近圆形纵裂皮孔。顶芽大,卵形,长约 1.5 cm,芽鳞外面被白色微柔毛。叶互生,倒披针形至倒卵状长圆形,有时长卵形,长 10~23 cm,先端急尖或渐尖,基部渐狭,革质,上面深绿色,有光泽,下面淡绿苍白色,两面无毛,羽状脉,侧脉每边 15~21 条;叶柄长 1.5~3 cm,无毛。伞形花序多花,雄的多达 16 朵,雌的 12 朵,通常着生于具顶芽的短枝上;雄花序总梗长 1~1.5 cm,雌花序总梗长约 6 mm,两者均密被黄褐色或有时近锈色微柔毛,内面无毛。雄花黄绿色,具梗;花梗长约 6 mm,密被黄褐色柔毛;花被片 6,椭圆形,外轮长约 4.5 mm,宽约 2.8 mm,外面仅下部或背部略被黄褐色小柔毛,内轮略短;花丝被疏柔毛,第三轮的基部有 2 个长达 2 mm 具柄的三角漏斗形腺体;退化雌蕊长 2.5 mm,无毛;子房卵形,花柱纤细,柱头不明显。雌花黄绿色,花梗长 1.5~3

mm,密被黄褐色柔毛;花被片6,线状匙形,长约2.5 mm,外面仅下部或略沿脊部被黄褐色柔毛,内面无毛;退化雄蕊9,线形或棍棒形,基部具毛,第三轮的中部有2个具柄三角漏斗形腺体。果椭圆形至卵形,长约1.8 cm,宽约1.3 cm,成熟时紫黑色,无毛,果梗长约1.5 cm,向上渐粗壮,粗糙,散布有明显栓皮质皮孔;宿存果托杯状,长约8 mm,直径约1.5 cm,全缘,略呈微波状。花期2~4月,果期9~12月。

三桠乌药

拉丁学名:*Lauraceae. obtusiloba* Bl. 落叶乔木或灌木,树皮黑棕色。小枝黄绿色,当年枝条较平滑,有纵纹,老枝渐多木栓质皮孔、褐斑及纵裂;芽卵形,先端渐尖;外鳞片革质,黄褐色,无毛,椭圆形,先端尖,长0.6~0.9 cm,宽0.6~0.7 cm;内鳞片3,有淡棕黄色厚绢毛;有时为混合芽,内有叶芽及花芽。叶互生,近圆形至扁圆形,长5.5~10 cm,宽4.8~10.8 cm,先端急尖,全缘或3裂,常明显3裂,基部近圆形或心形,有时宽楔形,上面深绿色,下面绿苍白色,有时带红色,被棕黄色柔毛或近无毛;三出脉,偶有五出脉,网脉明显;叶柄长1.5~2.8 cm,被黄白色柔毛。花序在腋生混合芽,混合芽椭圆形,先端亦急尖;外面的2片芽鳞革质,棕黄色,有皱纹,无毛,内面鳞片近革质,被贴附微柔毛;花芽内有无总梗花序5~6,混合芽内有花芽1~2;总苞片4,长椭圆形,膜质,外面被长柔毛,内面无毛,内有花5朵。雄花花被片6,长椭圆形,外被长柔毛,内面无毛;能育雄蕊9,花丝无毛,第三轮的基部着生2个具长柄宽肾形具角突的腺体,第二轮的基部有时也有1个腺体;退化雌蕊长椭圆形,无毛,花柱、柱头不分,成一小凸尖。雌花花被片6,长椭圆形,内轮略短,外面背脊部被长柔毛,内面无毛,退化雄蕊条片形,基部有2个具长柄腺体,其柄基部与退化雄蕊基部合生。果椭圆形,长约0.8 cm,直径0.5~0.6 cm,成熟时红色,后变紫黑色,干时黑褐色。花期3~4月,果期8~9月。

红脉钓樟

拉丁学名:*Lindera rubronervia* Gamble 落叶灌木或小乔木,树皮黑灰色,有皮孔。幼枝条灰黑或黑褐色,平滑。冬芽长角锥形,长0.5~0.7 mm,无毛。叶互生,卵形、狭卵形,有时披针形,长6~8 cm,宽3~4 cm,先端渐尖,基部楔形;纸质,有时近革质,上面深绿色,沿中脉疏被短柔毛,下面淡绿色,被柔毛,离基三出脉,通常在中脉中部以上侧脉每边3~4条,脉和叶柄秋后变为红色,叶柄长5~10 mm,被短柔毛。

豹皮樟

拉丁学名:*L. coreana* var. *sinensis* 常绿灌木或小乔木,树皮灰棕色,有灰黄色的块状剥落。老枝黑褐色,无毛;顶芽卵圆形,先端钝,鳞片无毛或仅上部有毛。叶互生;叶柄长1~2 cm,上面有柔毛;叶片革质,长椭圆形或披针形,长5~10 cm,宽2~3.5 cm,先端急尖,基部楔形,全缘,上面绿色,有光泽,下面绿灰白色,两面均无毛,羽状脉,侧脉每边9~10条,中脉在下面稍隆起,网纹不明显。雌雄异株;伞形花序腋生,无花梗;苞片早落;花被片6;雄花雄蕊9~12,花药4室,均内向瓣裂;雌花子房近球形,花柱有稀疏柔毛,柱头2裂,退化雄蕊丝状,有长柔毛。果实球形或近球形,直径6~8 mm,先端有短尖,基部具带宿存花被片的扁平果托;果梗长 5 mm,颇粗壮,果初时红色,熟时呈黑色。花期 8 ~ 9月,果期次年 5 月。

绢毛木姜子

拉丁学名:*Litsea sericea*（Nees）Hook. F.　落叶灌木或小乔木,树皮黑褐色。幼枝绿色,密被锈色或黄白色长绢毛;顶芽圆锥形,鳞片无毛或仅上部具短柔毛。叶互生,长圆状披针形,长 8 ~ 12 cm,宽 2 ~ 4 cm,先端渐尖,基部楔形,纸质,幼时两面密被黄白色或锈色长绢毛,后毛渐脱落,上面仅中脉有毛或无毛,下面有稀疏长毛,沿脉毛密且颜色较深,羽状脉,侧脉每边 7 ~ 8 条,在下面突起,连结侧脉之间的小脉微突或不甚明显;叶柄长 1 ~ 1.2 cm,被黄白色长绢毛。伞形花序单生于去年枝顶,先叶开放或与叶同时开放;总梗长 6 ~ 7 mm,无毛;每一花序有花 8 ~ 20 朵;花梗长 5 ~ 7 mm,密被柔毛;花被裂片 6,椭圆形,淡黄色,有 3 条脉;能育雄蕊 9,有时 6 或 12,花丝短,无毛,第三轮基部腺体黄色;退化子房卵形。果近球形,直径约 5 mm,顶端有明显小尖头;果梗长 1.5 ~ 2 cm。花期 4 ~ 5 月,果期 8 ~ 9 月。

大叶楠

拉丁学名:*Machilus kusanoi* Hay.　高大乔木,树皮灰褐色,稍平滑。枝粗壮,紫灰色,最末小枝直径 4 ~ 5 mm,当年及一年生枝下的鳞片脱落的紧密疤痕十多环或更远较多,新芽及新叶淡红色。叶长圆状卵形、长圆状椭圆形至倒披针形,长 12 ~ 20 cm,宽 5 ~ 6.5 cm,先端凸尖或短尾状,尖头钝,基部楔形,革质,上面无毛,有光泽,下面初时有小柔毛,后变无毛,侧脉每边 7 ~ 11 条,中脉上面凹陷,下面明显突起,小脉结成细网状,上面微凹,下面微突起;叶柄黑紫色,长 2 ~ 2.5 cm。聚伞状圆锥花序生于新枝下端,无毛,长达 15 cm,约在中部分枝,分枝长 4 ~ 20 mm,花梗长 5 ~ 6 mm;花直径约 7 mm,花被裂片外轮较小,外面无毛,内面有小柔毛,先端钝,边缘有睫毛;花丝基部有毛,第三轮花丝基部两侧具有近熊头状三角形腺体,腺体柄有柔毛,子房球形,花柱比子房长 1 倍。果球形,直径 10 ~ 12 mm,花被片花后增大。

润楠

拉丁学名:*Machilus pingii* Cheng ex Yang　乔木,当年生小枝黄褐色,一年生枝灰褐色,均无毛,干时通常蓝紫黑色。顶芽卵形,鳞片近圆形,外面密被灰黄色绢毛,近边缘无毛,浅棕色。叶椭圆形或椭圆状倒披针形,长 5 ~ 10 cm,宽 2 ~ 5 cm,先端渐尖或尾状渐尖,尖头钝,基部楔形,革质,上面绿色,无毛,下面有贴伏小柔毛,嫩叶的下面和叶柄密被灰黄色小柔毛,中脉上面下陷,下面明显突起,侧脉每边 8 ~ 10 条,在两面均不明显,小脉细密,联结成细网状,在上面构成蜂巢状小窝穴,下面不明显;叶柄稍细弱,长 10 ~ 15 mm,无毛,上面有浅沟。

圆锥花序生于嫩枝基部,4 ~ 7 个,长 5 ~ 6.5 cm,有灰黄色小柔毛,在上端分枝,总梗长 3 ~ 5 cm;花梗纤细,长 5 ~ 7 mm;花小,带绿色,长约 3 mm,直径 4 ~ 5 mm。花被裂片长圆形,外面有绢毛,内面绢毛较疏,有纵脉 3 ~ 5 条,第三轮雄蕊的腺体戟形,有柄,退化雄蕊基部有毛;子房卵形,花柱纤细,均无毛,柱头略扩大。果扁球形,黑色,直径 7 ~ 8 mm。花期 4 ~ 6 月,果期 7 ~ 8 月。

新木姜子

拉丁学名:*Neolitsea* Merr. 乔木,树皮灰褐色。幼枝黄褐色或红褐色,有锈色短柔毛。顶芽圆锥形,鳞片外面被丝状短柔毛,边缘有锈色睫毛。叶互生或聚生枝顶呈轮生状,长圆形、椭圆形至长圆状披针形或长圆状倒卵形,长 8 ~ 14 cm,宽 2.5 ~ 4 cm,先端镰刀状渐尖或渐尖,基部楔形或近圆形,革质,上面绿色,无毛,下面密被金黄色绢毛,但有些个体具棕红色绢状毛,离基三出脉,侧脉每边 3 ~ 4 条,最下一对离叶基 2 ~ 3 mm 处发出,中脉与侧脉在叶上面微突起,在下面突起,横脉两面不明显,叶柄长 8 ~ 12 mm,被锈色短柔毛。伞形花序 3 ~ 5 个簇生于枝顶或节间;总梗短,苞片圆形,外面被锈色丝状短柔毛,内面无毛;每一花序有花 5 朵;花梗有锈色柔毛;花被裂片 4,椭圆形,长约 3 mm,外面中肋有锈色柔毛,内面无毛;能育雄蕊 6,花丝基部有柔毛,第三轮基部腺体有柄。果椭圆形,长约 8 mm;果托浅盘状,直径 3 ~ 4 mm;果梗长 5 ~ 7 mm,先端略增粗,有稀疏柔毛。花期 2 ~ 3 月,果期 9 ~ 10 月。

簇叶新木姜子

拉丁学名:*Neolitsea confertfolia*(Hemsl.)Merr. in Lingn, Sci., Journ. 15 常绿小乔木。枝轮生,幼嫩时疏生平贴的短毛,老枝秃净。叶在枝的上端簇生,革质,披针形、条状椭圆形或倒披针形,两端尖,长 6 ~ 12 cm,宽 1.5 ~ 2.5 cm,背面灰绿色,幼嫩时密生白色短毛,成长后只在背面有平贴的短毛,具羽状脉,侧脉每边 4 ~ 8 条,有时下部 1 对很长斜伸向上,叶柄极短,通常长 3 ~ 5 mm。通常 2 ~ 5 个花序生在一个极短的总梗上,每花序的总苞片圆形,外面有短毛,内有 4 ~ 5 朵花,雄花花被裂片倒卵形,长约 4 mm,宽约 3 mm,背面脊部有毛,雄蕊长约 5 mm,无毛。果椭圆状,长约 1 cm,果托盘状,很小,果梗长 5 ~ 8 mm,疏生有毛。

山楠

拉丁学名:*Phoebe chinensis* Chun 乔木,小枝圆柱形,无毛或变无毛,干时有纵向沟纹,干后变黑褐色。顶芽卵球形或近球形,直径 5 ~ 8 mm,芽鳞紧贴,宽卵状圆形,先端具小尖头,干膜质,深褐色。叶倒宽披针形、宽披针形或长圆状披针形,长 11 ~ 17 cm,宽 3 ~ 5 cm,先端短渐尖,基部宽楔形,革质或厚革质,上面绿色,光亮,下面淡绿色或灰白色,两面无毛或仅下面略被短柔毛,中脉粗壮,上面凹陷,下面十分突起,侧脉每边 12 ~ 14 条,两面不明显或下面略明显,横脉和小脉两面模糊或完全消失;叶柄粗,长 2 ~ 3 cm,腹凹背凸,无毛,干时变黑色。

圆锥花序粗壮,数个丛生于枝端或新枝基部,长 8 ~ 17 cm,在中部以上分枝,总梗长 5 ~ 9 cm,粗壮,与各级序轴均无毛。花黄绿色,长约 6 mm,花梗长约 3 mm;花被片 6,卵状长圆形,排列成两轮,内轮较大,外面无毛,但边缘有小缘毛,内面有疏而贴生的长硬毛;能育雄蕊 9,花丝无毛或仅基部有毛,第三轮花丝基部有 2 个具长柄的腺体;子房卵形,花柱纤细,柱头略扩大。果球形或近球形,直径约 1 cm,无毛;果梗长 6 mm,红褐色;宿存花被片紧贴或松散,下半部略变硬,上半部通常不变硬,也不脱落。花期 4~5 月,果期 6~7 月。

竹叶楠

拉丁学名:*Phoebe faberi* (Hemsl.) Chun　乔木,小枝粗壮,干后变黑色或黑褐色,无毛。叶厚革质或革质,长圆状披针形或椭圆形,长 7~12 cm,宽 2~4.5 cm,先端钝头或短尖,少为短渐尖,基部楔形或圆钝,通常歪斜,上面光滑无毛,下面苍白色或苍绿色,无毛或嫩叶下面有灰白色贴伏柔毛,中脉上面下陷,下面突起,侧脉每边 12~15 条,横脉及小脉两面不明显,叶缘外反,叶柄长 1~2.5 cm。

花序多个,生于新枝下部叶腋,长 5~12 cm,无毛,中部以上分枝,每伞形花序有花 3~5 朵;花黄绿色,长 2.5~3 mm,花梗长 4~5 mm;花被片卵圆形,外面无毛,内面及边缘有毛;花丝无毛或仅基部有毛,第三轮花丝基部腺体有短柄或近无柄;子房卵形,无毛,花柱纤细,柱头不明显。果球形,直径 7~9 mm;果梗长 8 mm,微增粗;宿存花被片卵形,革质,略紧贴或松散,先端外倾。花期 4~5 月,果期 6~7 月。

白楠

拉丁学名:*Phoebe neurantha* (Hemsl.) Gamble　大灌木至乔木,树皮灰黑色。小枝初时疏被短柔毛或密被长柔毛,后变近无毛。叶革质,狭披针形、披针形或倒披针形,长 8~16 cm,宽 1.5~4 cm,先端尾状渐尖或渐尖,基部渐狭下延,极少为楔形,上面无毛或嫩时有毛,下面绿色或有时苍白色,初时疏或密被灰白色柔毛,后渐变为仅被散生短柔毛或近无毛,中脉上面下陷,侧脉通常每边 8~12 条,下面明显突起,横脉及小脉略明显;叶柄长 7~15 mm,被柔毛或近无毛。圆锥花序长 4~10 cm,在近顶部分枝,被柔毛,结果时近无毛或无毛;花长 4~5 mm,花梗被毛,长 3~5 mm;花被片卵状长圆形,外轮较短而狭,内轮较长而宽,先端钝,两面被毛,内面毛被特别密;各轮花丝被长柔毛,腺体无柄,着生在第三轮花丝基部,退化雄蕊具柄,被长柔毛;子房球形,花柱伸长,柱头盘状。果卵形,长约 1 cm,直径约 7 mm;果梗不增粗或略增粗;宿存花被片革质,松散,有时先端外倾,具明显纵脉。花期 5 月,果期 8~10 月。

17 海桐花科

拉丁学名:*Pittosporaceae*　常绿乔木或灌木植物。叶互生或偶为对生,多数革质,全缘,无托叶。花通常两性,有时杂性,辐射对称,除子房外,花的各轮均为 5 数,单生或为伞形花序、伞房花序或圆锥花序,有苞片及小苞片;萼片常分离,或略连合;花瓣分离或连合,白色、黄色、蓝色或红色;雄蕊与萼片对生,花丝线形,花药基部或背部着生,纵裂或孔开。

狭叶海桐

拉丁学名:*Pittosporum glabratum* Lindl. var. neriifolium Rehd. et Wils.　常绿灌木。

叶散生或聚生于枝顶,呈假轮生,狭披针形或披针形,长 6~22 cm,宽 0.6~2 cm,先端渐尖,基部楔形,全缘,叶脉不明显,中脉在上面微凹,下面隆起。伞房花序生于枝顶;花淡黄色,花梗细,长 6~10 mm;萼片 5,三角形;花瓣 5;雄蕊 5;雌蕊无毛。蒴果梨形或椭圆球形,成熟时裂为 3 片。种子黄红色,长 5~7 mm。

崖花海桐

拉丁学名:*Pittosporum sahnianum* Gowda　灌木或乔木,高 1~6 m;小枝近轮生,细,无毛。叶薄革质,全倒卵形至倒披针形,长 5~10 cm,宽 1.7~3.5 cm,无毛;叶柄 5~10 mm。花序伞形,有 1~12 朵花,无毛;花淡黄白色;花梗长 1~2 cm;萼片卵形,长 2.5 mm;花瓣 5,长 8~10 mm;雄蕊 5,有时与花瓣近等长,有时长为花瓣之半;子房密生短毛。蒴果近椭圆球形,长约 1.5 cm,裂为 3 片,果皮薄;种子暗红色,长 2~4 mm。与海桐相近,主要区别在于叶倒卵状披针形,顶端渐尖,边缘微波状。果实球形,果瓣薄,种子 8~15;果柄细长而下弯。花期 5 月,果期 10 月。

海桐

拉丁学名:*Pittosporum tobira*　常绿灌木或小乔木,嫩枝被褐色柔毛,有皮孔。叶聚生于枝顶,二年生,革质,嫩时上下两面有柔毛,以后变秃净,倒卵形或倒卵状披针形,长 4~9 cm,宽 1.5~4 cm,上面深绿色,发亮,干后暗晦无光,先端圆形或钝,常微凹入或为微心形,基部窄楔形,侧脉 6~8 对,在靠近边缘处相结合,有时因侧脉间的支脉较明显而呈多脉状,网脉稍明显,网眼细小,全缘,干后反卷,叶柄长达 2 cm。

伞形花序或伞房状伞形花序顶生或近顶生,密被黄褐色柔毛,花梗长 1~2 cm;苞片披针形,长 4~5 mm;小苞片长 2~3 mm,均被褐毛。花白色,有芳香,后变黄色;萼片卵形,长 3~4 mm,被柔毛;花瓣倒披针形,长 1~1.2 cm,离生;雄蕊 2 型,退化雄蕊的花丝长 2~3 mm,花药近于不育;正常雄蕊的花丝长 5~6 mm,花药长圆形,黄色;子房长卵形,密被柔毛,侧膜胎座 3 个,胚珠多数。蒴果圆球形,有棱或呈三角形,直径约 12 mm,多少有毛,子房柄长 1~2 mm,果片木质,内侧黄褐色,有光泽,具横格;种子多数,长约 4 mm,多角形,红色,种柄长 2 mm,有黏液。花期 3~5 月,果熟期 9~10 月。

崖花子

拉丁学名:*P. truncatum* Pritz　灌木或乔木。小枝近轮生。单叶互生,常集生于枝端,薄革质,倒卵形至倒披针形,长 5~10 cm,宽 1.7~3.5 cm,先端渐尖,基部楔形,全缘或微波状。顶生疏松伞房花序,花淡黄色;花梗长约 1 cm 或稍长;花瓣 5;雄蕊 5,药 2 室,纵裂;心皮 3 枚,子房上位,密生短毛,柱头不分裂。蒴果近椭圆球形,长约 1.5 cm,3 片裂,果皮薄。种子外被黏质橙红色的假种皮。

18 金缕梅科

拉丁学名:*Hamamelidaceae* 常绿或落叶乔木和灌木。芽具鳞片或裸露。单叶互生,具羽状脉或掌状脉,全缘或具锯齿,基部常偏斜,毛被常星状、簇生或鳞片状;通常有明显的叶柄;托叶线形,或为苞片状,早落,少数无托叶。花排成头状花序、穗状花序或总状花序,两性,或单性而雌雄同株,有时杂性;异被,放射对称,或缺花瓣,少数无花被;常为周位花或上位花,亦有为下位花;萼筒与子房分离或多少合生,萼裂片 4 ~ 5 数,镊合状或覆瓦状排列。蒴果,木质化。

蜡瓣花

拉丁学名:*Corylopsis sinensis* Hemsl. 落叶灌木;嫩枝有柔毛,老枝秃净,有皮孔;芽体椭圆形,外面有柔毛。叶薄革质,倒卵圆形或倒卵形,有时为长倒卵形,长 5 ~ 9 cm,宽 3 ~ 6 cm;先端急短尖或略钝,基部不等侧心形;上面秃净无毛,或仅在中肋有毛,下面有灰褐色星状柔毛;侧脉 7 ~ 8 对,最下一对侧脉靠近基部,第二次分支侧脉不强烈;边缘有锯齿,齿尖刺毛状;叶柄长约 1 cm,有星毛;托叶窄矩形,长约 2 cm,略有毛。

总状花序长 3 ~ 4 cm;花序柄长约 1.5 cm,被毛,花序轴长 1.5 ~ 2.5 cm,有长绒毛;总苞状鳞片卵圆形,长约 1 cm,外面有柔毛,内面有长丝毛;苞片卵形,长约 5 mm,外面有毛;小苞片矩圆形,长约 3 mm;萼筒有星状绒毛,萼齿卵形,先端略钝,无毛;花瓣匙形,长 5 ~ 6 mm,宽约 4 mm;雄蕊比花瓣略短,长 4 ~ 5 mm;退化雄蕊 2 裂,先端尖,与萼齿等长或略超出;子房有毛,花柱长 6 ~ 7 mm,基部有毛。果序长 4 ~ 6 cm;蒴果近圆球形,长 7 ~ 9 mm,被褐色柔毛。种子黑色,长约 5 mm。

金缕梅

拉丁学名:*Hamamelis mollis* Oliver 落叶灌木或小乔木,嫩枝有星状绒毛;老枝秃净;芽体长卵形,有灰黄色绒毛。叶纸质或薄革质,阔倒卵圆形,长 8 ~ 15 cm,宽 6 ~ 10 cm,先端短急尖,基部不等侧心形,上面稍粗糙,有稀疏星状毛,不发亮,下面密生灰色星状绒毛;侧脉 6 ~ 8 对,最下面 1 对侧脉有明显的第二次侧脉,在上面很显著,在下面突起;边缘有波状钝齿;叶柄长 6 ~ 10 mm,被绒毛,托叶早落。

头状或短穗状花序腋生,有花数朵,无花梗,苞片卵形,花序柄短,长不到 5 mm;萼筒短,与子房合生,萼齿卵形,长约 3 mm,宿存,均被星状绒毛;花瓣带状,长约 1.5 cm,黄白色;雄蕊 4,花丝长约 2 mm,花药与花丝几等长;退化雄蕊 4,先端平截;子房有绒毛。蒴果卵圆形,长约 1.2 cm,宽约 1 cm,密被黄褐色星状绒毛,萼筒长约为蒴果的 1/3。种子椭圆形,长约 8 mm,黑色,发亮。花期 5 月。

牛鼻栓

拉丁学名:*Fortunearia sinensis* Rehd. 落叶灌木或小乔木,高约 5 m;嫩枝有灰褐色柔毛;老枝秃净无毛,有稀疏皮孔,干后褐色或灰褐色;芽体细小,无鳞状苞片,被星毛。叶膜质,倒卵形或倒卵状椭圆形,长 7~16 cm,宽 4~10 cm,先端锐尖,基部圆形或钝,稍偏斜,上面深绿色,除中肋外秃净无毛,下面浅绿色,脉上有长毛;侧脉 6~10 对,第一对侧脉第二次分支侧脉不强烈;边缘有锯齿,齿尖稍向下弯;叶柄长 4~10 mm,有毛,托叶早落。两性花的总状花序长 4~8 cm,花序柄长 1~1.5 cm,花序轴长 4~7 cm,均有绒毛;苞片及小苞片披针形,有星毛;萼筒,无毛;萼齿卵形,先端有毛;花瓣狭披针形,比萼齿为短,雄蕊近于无柄,花药卵形;子房略有毛,花柱反卷;花梗长 1~2 mm,有星毛。蒴果卵圆形,长约 1.5 cm,外面无毛,有白色皮孔,浅裂,果瓣先端尖,果梗长 5~10 mm。种子卵圆形,长约 1 cm,宽 5~6 mm,褐色,有光泽,种脐马鞍形,稍带白色。

枫香树

拉丁学名:*Liquidambar formosana* Hance 落叶乔木,树皮灰褐色,方块状剥落;小枝干后灰色,被柔毛,略有皮孔;芽体卵形,长约 1 cm,略被微毛,鳞状苞片敷有树脂,干后棕黑色,有光泽。叶薄革质,阔卵形,掌状 3 裂,中央裂片较长,先端尾状渐尖;两侧裂片平展;基部心形;上面绿色,干后灰绿色,不发亮;下面有短柔毛,或变秃净仅在脉腋间有毛;掌状脉 3~5 条,在上下两面均显著,网脉明显可见;边缘有锯齿,齿尖有腺状突;叶柄长达 11 cm,常有短柔毛;托叶线形,游离,或略与叶柄连生,长 1~1.4 cm,红褐色,被毛,早落。

雄性短穗状花序常多个排成总状,雄蕊多数,花丝不等长,花药比花丝略短。雌性头状花序有花 24~43 朵,花序柄长 3~6 cm,偶有皮孔,无腺体;萼齿 4~7 个,针形,长 4~8 mm,子房下半部藏在头状花序轴内,上半部游离,有柔毛,花柱长 6~10 mm,先端常卷曲。头状果序圆球形,木质,直径 3~4 cm;蒴果下半部藏于花序轴内,有宿存花柱及针刺状萼齿。种子多数,褐色,多角形或有窄翅。

檵木

拉丁学名:*Loropetalum chinensis*(R. Br.) Oliv. 有时为小乔木,多分枝,小枝有星毛。叶革质,卵形,长 2~5 cm,宽 1.5~2.5 cm,先端尖锐,基部钝,不等侧,上面略有粗毛或秃净,干后暗绿色,无光泽,下面被星毛,稍带灰白色,侧脉约 5 对,在上面明显,在下面突起,全缘;叶柄长 2~5 mm,有星毛;托叶膜质,三角状披针形,长 3 4 mm,宽 1.5~2 mm,早落。花 3~8 朵簇生,有短花梗,白色,比新叶先开放,或与嫩叶同时开放,花序柄长 1 cm,被毛;苞片线形,长约 3 mm;萼筒杯状,被星毛,萼齿卵形,花后脱落;花瓣 4 片,带状,长 1~2 cm,先端圆或钝;雄蕊 4 枚,花丝极短,药隔突出成角状;退化雄蕊 4 枚,鳞片状,与雄蕊互生;子房完全下位,被星毛;花柱极短;蒴果卵圆形,长 7~8 mm,宽 6~7 mm,先端圆,被褐色星状绒毛,萼筒长为蒴果的 2/3。种子圆卵形,长 4~5 mm,黑色,发亮。花期 3~4 月。

水丝梨

拉丁学名:*Sycopsis sinensis* Oliv. 常绿乔木,嫩枝被鳞垢;老枝暗褐色,秃净无毛;顶芽裸露。叶革质,长卵形或披针形,长 5~12 cm,宽 2.5~4 cm,先端渐尖,基部楔形或钝;

上面深绿色,发亮,秃净无毛,下面橄榄绿色,略有稀疏星状柔毛,通常嫩叶两面有星状柔毛,兼有鳞垢,老叶秃净无毛;侧脉 6 ~ 7 对,在上面干后轻微下陷,在下面不显著;全缘或中部以上有几个小锯齿;叶柄长 8 ~ 18 mm,被鳞垢。

雄花穗状花序密集,近似头状,长约 1.5 cm,有花 8 ~ 10 朵,花序柄长约 4 mm,苞片红褐色,卵圆形,长 6 ~ 8 mm,有星毛;萼筒极短,萼齿细小,卵形;雄蕊 10 ~ 11 枚,花丝长 1 ~ 1.2 cm,纤细,花药先端尖锐,红色;退化雌蕊有丝毛,花柱长 3 ~ 5 mm,反卷。雌花或两性花 6 ~ 14 朵,排成短穗状花序,花序柄长 2 ~ 4 mm;萼筒壶形,有丝毛,子房上位,有毛,花柱长 3 ~ 5 mm,被毛。蒴果长 8 ~ 10 mm,有长丝毛,宿存萼筒长约 4 mm,被鳞垢,不规则裂开,宿存花柱短。种子褐色,长约 6 mm。

19 杜仲科

拉丁学名:*Eucommiaceae* 落叶乔木,无托叶。雌雄异株:无花被,花与叶同时由鳞芽开出;雄花簇生,有柄,由 10 个线形的雄蕊组成,花药 4 室;花粉具 3 孔沟,在每条沟中有 1 未充分发育的孔;雌花具短梗,子房 2 心皮,仅 1 个发育,扁平,顶端有 2 叉状花柱,1 室,胚珠 2,倒生,下垂。翅果。种子有胚乳。

杜仲

拉丁学名:*Eucommia ulmoides* 落叶乔木,树皮灰褐色,粗糙,内含橡胶,折断拉开有多数细丝。嫩枝有黄褐色毛,不久变秃净,老枝有明显的皮孔。芽体卵圆形,外面发亮,红褐色,有鳞片 6 ~ 8,边缘有微毛。叶椭圆形、卵形或矩圆形,薄革质,长 6 ~ 15 cm,宽 3.5 ~ 6.5 cm。基部圆形或阔楔形,先端渐尖;上面暗绿色,初时有褐色柔毛,不久变秃净,老叶略有皱纹,下面淡绿色,初时有褐毛,以后仅在脉上有毛。侧脉 6 ~ 9 对,与网脉在上面下陷,在下面稍突起,边缘有锯齿,叶柄长 1 ~ 2 cm,上面有槽,被散生长毛。

花生于当年枝基部,雄花无花被;花梗长 3 mm,无毛;苞片倒卵状匙形,长 6 ~ 8 mm,顶端圆形,边缘有睫毛,早落;雄蕊长约 1 cm,无毛,花粉囊细长,无退化雌蕊。雌花单生,苞片倒卵形,花梗长约 8 mm,子房无毛,扁而长,子房柄极短。翅果扁平,长椭圆形,长 3 ~ 3.5 cm,宽约 1 ~ 1.3 cm,基部楔形,周围具薄翅。坚果位于中央,稍突起,与果梗相接处有关节。种子扁平,线形,长 1.4 ~ 1.5 cm,宽约 3 mm,两端圆形。早春开花,秋后果实成熟。

20 悬铃木科

拉丁学名:*Platanaceae* 高大的落叶乔木,具大型而掌状裂的叶片,有长叶柄,具叶柄下芽,果体藏在膨大的叶柄基部,托叶大,上部平展而张开,下部鞘状。花雌雄同株,头状花序。萼片 3 ~ 8;花瓣与萼片同数;雄蕊 3 ~ 8;子房有离生心皮 3 ~ 8 枚。果实由多数小坚果集合成球形的聚花果,小坚果基部围有长绒毛。

英国梧桐

拉丁学名:*Platanus xispanica*(P. xacerifolia)(London place)　落叶乔木,树皮灰绿色,为不规则大片状脱落,内皮淡绿白色。幼枝密生褐色星状毛,后脱落。叶宽三角形,长9~20 cm,宽10~25 cm,基部截形或心形,上部3~5裂,裂片三角状卵形或宽三角形,中部裂片长略大于宽或近相等,全缘或疏具锐齿,表面绿色,背面淡绿,老时无毛或沿叶脉有毛;托叶长1.5 cm。球状的果序通常2个,偶有3个一串,果径2.5~4 cm,有刺,通常宿存树上经冬不落;小坚果有棱角,窄倒尖塔状,顶端宿存有刺状花柱,基部围有褐色具节的长毛。花期4~5月,果期9~10月。

21 | 蔷薇科

拉丁学名:*Rosaceae*　草本、灌木或小乔木,有刺或无刺,有时攀缘状;叶互生,常有托叶;花两性,辐射对称,颜色各种;花托多少中空,花被即着生于其周缘;萼片4~5,有时具副萼;花瓣4~5或有时缺;雄蕊多数,子房由1至多枚分离或合生的心皮所成,上位或下位;花柱分离或合生,顶生、侧生或基生;胚珠每室1至多颗;果为核果或聚合果,或为多数的瘦果藏于肉质或干燥的花托内。

牛筋条

拉丁学名:*Dichotomanthes tristaniicarpa* Kurz　常绿灌木至小乔木,高2~4 m;枝条丛生,小枝幼时密被黄白色绒毛,老时灰褐色,无毛;树皮光滑,暗灰色,密被皮孔。叶片长圆披针形,有时倒卵形、倒披针形至椭圆形,长3~6 cm,宽1.5~2.5 cm,先端急尖或圆钝并有凸尖,基部楔形至圆形,全缘,上面无毛或仅在中脉上有少数柔毛,光亮,下面幼时密被白色绒毛,逐渐稀薄,侧脉7~12对,下面明显;叶柄粗壮,长4~6 mm,密被黄白色绒毛;托叶丝状,不久脱落。

花多数,密集成顶生复伞房花序,总花梗和花梗被黄白色绒毛;苞片披针形,膜质,早落;花梗长2~3 mm;花直径8~9 mm;萼筒钟状,外面密被绒毛,内面被柔毛;萼片二角形,先端圆钝,边有腺齿,外面密被绒毛,内面无毛或几无毛;花瓣白色,平展,近圆形或宽卵形,长3~4 mm,先端圆钝或微凹,基部有极短爪;雄蕊短于花瓣,花丝光滑无毛;子房外被柔毛,花柱侧生,无毛,柱头头状。果期心皮干燥,革质,长圆柱状,顶端稍具短柔毛,长5~7 mm,褐色至黑褐色,突出于肉质红色杯状萼筒之中。花期4~5月,果期8~11月。

灰栒子

拉丁学名:*C. acutifolius* Turcz.　落叶灌木,枝条开张,小枝细瘦,圆柱形,棕褐色或红褐色,幼时被长柔毛。叶片椭圆卵形至长圆卵形,长2.5~5 cm,宽1.2~2 cm,先端急尖,基部宽楔形,全缘,幼时两面均被长柔毛,下面较密,老时逐渐脱落,最后常近无毛;叶柄长2~5 mm,具短柔毛;托叶线状披针形,脱落。聚伞花序,总花梗和花梗被长柔毛;苞片线状披针形,微具柔毛;花梗长3~5 mm;花直径7~8 mm;萼筒钟状或短筒状,外面被短柔毛,内面无毛;萼片三角形,先端急尖或稍钝,外面具短柔毛,内面先端微具柔毛;花瓣直立,宽倒卵形或长圆形,长约4 mm,宽约3 mm,先端圆钝,白色外带红晕;雄蕊10~15,比花瓣短;花柱,离生,短于雄蕊,子房先端密被短柔毛。果实椭圆形,直径7~8 mm,黑色,内有小核2~3个。花期5~6月,果期9~10月。

野山楂

拉丁学名:*Crataegus cuneata* Sieb. & Zucc.　落叶灌木,分枝密,通常具细刺,刺长5~8 mm;小枝细弱,圆柱形,有棱,幼时被柔毛,一年生枝紫褐色,无毛,老枝灰褐色,散生长圆形皮孔;冬芽三角卵形,先端圆钝,无毛,紫褐色。叶片宽倒卵形至倒卵状长圆形,长2~6 cm,宽1~4.5 cm,先端急尖,基部楔形,下延连于叶柄,边缘有不规则重锯齿,顶端常有3浅裂片,上面无毛,有光泽,下面具稀疏柔毛,沿叶脉较密,以后脱落,叶脉显著;叶柄两侧有叶翼,长4~15 mm;托叶大型,草质,镰刀状,边缘有齿。伞房花序,直径2~2.5 cm,具花5~7朵,总花梗和花梗均被柔毛。花梗长1 cm;苞片草质,披针形,条裂或有锯齿,长8~12 mm,脱落很迟;花直径约1.5 cm;萼筒钟状,外被长柔毛,萼片三角卵形,长约4 mm,约与萼筒等长,先端尾状渐尖,全缘或有齿,内外两面均具柔毛;花瓣近圆形或倒卵形,长6~7 mm,白色,基部有短爪;雄蕊20;花药红色;花柱4~5,基部被绒毛。果实近球形或扁球形,直径1~1.2 cm,红色或黄色,常具有宿存反折萼片;小核4~5,内面两侧平滑。花期5~6月,果期9~11月。

湖北山楂

拉丁学名:*Crataegus hupehensis* Sarg.　乔木或灌木,枝条开展;刺少,直立,长约1.5 cm,也常无刺;小枝圆柱形,无毛,紫褐色,有疏生浅褐色皮孔,二年生枝条灰褐色;冬芽三角卵形至卵形,先端急尖,无毛,紫褐色。

叶片卵形至卵状长圆形,长4~9 cm,宽4~7 cm,先端短渐尖,基部宽楔形或近圆形,边缘有圆钝锯齿,上半部具2~4对浅裂片,裂片卵形,先端短渐尖,无毛或仅下部脉腋有毛;叶柄长3.5~5 cm,无毛;托叶草质,披针形或镰刀形,边缘具腺齿,早落。

伞房花序,直径3~4 cm,具多花;总花梗和花梗均无毛,花梗长4~5 mm;苞片膜质,线状披针形,边缘有齿,早落;花直径约1 cm;萼筒钟状,外面无毛;萼片三角卵形,先端尾状渐尖,全缘,长3~4 mm,稍短于萼筒,内外两面皆无毛;花瓣卵形,长约8 mm,宽约6 mm,白色;雄蕊20,花药紫色,比花瓣稍短。果实近球形,直径2.5 cm,深红色,有斑点,萼片宿存,反折;小核5,两侧平滑。花期5~6月,果期8~9月。

华中山楂

拉丁学名:*Crataegus wilsonii* Sarg.　落叶灌木,刺粗壮,光滑,直立或微弯曲,长1~2.5 cm;小枝圆柱形,稍有棱角,当年生枝被白色柔毛,深黄褐色,老枝灰褐色或暗褐色,无毛或近于无毛,疏生浅色长圆形皮孔;冬芽三角卵形,先端急尖,无毛,紫褐色。

叶片卵形或倒卵形,长4~6.5 cm,宽3.5~5.5 cm,先端急尖或圆钝,基部圆形、楔形或心脏形,边缘有尖锐锯齿,幼时齿尖有腺,通常在中部以上有 3~5 对浅裂片,裂片近圆形或卵形,先端急尖或圆钝,幼嫩时上面散生柔毛,下面中脉或沿侧脉微具柔毛;叶柄长 2~2.5 cm,有窄叶翼,幼时被白色柔毛,以后脱落;托叶披针形、镰刀形或卵形,边缘有腺齿,脱落很早。

伞房花序具多花,直径 3~4 cm;总花梗和花梗均被白色绒毛;花梗长 4~7 mm;苞片草质至膜质,披针形,先端渐尖,边缘有腺齿,脱落较迟;花直径 1~1.5 cm;萼筒钟状,外面通常被白色柔毛或无毛;萼片卵形或三角卵形,长 3~4 mm,稍短于萼筒,先端急尖,边缘具齿,外面被柔毛;花瓣近圆形,长 6~7 mm,宽 5~6 mm,白色;雄蕊20,花药玫瑰紫色;花柱 2~3,基部有白色绒毛,比雄蕊稍短。果实椭圆形,直径 6~7 mm,红色,肉质,外面光滑无毛;萼片宿存,反折;小核 1~3,两侧有深凹痕。花期 5 月,果期 8~9 月。

山楂

拉丁学名:*Crataegus pinnatifida* Bunge 落叶乔木,树皮粗糙,暗灰色或灰褐色;刺长 1~2 cm,有时无刺;小枝圆柱形,当年生枝紫褐色,无毛或近于无毛,疏生皮孔,老枝灰褐色;冬芽三角卵形,先端圆钝,无毛,紫色。叶片宽卵形或三角状卵形,长 5~10 cm,宽 4~7.5 cm,先端短渐尖,基部截形至宽楔形,通常两侧各有 3~5 羽状深裂片,裂片卵状披针形或带形,先端短渐尖,边缘有尖锐,上面暗绿色有光泽,下面沿叶脉有疏生短柔毛或在脉腋有毛,侧脉 6~10 对,有的达到裂片先端,有的达到裂片分裂处;叶柄长 2~6 cm,无毛;托叶草质,镰形,边缘有锯齿。

伞房花序具多花,直径 4~6 cm,总花梗和花梗均被柔毛,花后脱落,减少,花梗长 4~7 mm;苞片膜质,线状披针形,长 6~8 mm,先端渐尖,边缘具腺齿,早落;花直径约 1.5 cm;萼筒钟状,长 4~5 mm,外面密被灰白色柔毛;萼片三角卵形至披针形,先端渐尖,全缘,约与萼筒等长,内外两面均无毛,或在内面顶端有毛;花瓣倒卵形或近圆形,长 7~8 mm,宽 5~6 mm,白色;雄蕊20,短于花瓣,花药粉红色;花柱 3~5,基部被柔毛,柱头头状。果实近球形或梨形,直径 1~1.5 cm,深红色,有浅色斑点;小核 3~5,外面稍具棱,内面两侧平滑;萼片脱落很迟,先端留一圆形深洼。花期 5~6 月,果期 9~10 月。

红柄白鹃梅

拉丁学名:*Exochorda giraldii* Hesse 落叶灌木,小枝细弱,开展,圆柱形,无毛,幼时绿色,老时红褐色;冬芽卵形,先端钝,红褐色,边缘微被短柔毛。叶片椭圆形、长椭圆形,长 3~4 宽 1.5~3 cm,先端急尖、突尖或圆钝,基部楔形、宽楔形至圆形,全缘,上下两面均无毛或下面被柔毛;叶柄长 1.5~2.5 cm,常红色,无毛,不具托叶。

总状花序,有花 6~10 朵,无毛,花梗短或近于无梗;苞片线状披针形,全缘,长约 3 mm,两面均无毛;花直径 3~4.5 cm;萼筒浅钟状,内外两面均无毛;萼片短而宽,近于半圆形,先端圆钝,全缘;花瓣倒卵形或长圆倒卵形,长 2~2.5 cm,宽约 1.5 cm,先端圆钝,基部有长爪,白色;雄蕊25~30,着生在花盘边缘;心皮5,花柱分离。蒴果倒圆锥形,无毛。花期 5 月,果期 7~8 月。

白鹃梅

拉丁学名:*Exochorda racemosa*(Lindl.)Rehd. 落叶灌木,枝条细弱开展;小枝圆柱形,微有棱角,无毛,幼时红褐色,老时褐色;冬芽三角卵形,先端钝,平滑无毛,暗紫红色。叶片椭圆形,长椭圆形至长圆倒卵形,长3.5~6.5 cm,宽1.5~3.5 cm,先端圆钝或急尖,基部楔形或宽楔形,全缘,上下两面均无毛;叶柄短,长5~15 mm,或近于无柄;不具托叶。

顶生总状花序,有花6~10朵,无毛;苞片小,宽披针形;花直径2.5~3.5 cm;萼筒浅钟状,无毛;萼片宽三角形,先端急尖或钝,边缘有尖锐细锯齿,无毛,黄绿色;花瓣5,倒卵形,长约1.5 cm,宽约1 cm,先端钝,基部有短爪,白色;雄蕊15~20枚,3~4枚一束着生在花盘边缘,与花瓣对生。蒴果具5棱脊,果梗长3~8 mm,种子有翅。花期5月,果期6~8月。

重瓣棣棠花

拉丁学名:*Kerria japonica*(L.)DC. F. pleniflora(Witte) 落叶灌木,小枝绿色,圆柱形,无毛,常拱垂,嫩枝有棱角。叶互生,三角状卵形或卵圆形,顶端长渐尖,基部圆形、截形或微心形,边缘有尖锐重锯齿,两面绿色,上面无毛或有稀疏柔毛,下面沿脉或脉腋有柔毛;叶柄长5~10 mm,无毛;托叶膜质,带状披针形,有缘毛,早落。单花,着生在当年生侧枝顶端,花梗无毛;花直径2.5~6 cm;萼片卵状椭圆形,顶端急尖,有小尖头,全缘,无毛,果实宿存;花瓣黄色,宽椭圆形,顶端下凹,比萼片长1~4倍。瘦果倒卵形至半球形,褐色或黑褐色,表面无毛,有皱褶。花期4~6月,果期6~8月。

山荆子

拉丁学名:*Malus baccata*(L.)Borkh. 乔木,树冠广圆形,幼枝细弱,微屈曲,圆柱形,无毛,红褐色,老枝暗褐色;冬芽卵形,先端渐尖,鳞片边缘微具绒毛,红褐色。叶片椭圆形或卵形,长3~8 cm,宽2~3.5 cm,先端渐尖,基部楔形或圆形,边缘有细锐锯齿,嫩时稍有短柔毛或完全无毛;叶柄长2~5 cm,幼时有短柔毛及少数腺体,不久即全部脱落,无毛;托叶膜质,披针形,长约3 mm,全缘或有腺齿,早落。

伞形花序,具花4~6朵,无总梗,集生在小枝顶端,直径5~7 cm;花梗细长,1.5~4 cm,无毛;苞片膜质,线状披针形,边缘具有腺齿,无毛,早落;花直径3~3.5 cm;萼筒外面无毛;萼片披针形,先端渐尖,全缘,长5~7 mm,外面无毛,内面被绒毛,长于萼筒;花瓣倒卵形,长2~2.5 cm,先端圆钝,基部有短爪,白色;雄蕊15~20,长短不齐,约等于花瓣之半;花柱5或4,基部有长柔毛,较雄蕊长。果实近球形,直径8~10 mm,红色或黄色,柄洼及萼洼稍微陷入,萼片脱落;果梗长3~4 cm。花期4~6月,果期9~10月。

湖北海棠

拉丁学名:*Malus hupehensis*(Pamp.)Rehd. 乔木,小枝最初有短柔毛,不久脱落,老枝紫色至紫褐色;冬芽卵形,先端急尖,鳞片边缘有疏生短柔毛,暗紫色。叶片卵形至卵状椭圆形,长5~10 cm,宽2.5~4 cm,先端渐尖,基部宽楔形,边缘有细锐锯齿,嫩时具稀疏短柔毛,不久脱落无毛,常呈紫红色;叶柄长 1 ~ 3 cm,嫩时有稀疏短柔毛,逐渐脱落;托叶草质至膜质,线状披针形,先端渐尖,有疏生柔毛,早落。伞房花序,具花 4 ~ 6 朵,花梗长 3 ~ 6 cm,无毛或稍有长柔毛;苞片膜质,披针形,早落;花直径 3.5 ~ 4 cm;萼筒外面无毛或稍有长柔毛;萼片三角卵形,先端渐尖或急尖,长 4 ~ 5 mm,外面无毛,内面有柔毛,略带紫色,与萼筒等长或稍短;花瓣倒卵形,长约 1.5 cm,基部有短爪,粉白色或近白色;雄蕊 20,花丝长短不齐,约等于花瓣一半。果实椭圆形或近球形,直径约 1 cm,黄绿色,稍带红晕,萼片脱落;果梗长 2 ~ 4 cm。花期 4 ~ 5 月,果期 8 ~ 9 月。

毛山荆子

拉丁学名:*Malus manshurica*(Maxim.)Kom. 乔木,小枝细弱,圆柱形,幼嫩时密被短柔毛,老时逐渐脱落,紫褐色或暗褐色;冬芽卵形,先端渐尖,无毛或仅在鳞片边缘微有短柔毛,红褐色。叶片卵形、椭圆形至倒卵形,长 5 ~ 8 cm,宽 3 ~ 4 cm,先端急尖或渐尖,基部楔形或近圆形,边缘有细锯齿,基部锯齿浅钝近于全缘,下面中脉及侧脉上具短柔毛或近于无毛;叶柄长 3 ~ 4 cm,具稀疏短柔毛;托叶叶质至膜质,线状披针形,长 5 ~ 7 mm,先端渐尖,边缘有稀疏腺齿,内面有疏生短柔毛,早落。伞形花序,具花 3 ~ 6 朵,无总梗,集生在小枝顶端,直径 6 ~ 8 cm;花梗长 3 ~ 5 cm,有疏生短柔毛;苞片小,膜质,线状披针形,很早脱落;花直径 3 ~ 3.5 cm;萼筒外面有疏生短柔毛;萼片披针形,先端渐尖,全缘,长 5 ~ 7 mm,内面被绒毛,比萼筒稍长;花瓣长倒卵形,长 1.5 ~ 2 cm,基部有短爪,白色;雄蕊 30,花丝长短不齐,约等于花瓣一半或稍长;花柱 4,基部具绒毛,较雄蕊稍长。果实椭圆形或倒卵形,直径 8 ~ 12 mm,红色,萼片脱落;果梗长 3 ~ 5 cm。花期 5 ~ 6 月,果期 8 ~ 9 月。

本种枝叶形态与山荆子 *Malus baccata*(L.)Borkh. 很相似,唯叶边锯齿较为细钝,叶柄、花梗和萼筒外面具短柔毛,果形稍大,呈椭圆形,可以区别。

苹果

拉丁学名:*Malus pumila* Mill. 落叶乔木,多具有圆形树冠和短主干;小枝短而粗,圆柱形,幼嫩时密被绒毛,老枝紫褐色,无毛;冬芽卵形,先端钝,密被短柔毛。叶片椭圆形、卵形至宽椭圆形,长 4.5 ~ 10 cm,宽 3 ~ 5.5 cm,先端急尖,基部宽楔形或圆形,边缘具有圆钝锯齿,幼嫩时两面具短柔毛,长成后上面无毛;叶柄粗壮,长 1.5 ~ 3 cm,被短柔毛;托叶草质,披针形,先端渐尖,全缘,密被短柔毛,早落。

伞房花序,具花 3 ~ 7 朵,集生于小枝顶端,花梗长 1 ~ 2.5 cm,密被绒毛;苞片膜质,线状披针形,先端渐尖,全缘,被绒毛;花直径 3 ~ 4 cm;萼筒外面密被绒毛;萼片三角披针形或三角卵形,长 6 ~ 8 mm,先端渐尖,全缘,内外两面均密被绒毛,萼片比萼筒长;花瓣倒卵形,长 15 ~ 18 mm,基部具短爪,白色,含苞未放时带粉红色;雄蕊 20,花丝长短不齐,约等于花瓣一半;花柱下半部密被灰白色绒毛,较雄蕊稍长。果实扁球形,直径在 2 cm 以上,先端常有隆起,萼洼下陷,果梗短粗。花期 5 月,果期 7 ~ 10 月。

毛叶绣线梅

拉丁学名:*Neillia ribesioides* Rehd. 灌木,小枝圆柱形,微屈曲,密被短柔毛,幼时黄褐色,老时暗灰褐色;冬芽卵形,顶端微尖,深褐色,具 2~4 枚外露鳞片。叶片三角形至卵状三角形,长 4~6 cm,宽 3.5~4 cm,先端渐尖,基部截形至近心形,边缘有 5~7 浅裂片和尖锐重锯齿,上面具稀疏平铺柔毛,下面密被柔毛,在中脉和侧脉上更为显著;叶柄长约 5 mm,密被短柔毛;托叶长圆形至披针形,长 5~10 mm,先端钝或急尖,全缘或具少数锯齿,微具短柔毛。顶生总状花序,有花 10~15 朵,长 4~5 cm;苞片线状披针形,长约 6 mm,两面微被柔毛;花梗长 3~4 mm,近于无毛;花直径约 6 mm;萼筒筒状,长 8~9 mm,外面无毛,基部具少数腺毛,内面具柔毛;萼片三角形,先端尾尖,内面被柔毛;花瓣倒卵形,先端圆钝,白色或淡粉色,稍长于萼片;雄蕊 10~15,花丝短,花药紫色,着生在萼筒边缘;子房仅顶端微具柔毛。蓇葖果长椭圆形,萼宿存,外被疏生腺毛。花期 5 月,果期 7~9 月。

本种与中华绣线梅 *Neillia sinensis* Oliv. 很相似,唯本种小枝、叶柄和叶片下面都具有密毛,叶边分裂较深,花梗、萼筒较短,易于区别。

中华绣线梅

拉丁学名:*Neillia sinensis* Oliv. 灌木,小枝圆柱形,无毛,幼时紫褐色,老时暗灰褐色;冬芽卵形,先端钝,微被短柔毛或近于无毛,红褐色。叶片卵形至卵状长椭圆形,长 5~11 cm,宽 3~6 cm,先端长渐尖,基部圆形或近心形,边缘有重锯齿,常不规则分裂,两面无毛或在下面脉腋有柔毛;叶柄长 7~15 mm,微被毛或近于无毛;托叶线状披针形或卵状披针形,先端渐尖或急尖,全缘,长 0.8~1 cm,早落。

顶生总状花序,长 4~9 cm,花梗长 3~10 mm,无毛;花直径 6~8 mm;萼筒筒状,长 1~1.2 cm,外面无毛,内面被短柔毛;萼片三角形,先端尾尖,全缘,长 3~4 mm;花瓣倒卵形,长约 3 mm,先端圆钝,淡粉色;雄蕊 10~15,花丝不等长,着生于萼筒边缘,排成不规则的 2 轮;子房顶端有毛,花柱直立,内含 4~5 胚珠。蓇葖果长椭圆形,萼筒宿存,外被疏生长腺毛。花期 5~6 月,果期 8~9 月。

中华石楠

拉丁学名:*Photinia beauverdiana* C. K. Schneid. 落叶灌木或小乔木,高 3~10 m;小枝无毛,紫褐色,有散生灰色皮孔。叶片薄纸质,长圆形、倒卵状长圆形或卵状披针形,长 5~10 cm,宽 2~4.5 cm,先端突渐尖,基部圆形或楔形,边缘有疏生具腺锯齿,上面光亮,无毛,下面中脉疏生柔毛,侧脉 9~14 对;叶柄长 5~10 mm,微有柔毛。

花多数,成复伞房花序,直径 5~7 cm;总花梗和花梗无毛,密生疣点,花梗长 7~15 mm;花直径 5~7 mm;萼筒杯状,外面微有毛;萼片三角卵形,花瓣白色,卵形或倒卵形,先端圆钝,无毛;雄蕊 20;花柱 2~3,基部合生。果实卵形,长 7~8 mm,直径 5~6 mm,紫红色,无毛,微有疣点,先端有宿存萼片;果梗长 1~2 cm。花期 5 月,果期 7~8 月。

小叶石楠

拉丁学名:*Photinia parvifolia*（Pritz.）Schneid. 落叶灌木,枝纤细,小枝红褐色,无毛,有黄色散生皮孔;冬芽卵形,长 3 ~ 4 mm,先端急尖。叶片草质,椭圆形、椭圆卵形或菱状卵形,长 4 ~ 8 cm,宽 1 ~ 3.5 cm,先端渐尖或尾尖,基部宽楔形或近圆形,边缘有具腺尖锐锯齿,上面光亮,初疏生柔毛,以后无毛,下面无毛,侧脉 4 ~ 6 对;叶柄无毛。

花 2 ~ 9 朵,成伞形花序,生于侧枝顶端,无总花梗;苞片及小苞片钻形,早落;花梗细,长 1 ~ 2.5 cm,无毛,有疣点;花直径 0.5 ~ 1.5 cm;萼筒杯状,直径约 3 mm,无毛;萼片卵形,先端急尖,外面无毛,内面疏生柔毛;花瓣白色,圆形,直径 4 ~ 5 mm,先端钝,有极短爪,内面基部疏生长柔毛;雄蕊 20,较花瓣短;花柱 2 ~ 3,中部以下合生,较雄蕊稍长,子房顶端密生长柔毛。果实椭圆形或卵形,长 9 ~ 12 mm,直径 5 ~ 7 mm,橘红色或紫色,无毛,有直立宿存萼片,内含 2 ~ 3 卵形种子;果梗长 1 ~ 2.5 cm,密布疣点。花期 4 ~ 5 月,果期 7 ~ 8 月。

山桃

拉丁学名:*Amygdalus davidiana*（Carrière）de Vos ex Henry 乔木,树冠开展,树皮暗紫色,光滑;小枝细长,直立,幼时无毛,老时褐色。叶片卵状披针形,长 5 ~ 13 cm,宽 1.5 ~ 4 cm,先端渐尖,基部楔形,两面无毛,叶边具细锐锯齿;叶柄长 1 ~ 2 cm,无毛,常具腺体。花单生,先于叶开放,直径 2 ~ 3 cm;花梗极短或几无梗;花萼无毛;萼筒钟形;萼片卵形至卵状长圆形,紫色,先端圆钝;花瓣倒卵形或近圆形,长 10 ~ 15 mm,宽 8 ~ 12 mm,粉红色,先端圆钝;雄蕊多数,几与花瓣等长或稍短;子房被柔毛,花柱长于雄蕊或近等长。

果实近球形,直径 2.5 ~ 3.5 cm,淡黄色,外面密被短柔毛,果梗短而深入果洼;果肉薄而干,不可食,成熟时不开裂;核球形或近球形,两侧不压扁,顶端圆钝,基部截形,表面具纵、横沟纹和孔穴,与果肉分离。花期 3 ~ 4 月,果期 7 ~ 8 月。

桃

拉丁学名:*Amygdalus persica* L. 乔木,树冠宽广而平展;树皮暗红褐色,老时粗糙呈鳞片状;小枝细长,无毛,有光泽,绿色,向阳处转变成红色,具大量小皮孔;冬芽圆锥形,顶端钝,外被短柔毛,常 2 ~ 3 个簇生,中间为叶芽,两侧为花芽。叶片长圆披针形、椭圆披针形或倒卵状披针形,长 7 ~ 15 cm,宽 2 ~ 3.5 cm,先端渐尖,基部宽楔形,上面无毛,下面在脉腋间具少数短柔毛或无毛,叶边具细锯齿或粗锯齿,齿端具腺体或无腺体;叶柄粗壮,长 1 ~ 2 cm,常具 1 至数枚腺体,有时无腺体。花单生,先于叶开放,直径 2.5 ~ 3.5 cm;花梗极短或几无梗;萼筒钟形,被短柔毛,绿色而具红色斑点;萼片卵形至长圆形,顶端圆钝,外被短柔毛;花瓣长圆状椭圆形至宽倒卵形,粉红色,罕为白色;雄蕊 20 ~ 30,花药绯红色;花柱几与雄蕊等长或稍短;子房被短柔毛。

果实形状和大小均有变异,卵形、宽椭圆形或扁圆形,直径 3 ~ 7 cm,长几与宽相等,色泽变化由淡绿白色至橙黄色,常在向阳面具红晕,外面密被短柔毛,腹缝明显,果梗短而深入果洼;果肉白色、浅绿白色、黄色、橙黄色或红色,多汁,有香味,甜或酸甜;核大,离核或黏核,椭圆形或近圆形,两侧扁平,顶端渐尖,表面具纵、横沟纹和孔穴;种仁味苦。花期3~4月,果实成熟期因品种而异,通常为5~9月。

杏

拉丁学名:*Armeniaca vulgaris* Lam. 乔木,树冠圆形、扁圆形或长圆形;树皮灰褐色,纵裂;多年生枝浅褐色,皮孔大而横生,一年生枝浅红褐色,有光泽,无毛,具多数小皮孔。叶片宽卵形或圆卵形,长5~9 cm,宽4~8 cm,先端急尖至短渐尖,基部圆形至近心形,叶边有圆钝锯齿,两面无毛或下面脉腋间具柔毛;叶柄长2~3.5 cm,无毛。花单生,直径2~3 cm,先于叶开放;花梗短,长1~3 mm,被短柔毛;花萼紫绿色;萼筒圆筒形,外面基部被短柔毛;萼片卵形至卵状长圆形,先端急尖或圆钝,花后反折;花瓣圆形至倒卵形,白色或带红色,具短爪;雄蕊20~45,稍短于花瓣;子房被短柔毛,花柱稍长或几与雄蕊等长,下部具柔毛。

果实球形,直径约2.5 cm以上,白色、黄色至黄红色,常具红晕,微被短柔毛;果肉多汁,成熟时不开裂;核卵形或椭圆形,两侧扁平,顶端圆钝,基部对称,表面稍粗糙或平滑,腹棱较圆,常稍钝,背棱较直,腹面具龙骨状棱;种仁味苦或甜。花期3~4月,果期6~7月。

山杏

拉丁学名:*Armeniaca sibirica*(L.)Lam. 灌木或小乔木,树皮暗灰色;小枝无毛,灰褐色或淡红褐色。叶片卵形或近圆形,长5~10 cm,宽4~7 cm,先端长渐尖至尾尖,基部圆形至近心形,叶缘有细钝锯齿,两面无毛;叶柄长2~3.5 cm,无毛,有或无小腺体。花单生,直径1.5~2 cm,先于叶开放;花梗长1~2 mm;花萼紫红色;萼筒钟形,基部微被短柔毛或无毛;萼片长圆状椭圆形,先端尖,花后反折;花瓣近圆形或倒卵形,白色或粉红色;雄蕊几与花瓣等长;子房被短柔毛。果实扁球形,直径1.5~2.5 cm,黄色或橘红色,有时具红晕,被短柔毛;果肉较薄而干燥,成熟时开裂,味酸涩不可食,成熟时沿腹缝线开裂;核扁球形,易与果肉分离,两侧扁,顶端圆形,基部一侧偏斜,不对称,表面较平滑,腹面宽而锐利;种仁味苦。花期3~4月,果期6~7月。

乌梅

拉丁学名:*Prunus mume*(Sieb.)et Zuce. 小乔木,稀灌木,树皮浅灰色或带绿色,平滑;小枝绿色,光滑无毛。叶片卵形或椭圆形,长4~8 cm,宽2.5~5 cm,先端尾尖,基部宽楔形至圆形,叶边常具小锐锯齿,灰绿色,幼嫩时两面被短柔毛,成长时逐渐脱落,或仅下面脉腋间具短柔毛;叶柄长1~2 cm,幼时具毛,老时脱落,常有腺体。花单生或有时2朵同生于1芽内,直径2~2.5 cm,香味浓,先于叶开放;花梗短,长1~3 mm,常无毛;花萼通常红褐色,但有些品种的花萼为绿色或绿紫色;萼筒宽钟形,无毛或有时被短柔毛;萼片卵形或近圆形,先端圆钝;花瓣倒卵形,白色至粉红色;雄蕊短或稍长于花瓣;子房密被柔毛,花柱短或稍长于雄蕊。果实近球形,直径2~3 cm,黄色或绿白色,被柔毛,味酸;果肉与核粘贴;核椭圆形,顶端圆形而有小突尖头,基部渐狭成楔形,两侧微扁,腹棱稍钝,腹面和背棱上均有明显纵沟,表面具蜂窝状孔穴。花期冬春季,果期 5~6 月。

麦李

拉丁学名:*Cerasus glandulosa*(Thunb.)Lois. 灌木,小枝灰棕色或棕褐色,无毛或嫩枝被短柔毛。冬芽卵形,无毛或被短柔毛。叶片长圆披针形或椭圆披针形,长 2.5~6 cm,宽 1~2 cm,先端渐尖,基部楔形,最宽处在中部,边有细钝重锯齿,上面绿色,下面淡绿色,两面均无毛或在中脉上有疏柔毛,侧脉 4~5 对;叶柄无毛或上面被疏柔毛;托叶线形,长约 5 mm。

花单生或 2 朵簇生,花叶同开或近同开;花梗长 6~8 mm,几无毛;萼筒钟状,长、宽近相等,无毛,萼片三角状椭圆形,先端急尖,边有锯齿;花瓣白色或粉红色,倒卵形;雄蕊 30 枚;花柱稍比雄蕊长,无毛或基部有疏柔毛。核果红色或紫红色,近球形,直径 1~1.3 cm。花期 3~4 月,果期 5~8 月。

该种野生状态下特别是在栽培中变化较大,有人根据花色、单瓣或重瓣、花梗、小枝及花柱被毛等变异又划分若干变种或变型。

樱桃

拉丁学名:*Cerasus pseudocerasus* G. Don. 乔木,树皮灰白色。小枝灰褐色,嫩枝绿色,无毛或被疏柔毛。冬芽卵形,无毛。叶片卵形或长圆状卵形,长 5~12 cm,宽 3~5 cm,先端渐尖或尾状渐尖,基部圆形,边有尖锐重锯齿,齿端有小腺体,上面暗绿色,近无毛,下面淡绿色,沿脉或脉间有稀疏柔毛,侧脉 9~11 对;叶柄长 0.7~1.5 cm,被疏柔毛,先端有 1 或 2 个大腺体;托叶早落,披针形,有羽裂腺齿。

花序伞房状或近伞形,有花 3~6 朵,先叶开放;总苞倒卵状椭圆形,褐色,长约 5 mm,宽约 3 mm,边有腺齿;花梗长 0.8~1.9 cm,被疏柔毛;萼筒钟状,长 3~6 mm,宽 2~3 mm,外面被疏柔毛,萼片三角卵圆形或卵状长圆形,先端急尖或钝,边缘全缘,长为萼筒的一半或过半;花瓣白色,卵圆形,先端下凹或 2 裂;雄蕊 30~35 枚。花柱与雄蕊近等长,无毛。核果近球形,红色,直径 0.9~1.3 cm。花期 3~4 月,果期 5~6 月。

欧李

拉丁学名:*Cerasus humilis* 落叶灌木,树皮灰褐色,小枝被柔毛。叶互生,长圆形或椭圆状披针形,长 2.5~5 cm,宽 1~2 cm,先端尖,边缘有浅细锯齿,下面沿主脉散生短柔毛;托叶线形,早落。花与叶同时开放,单生或 2 朵并生,花梗有稀疏短柔毛;萼片 5,花后反折;花瓣 5,白色或粉红色;雄蕊多数;心皮 1 枚。核果近球形,直径约 1.5 cm,熟时鲜红色。花期 4~5 月,果期 5~6 月。

李

拉丁学名:*Prunus salicina* Lindl. 落叶乔木,树冠广圆形,树皮灰褐色,起伏不平;老枝紫褐色或红褐色,无毛;小枝黄红色,无毛;冬芽卵圆形,红紫色,有数枚覆瓦状排列鳞片,通常无毛。叶片长圆倒卵形、长椭圆形,长 6~8 cm,宽 3~5 cm,先端渐尖、急尖或短尾尖,基部楔形,边缘有圆钝重锯齿,常混有单锯齿,幼时齿尖带腺,上面深绿色,有光泽,侧脉 6 ~ 10 对,不达到叶片边缘,与主脉成 45°角,两面均无毛;托叶膜质,线形,先端渐尖,边缘有腺,早落;叶柄长 1 ~ 2 cm,通常无毛,顶端有 2 个腺体或无,有时在叶片基部边缘有腺体。

花通常 3 朵并生;花梗 1 ~ 2 cm,通常无毛;花直径 1.5 ~ 2.2 cm;萼筒钟状;萼片长圆卵形,长约 5 mm,先端急尖或圆钝,边有疏齿,与萼筒近等长,萼筒和萼片外面均无毛,内面在萼筒基部被疏柔毛;花瓣白色,长圆倒卵形,先端啮蚀状,基部楔形,有明显带紫色脉纹,具短爪,着生在萼筒边缘,比萼筒长 2 ~ 3 倍;雄蕊多数,花丝长短不等,排成不规则 2 轮,比花瓣短;雌蕊 1 枚,柱头盘状,花柱比雄蕊稍长。核果球形、卵球形或近圆锥形,直径 3.5 ~ 5 cm,栽培品种可达 7 cm,黄色或红色,有时为绿色或紫色,梗凹陷入,顶端微尖,基部有纵沟,外被蜡粉;核卵圆形或长圆形,有皱纹。花期 4 月,果期 7 ~ 8 月。

火棘

拉丁学名:*Pyracantha fortuneana*(Maxim.)Li　常绿灌木,侧枝短,先端成刺状,嫩枝外被锈色短柔毛,老枝暗褐色,无毛;芽小,外被短柔毛。叶片倒卵形或倒卵状长圆形,长 1.5 ~ 6 cm,宽 0.5 ~ 2 cm,先端圆钝或微凹,有时具短尖头,基部楔形,下延连于叶柄,边缘有钝锯齿,齿尖向内弯,近基部全缘,两面皆无毛;叶柄短,无毛或嫩时有柔毛。

花集成复伞房花序,直径 3 ~ 4 cm,花梗和总花梗近于无毛,花梗长约 1 cm;花直径约 1 cm;萼筒钟状,无毛;萼片三角卵形,先端钝;花瓣白色,近圆形,长约 4 mm,宽约 3 mm;雄蕊 20,花丝长 3 ~ 4 mm,花药黄色;花柱 5,离生,与雄蕊等长,子房上部密生白色柔毛。果实近球形,直径约 5 mm,橘红色或深红色。花期 3 ~ 5 月,果期 8 ~ 11 月。

杜梨

拉丁学名:*Pyrus betulifolia* Bunge　乔木,树冠开展,枝常具刺;小枝嫩时密被灰白色绒毛,二年生枝条具稀疏绒毛或近于无毛,紫褐色;冬芽卵形,先端渐尖,外被灰白色绒毛。叶片菱状卵形至长圆卵形,长 4 ~ 8 cm,宽 2.5 ~ 3.5 cm,先端渐尖,基部宽楔形,边缘有粗锐锯齿,幼叶上下两面均密被灰白色绒毛,成长后脱落,老叶上面无毛而有光泽,下面微被绒毛或近于无毛;叶柄长 2 ~ 3 cm,被灰白色绒毛;托叶膜质,线状披针形,两面均被绒毛,早落。

伞形总状花序,有花 10 ~ 15 朵,总花梗和花梗均被灰白色绒毛,花梗长 2 ~ 2.5 cm;苞片膜质,线形,长 5 ~ 8 mm,两面均微被绒毛,早落;花直径 1.5 ~ 2 cm;萼筒外密被灰白色绒毛;萼片三角卵形,长约 3 mm,先端急尖,全缘,内外两面均密被绒毛,花瓣宽卵形,长 5 ~ 8 mm,宽 3 ~ 4 mm,先端圆钝,基部具有短爪。白色;雄蕊 20,花药紫色,长约为花瓣之半;花柱 2 ~ 3,基部微具毛。果实近球形,直径 5 ~ 10 mm,2 ~ 3 室,褐色。花期 4 月,果期 8 ~ 9 月。

豆梨

拉丁学名:*Pyrus calleryana* Decne.　乔木,小枝粗壮,圆柱形,在幼嫩时有绒毛,不久脱落,二年生枝条灰褐色;冬芽三角卵形,先端短渐尖,微具绒毛。叶片宽卵形至卵形,长4~8 cm,宽3.5~6 cm,先端渐尖,基部圆形至宽楔形,边缘有钝锯齿,两面无毛;叶柄长2~4 cm,无毛;托叶叶质,线状披针形,长4~7 mm,无毛。伞形总状花序,具花6~12朵,直径4~6 mm,总花梗和花梗均无毛,花梗长1.5~3 cm;苞片膜质,线状披针形,长8~13 mm,内面具绒毛;花直径2~2.5 cm;萼筒无毛;萼片披针形,先端渐尖全缘,外面无毛,内面具绒毛,边缘较密;花瓣卵形,长约13 mm,宽约10 mm,基部具短爪,白色;雄蕊20,稍短于花瓣;花柱基部无毛。梨果球形,直径约1 cm,黑褐色,有斑点,萼片脱落,有细长果梗。花期4月,果期8~9月。

鸡麻

拉丁学名:*Rhodotypos scandens*(Thunb.)Makino 落叶灌木,小枝紫褐色,嫩枝绿色,光滑。叶对生,卵形,长4~11 cm,宽3~6 cm,顶端渐尖,基部圆形至微心形,边缘有尖锐重锯齿,上面幼时被疏柔毛,以后脱落无毛,下面被绢状柔毛,老时脱落,仅沿脉被稀疏柔毛;叶柄长2~5 mm,被疏柔毛;托叶膜质狭带形,被疏柔毛,不久脱落。

单花顶生于新梢上;花直径3~5 cm;萼片大,卵状椭圆形,顶端急尖,边缘有锐锯齿,外面被稀疏绢状柔毛,副萼片细小,狭带形,比萼片短4~5倍;花瓣白色,倒卵形,比萼片长1/4~1/3。核果1~4,黑色或褐色,斜椭圆形,长约8 mm,光滑。花期4~5月,果期6~9月。

木香花

拉丁学名:*Rosa banksiae* W. T. Aiton 攀缘小灌木,小枝圆柱形,无毛,有短小皮刺;老枝上的皮刺较大,坚硬,经栽培后有时枝条无刺。小叶3~5,连叶柄长4~6 cm;小叶片椭圆状卵形或长圆披针形,长2~5 cm,宽8~18 mm,先端急尖或稍钝,基部近圆形或宽楔形,边缘有紧贴细锯齿,上面无毛,深绿色,下面淡绿色,中脉突起,沿脉有柔毛;小叶柄和叶轴有稀疏柔毛和散生小皮刺;托叶线状披针形,膜质,离生,早落。

花小形,多朵成伞形花序,花直径1.5~2.5 cm;花梗长2~3 cm,无毛;萼片卵形,先端长渐尖,全缘,萼筒和萼片外面均无毛,内面被白色柔毛;花瓣重瓣至半重瓣,白色,倒卵形,先端圆,基部楔形;心皮多数,花柱离生,密被柔毛,比雄蕊短很多。花期4~5月。

小果蔷薇

拉丁学名:*Rosa cymosa* Tratt. 攀缘灌木,小枝圆柱形,无毛或稍有柔毛,有钩状皮刺。小叶3~5,连叶柄长5~10 cm;小叶片卵状披针形或椭圆形,长2.5~6 cm,宽8~25 mm,先端渐尖,基部近圆形,边缘有紧贴或尖锐细锯齿,两面均无毛,上面亮绿色,下面颜色较淡,中脉突起,沿脉有稀疏长柔毛;小叶柄和叶轴无毛或有柔毛,有稀疏皮刺和腺毛;托叶膜质,离生,线形,早落。

花多朵成复伞房花序;花直径2~2.5 cm,花梗长约1.5 cm,幼时密被长柔毛,老时逐渐脱落,近于无毛;萼片卵形,先端渐尖,常有羽状裂片,外面近无毛,内面被稀疏白色绒毛,沿边缘较密;花瓣白色,倒卵形,先端凹,基部楔形;花柱离生,稍伸出花托口外,与雄蕊近等长,密被白色柔毛。果球形,直径 4~7 mm,红色至黑褐色,萼片脱落。花期 5~6 月,果期 7~11 月。

钝叶蔷薇

拉丁学名:*Rosa sertata* Rolfe　灌木,小枝圆柱形,细弱,无毛,散生直立皮刺或无刺。小叶 7~11,连叶柄长 5~8 cm,小叶片广椭圆形至卵状椭圆形,长 1~2.5 cm,宽 7~15 mm,先端急尖或圆钝,基部近圆形,边缘有尖锐单锯齿,近基部全缘,两面无毛,中脉和侧脉均突起;小叶柄和叶轴有稀疏柔毛,腺毛和小皮刺;托叶大部贴生于叶柄,离生部分耳状,卵形,无毛,边缘有腺毛。

花单生或 3~5 朵,排成伞房状;小苞片 1~3 枚,苞片卵形,先端短渐尖,边缘有腺毛,无毛;花梗长 1.5~3 cm,花梗和萼筒无毛;花直径 2~3.5 cm;萼片卵状披针形,先端延长成叶状,全缘,外面无毛,内面密被黄白色柔毛,边缘较密;花瓣粉红色或玫瑰色,宽倒卵形,先端微凹,基部宽楔形,比萼片短;花柱离生,被柔毛,比雄蕊短。

果卵球形,顶端有短颈,长 1.2~2 cm,直径约 1 cm,深红色。该种变异性强,小枝上有直、细皮刺,间或无刺;叶形大小不一,6~25 mm,小型叶椭圆形,先端多圆钝,大型叶卵形,先端多急尖,但均两面无毛而有尖锐单锯齿,花直径 2~5 cm,均粉红色,有长尾尖萼片和细长光滑花梗,是其共同特征。花期 6 月,果期 8~10 月。

野蔷薇

拉丁学名:*Rosa multiflora* Thunb.　攀缘灌木;小枝圆柱形,通常无毛,有短、粗稍弯曲皮束。小叶 5~9,近花序的小叶有时 3,连叶柄长 5~10 cm;小叶片倒卵形、长圆形或卵形,长 1.5~5 cm,宽 8~28 mm,先端急尖或圆钝,基部近圆形或楔形,边缘有尖锐单锯齿,上面无毛,下面有柔毛。

小叶柄和叶轴有柔毛或无毛,有散生腺毛;托叶篦齿状,大部贴生叶柄,边缘有或无腺毛。花多朵,排成圆锥状花序,花梗长 1.5~2.5 cm,无毛或有腺毛,有时基部有篦齿状小苞片;花直径 1.5~2 cm,萼片披针形,有时中部具 2 个线形裂片,外面无毛,内面有柔毛;花瓣白色,宽倒卵形,先端微凹,基部楔形;花柱结合成束,无毛,比雄蕊稍长。果近球形,直径 6~8 mm,红褐色或紫褐色,有光泽,无毛,萼片脱落。

金樱子

拉丁学名:*Rosa laevigata* Michx.　常绿攀缘灌木,小枝粗壮,散生扁弯皮刺,无毛,幼时被腺毛,老时逐渐脱落减少。小叶革质,通常 3,连叶柄长 5~10 cm;小叶片椭圆状卵形、倒卵形或披针状卵形,长 2~6 cm,宽 1.2~3.5 cm,先端急尖或圆钝,边缘有锐锯齿,上面亮绿色,无毛,下面黄绿色,幼时沿中肋有腺毛,老时逐渐脱落无毛;小叶柄和叶轴有皮刺和腺毛;托叶离生或基部与叶柄合生,披针形,边缘有细齿,齿尖有腺体,早落。花单生于叶腋,直径 5~7 cm;花梗长 1.8~2.5 cm,花梗和萼筒密被腺毛,随果实成长变为针刺;萼片卵状披针形,先端呈叶状,边缘羽状浅裂或全缘,常有刺毛和腺毛,内面密被柔毛,比花瓣稍短;花瓣白色,宽倒卵形,先端微凹,雄蕊多数。果梨形、倒卵形,紫褐色,外面密被刺毛,果梗长 3 cm,萼片宿存。花期 4~6 月,果期 7~11 月。

黄蔷薇

拉丁学名:*Rosa hugonis* Hemsl.　矮小灌木,枝粗壮,常呈弓形;小枝圆柱形,无毛,皮刺扁平,常混生细密针刺。小叶 5~13,连叶柄长 4~8 cm;小叶片卵形、椭圆形或倒卵形,长 8~20 mm,宽 5~12 mm,先端圆钝或急尖,边缘有锐锯齿,两面无毛,上面中脉下陷,下面中脉突起;托叶狭长,大部贴生于叶柄,离生部分极短,呈耳状,无毛,边缘有稀疏腺毛。花单生于叶腋,无苞片;花梗长 1~2 cm,无毛;花直径 4~5.5 cm;萼筒、萼片外面无毛,萼片披针形,先端渐尖,全缘,有明显的中脉,内面有稀疏柔毛;花瓣黄色,宽倒卵形,先端微凹,基部宽楔形;雄蕊多数,着生在坛状萼筒口的周围;花柱离生,被白色长柔毛,稍伸出萼筒口外面,比雄蕊短。果实扁球形,直径 12~15 mm,紫红色至黑褐色,无毛,有光泽,萼片宿存,反折。花期 5~6 月,果期 7~8 月。

缫丝花

拉丁学名:*Rosa roxburghii* Tratt.　灌木,树皮灰褐色,成片状剥落;小枝圆柱形,斜向上升,有基部稍扁而成对皮刺。小叶 9~15,连叶柄长 5~11 cm,小叶片椭圆形或长圆形,长 1~2 cm,宽 6~12 mm,先端急尖或圆钝,基部宽楔形,边缘有细锐锯齿,两面无毛,下面叶脉突起,网脉明显,叶轴和叶柄有散生小皮刺。

花单生或 2~3 朵,生于短枝顶端;花直径 5~6 cm;花梗短;小苞片 2~3 枚,卵形,边缘有腺毛;萼片通常宽卵形,先端渐尖,有羽状裂片,内面密被绒毛,外面密被针刺;花瓣重瓣至半重瓣,淡红色或粉红色,微香,倒卵形,外轮花瓣大,内轮较小;雄蕊多数着生在杯状萼筒边缘。果扁球形,直径 3~4 cm,绿红色,外面密生针刺;萼片宿存,直立。花期 5~7 月,果期 8~10 月。

山莓

拉丁学名:*Rubus corchorifolius* L. F.　直立灌木,枝具皮刺,幼时被柔毛。单叶,卵形至卵状披针形,长 5~12 cm,宽 2.5~5 cm,顶端渐尖,基部微心形,有时近截形或近圆形,上面色较浅,沿叶脉有细柔毛,下面色稍深,幼时密被细柔毛,逐渐脱落至老时近无毛,沿中脉疏生小皮刺,边缘不分裂或 3 裂,通常不育枝上的叶 3 裂,有不规则锐锯齿或重锯齿,基部具 3 脉。叶柄长 1~2 cm,疏生小皮刺,幼时密生细柔毛;托叶线状披针形,具柔毛。

花单生或少数生于短枝上;花梗长 0.6~2 cm,具细柔毛;花直径可达 3 cm;花萼外密被细柔毛,无刺;萼片卵形或三角状卵形,长 5~8 mm,顶端急尖至短渐尖;花瓣长圆形或椭圆形,白色,顶端圆钝,长 9~12 mm,宽 6~8 mm,长于萼片;雄蕊多数,花丝宽扁。果实由很多小核果组成,近球形或卵球形,直径 1~1.2 cm,红色,密被细柔毛;核具皱纹。花期 2~3 月,果期 4~6 月。

高丽悬钩子

拉丁学名:*R. coreanus* Miq.　灌木,小叶通常 5 枚,卵形、菱状卵形或宽卵形,顶端急尖,基部楔形至近圆形,顶生小叶顶端有时 3 浅裂。伞房花序生于侧枝顶端,具花数朵至 30 朵,淡红色至深红色。果实近球形,深红色至紫黑色。花期 4~6 月,果期 6~8 月。

白花悬钩子

拉丁学名:*Rubus leucanthus* Hance　攀缘灌木,枝紫褐色,无毛,疏生钩状皮刺。小叶 3 枚,生于枝上部或花序,基部的有时为单叶,革质,卵形或椭圆形,顶生小叶比侧生者稍长大或几相等,长 4~8 cm,宽 2~4 cm,顶端渐尖或尾尖,基部圆形,两面无毛,侧脉 5~8 对,或上面稍具柔毛,边缘有粗单锯齿;叶柄长 2~6 cm,顶生小叶柄长 1.5~2 cm,侧生小叶具短柄,均无毛,具钩状小皮刺;托叶钻形,无毛。

花 3~8 朵形成伞房状花序,生于侧枝顶端;花梗长 0.8~1.5 cm,无毛;苞片与托叶相似;花直径 1~1.5 cm;萼片卵形,顶端急尖并具短尖头,内萼片边缘微被绒毛,在花果时均直立开展;花瓣长卵形或近圆形,白色,基部微具柔毛,具爪,与萼片等长或稍长;雄蕊多数,花丝较宽扁。果实近球形,直径 1~1.5 cm,红色,无毛,萼片包于果实;核较小,具洼穴。花期 4~5 月,果期 6~7 月。

白叶莓

拉丁学名:*Rubus innominatus* S. Moore　灌木,枝拱曲,褐色或红褐色,小枝密被绒毛状柔毛,疏生钩状皮刺。小叶常 3 枚,长 4~10 cm,宽 2.5~5 cm,顶端急尖至短渐尖,顶生小叶卵形或近圆形,基部圆形至浅心形,边缘常 3 裂或缺刻状浅裂,侧生小叶斜卵状披针形或斜椭圆形,基部楔形至圆形,上面疏生平贴柔毛或几无毛,下面密被灰白色绒毛,沿叶脉混生柔毛,边缘有不整齐粗锯齿或缺刻状粗重锯齿;叶柄长 2~4 cm,顶生小叶柄长 1~2 cm,侧生小叶近无柄,与叶轴均密被绒毛状柔毛;托叶线形,被柔毛。

总状或圆锥状花序,顶生或腋生,腋生花序常为短总状;总花梗和花梗均密被黄灰色或灰色绒毛状长柔毛和腺毛;花梗长 4~10 mm;苞片线状披针形,被绒毛状柔毛;花直径 6~10 mm;花萼外面密被黄灰色或灰色绒毛状长柔毛和腺毛;萼片卵形,长 5~8 mm,顶端急尖,内萼片边缘具灰白色绒毛,在花果时均直立;花瓣倒卵形或近圆形,紫红色,边啮蚀状,基部具爪,稍长于萼片;雄蕊稍短于花瓣。果实近球形,直径约 1 cm,橘红色,初期被疏柔毛,成熟时无毛;核具细皱纹。花期 5~6 月,果期 7~8 月。

高粱泡

拉丁学名:*Rubus lambertianus* Ser.　半落叶藤状灌木,枝幼时有细柔毛或近无毛,有微弯小皮刺。单叶宽卵形,长 5~10 cm,宽 1~8 cm,顶端渐尖,基部心形,上面疏生柔毛或沿叶脉有柔毛,下面被疏柔毛,沿叶脉毛较密,中脉上常疏生小皮刺,边缘明显 3~5 裂或呈波状,有细锯齿;叶柄长 2~4 cm,具细柔毛或近于无毛,有稀疏小皮刺;托叶离生,线状深裂,有细柔毛或近无毛,常脱落。

圆锥花序顶生,生于枝上部叶腋内的花序常近总状,有时仅数朵花簇生于叶腋;总花梗、花梗和花萼均被细柔毛;花梗长 0.5~1 cm;苞片与托叶相似;花直径约 8 mm;萼片卵状披针形,顶端渐尖、全缘,外面边缘和内面均被白色短柔毛,仅在内萼片边缘具灰白色绒毛;花瓣倒卵形,白色,无毛,稍短于萼片;雄蕊多数,稍短于花瓣,花丝宽扁;雌蕊15~20,通常无毛。果实小,近球形,直径6~8 mm,由多数小核果组成,无毛,熟时红色;核较小,有明显皱纹。花期7~8月,果期9~11月。

喜阴悬钩子

拉丁学名:*Rubus mesogaeus* Focke 攀缘灌木,老枝有稀疏基部宽大的皮刺,小枝红褐色或紫褐色,具稀疏针状皮刺或近无刺,幼时被柔毛。小叶常3枚,顶生小叶宽菱状卵形或椭圆卵形,顶端渐尖,边缘常羽状分裂,基部圆形至浅心形,侧生小叶斜椭圆形或斜卵形,顶端急尖,基部楔形至圆形,长4~9 cm,宽3~7 cm,上面疏生平贴柔毛,下面密被灰白色绒毛,边缘有不整齐粗锯齿并常浅裂;叶柄长3~7 cm,顶生小叶柄长1.5~4 cm,侧生小叶有短柄或几无柄,与叶轴均有柔毛和稀疏钩状小皮刺;托叶线形,被柔毛,长达1 cm。

伞房花序生于侧生小枝顶端或腋生,具花数朵至20朵,通常短于叶柄;总花梗具柔毛,有稀疏针刺;花梗长6~12 mm;密被柔毛;苞片线形,有柔毛。花直径约1 cm或稍大;花萼外密被柔毛;萼片披针形,顶端急尖至短渐尖,长5~8 mm;内萼片边缘具绒毛,花后常反折;花瓣倒卵形、近圆形或椭圆形,基部稍有柔毛,白色或浅粉红色,花丝线形,几与花柱等长。果实扁球形,直径6~8 mm,紫黑色,无毛;核三角卵球形。

茅莓

拉丁学名:*Rubus parvifolius* L. 灌木,高1~2 m。枝呈弓形弯曲,被柔毛和稀疏钩状皮刺。小叶3枚,在新枝上偶有5枚,菱状圆形或倒卵形,长2.5~6 cm,宽2~6 cm,顶端圆钝或急尖,基部圆形或宽楔形,上面伏生疏柔毛,下面密被灰白色绒毛,边缘有不整齐粗锯齿或缺刻状粗重锯齿,常具浅裂片;叶柄长2.5~5 cm,顶生小叶柄长1~2 cm,均被柔毛和稀疏小皮刺。

伞房花序顶生或腋生,具花数朵至多朵,被柔毛和细刺;花梗长0.5~1.5 cm,具柔毛和稀疏小皮刺;苞片线形,有柔毛;花直径约1 cm;花萼外面密被柔毛和疏密不等的针刺;萼片卵状披针形或披针形,顶端渐尖,有时条裂,在花果时均直立开展;花瓣卵圆形或长圆形,粉红至紫红色,基部具爪;雄蕊花丝白色,稍短于花瓣;子房具柔毛。果实卵球形,直径1~1.5 cm,红色,无毛或具稀疏柔毛;核有浅皱纹。花期5~6月,果期7~8月。

腺花茅莓

拉丁学名:*Rubus parvifolius* Linn. var. adenochlamys(Focke)Migo. 草木、灌木或乔木,落叶或常绿。冬芽常具数个鳞片,有时仅具2个。叶互生,单叶或复叶,有明显托叶。花两性,通常整齐,周位花或上位花;花轴上端发育成碟状、钟状、杯状、锥状或圆筒状的花托,在花托边缘着生萼片、花瓣和雄蕊;萼片和花瓣同数,通常4~5,覆瓦状排列,萼片有时具副萼;雄蕊5至多数,花丝离生;心皮1至多数,离生或合生,有时与花托连合;花柱与心皮同数,有时连合,顶生、侧生或基生。果实为瘦果、梨果或核果。

多腺悬钩子

拉丁学名:*Rubus phoenicolasius* Maxim. 灌木,枝初直立后蔓生,密生红褐色刺毛、腺毛和稀疏皮刺。小叶 3 枚,卵形、宽卵形或菱形,长 4 ~ 8 cm,宽 2 ~ 5 cm,顶端急尖至渐尖,基部圆形至近心形,上面或仅沿叶脉有伏柔毛,下面密被灰白色绒毛,沿叶脉有稀疏小针刺,边缘具不整齐粗锯齿,常有缺刻,顶生小叶常浅裂;叶柄长 3 ~ 6 cm,小叶柄长 2 ~ 3 cm,侧生小叶近无柄,均被柔毛、红褐色刺毛、腺毛和稀疏皮刺;托叶线形,具柔毛和腺毛,花较少数,形成短总状花序,顶生或部分腋生。

总花梗和花梗密被柔毛、刺毛和腺毛;花梗长 5 ~ 15 mm;苞片披针形;具柔毛和腺毛;花直径 6 ~ 10 mm;花萼外面密被柔毛、刺毛和腺毛;萼片披针形,顶端尾尖;长 1 ~ 1.5 cm,在花果期均直立开展;花瓣直立,倒卵状匙形或近圆形,紫红色,基部具爪并有柔毛;雄蕊稍短于花柱。果实半球形,直径约 1 cm,红色,无毛,核有明显皱纹。花期 5 ~ 6 月,果期 7 ~ 8 月。

腺毛莓

拉丁学名:*Rubus adenophorus* Rolfe 攀缘灌木,小枝浅褐色至褐红色,具紫红色腺毛、柔毛和宽扁的稀疏皮刺。小叶 3 枚,宽卵形或卵形,长 4 ~ 11 cm,宽 2 ~ 8 cm,顶端渐尖,基部圆形至近心形,上下两面均具稀疏柔毛,下面沿叶脉有稀疏腺毛,边缘具粗锐重锯齿;叶柄长 5 ~ 8 cm,顶生小叶柄长 2.5 ~ 4 cm,均具腺毛、柔毛和稀疏皮刺;托叶线状披针形,具柔毛和稀疏腺毛。总状花序顶生或腋生,花梗、苞片和花萼均密被黄色长柔毛和紫红色腺毛;花梗长 0.6 ~ 1.2 cm;苞片披针形;花较小,直径 6 ~ 8 mm;萼片披针形或卵状披针形,顶端渐尖,花后常直立;花瓣倒卵形或近圆形,基部具爪,紫红色;花丝线形;花柱无毛,子房微具柔毛。果实球形,直径约 1 cm,红色,无毛或微具柔毛;核具显明皱纹。花期 4 ~ 6 月,果期 6 ~ 7 月。

珍珠梅

拉丁学名:*Sorbaria sorbifolia*(L.)A. Br. 灌木,枝条开展;小枝圆柱形,稍屈曲,无毛或微被短柔毛,初时绿色,老时暗红褐色或暗黄褐色;冬芽卵形,先端圆钝,无毛或顶端微被柔毛,紫褐色,具有数枚互生外露的鳞片。羽状复叶,小叶片 11 ~ 17 枚,连叶柄长 13 ~ 23 cm,宽 10 ~ 13 cm,叶轴微被短柔毛;小叶片对生,相距 2 ~ 2.5 cm,披针形至卵状披针形,长 5 ~ 7 cm,宽 1.8 ~ 2.5 cm,先端渐尖,基部近圆形或宽楔形,边缘有尖锐重锯齿,上下两面无毛或近于无毛,羽状网脉,具侧脉 12 ~ 16 对,下面明显;小叶无柄或近于无柄;托叶叶质,卵状披针形至三角披针形,先端渐尖至急尖,边缘有不规则锯齿或全缘,长 8 ~ 13 mm,宽 5 ~ 8 mm,外面微被短柔毛。

顶生大型密集圆锥花序,分枝近于直立,长 10 ~ 20 cm,直径 5 ~ 12 cm,总花梗和花梗被星状毛或短柔毛,果期逐渐脱落,近于无毛;苞片卵状披针形至线状披针形,长 5 ~ 10 mm,宽 3 ~ 5 mm,先端长渐尖,全缘或有浅齿,上下两面微被柔毛,果期逐渐脱落;花梗长 5 ~ 8 mm;花直径 10 ~ 12 mm;萼筒钟状,外面基部微被短柔毛;萼片三角卵形,先端钝或急尖,萼片约与萼筒等长;花瓣长圆形或倒卵形,长5~7 mm,宽3~5 mm,白色;雄蕊40~50,长于花瓣1.5~2倍,生在花盘边缘。蓇葖果长圆形,有顶生弯曲花柱,长约3 mm,果梗直立。花期7~8月,果期9月。

绣球绣线菊

拉丁学名:*Spiraea blumei* G. Don.　灌木,小枝细,开张,稍弯曲,深红褐色或暗灰褐色,无毛;冬芽小,卵形,先端急尖或圆钝,无毛,有数枚外露鳞片。叶片菱状卵形至倒卵形,长2~3.5 cm,宽1~1.8 cm,先端圆钝或微尖,基部楔形,边缘自近中部以上有少数圆钝缺刻状锯齿或3~5浅裂,两面无毛,下面浅蓝绿色,基部具有不明显的3脉或羽状脉。

伞形花序有总梗,无毛,具花10~25朵;花梗长6~10 mm,无毛;苞片披针形,无毛;花直径5~8 mm;萼筒钟状,外面无毛,内面具短柔毛;萼片三角形或卵状三角形,先端急尖或短渐尖,内面疏生短柔毛;花瓣宽倒卵形,先端微凹,长2~3.5 mm,宽几与长相等,白色;雄蕊18~20,较花瓣短;花盘由8~10个较薄的裂片组成,裂片先端有时微凹;子房无毛或仅在腹部微具短柔毛,花柱短于雄蕊。蓇葖果较直立,无毛,花柱位于背部先端,倾斜开展,萼片直立。花期4~6月,果期8~10月。

麻叶绣线菊

拉丁学名:*Spiraea cantoniensis* Lour.　灌木,小枝细瘦,圆柱形,呈拱形弯曲,幼时暗红褐色,无毛;冬芽小,卵形,先端尖,无毛,有数枚外露鳞片。叶片菱状披针形至菱状长圆形,长3~5 cm,宽1.5~2 cm,先端急尖,基部楔形,边缘自近中部以上有缺刻状锯齿,上面深绿色,下面灰蓝色,两面无毛,有羽状叶脉;叶柄长4~7 mm,无毛。

伞房花序具多数花朵;花梗长8~14 mm,无毛;苞片线形,无毛;花直径5~7 mm;萼筒钟状,外面无毛,内面被短柔毛;萼片三角形或卵状三角形,先端急尖或短渐尖,内面微被短柔毛;花瓣近圆形或倒卵形,先端微凹或圆钝,长与宽各2.5~4 mm,白色;雄蕊20~28,稍短于花瓣或几与花瓣等长;花盘由大小不等的近圆形裂片组成,裂片先端有时微凹,排列成圆环形;子房近无毛,花柱短于雄蕊。蓇葖果直立开张,无毛,花柱顶生,常倾斜开展,具直立开张萼片。花期4~5月,果期7~9月。

中华绣线菊

拉丁学名:*Spiraea chinensis* Maxim.　灌木,小枝呈拱形弯曲,红褐色,幼时被黄色绒毛,有时无毛;冬芽卵形,先端急尖,有数枚鳞片,外被柔毛。叶片菱状卵形至倒卵形,长2.5~6 cm,宽1.5~3 cm,先端急尖或圆钝,基部宽楔形或圆形,边缘有缺刻状粗锯齿,或具不显明3裂,上面暗绿色,被短柔毛,脉纹深陷,下面密被黄色绒毛,脉纹突起;叶柄长4~10 mm,被短绒毛。

伞形花序具花16~25朵;花梗长5~10 mm,具短绒毛;苞片线形,被短柔毛;花直径3~4 mm;萼筒钟状,外面有稀疏柔毛,内面密被柔毛;萼片卵状披针形,先端长渐尖,内面有短柔毛;花瓣近圆形,先端微凹或圆钝,长与宽2~3 mm,白色;雄蕊22~25,短于花瓣或几与花瓣等长;花盘波状圆环形或具不整齐的裂片;子房具短柔毛,花柱短于雄蕊。蓇蓇葖果开张,全体被短柔毛,花柱顶生,直立或稍倾斜,具直立萼片。花期3～6月,果期6～10月。

翠蓝绣线菊

拉丁学名:*Spiraea henryi* Hemsl. 灌木,枝条开展,小枝圆柱形,幼时被短柔毛,以后脱落近无毛;冬芽卵形,先端通常圆钝,有数枚外露鳞片,幼时棕褐色,被短柔毛。叶片椭圆形、椭圆状长圆形或倒卵状长圆形,长2～7 cm,宽0.8～2.3 cm,先端急尖或稍圆钝,基部楔形,有时具少数粗锯齿,有时全缘,上面深绿色,无毛或疏生柔毛,下面密生细长柔毛,沿叶脉较多;叶柄长2～5 mm,有短柔毛。

复伞房花序密集在侧生短枝顶端,直径4～6 cm,多花,具长柔毛;花梗长5～8 mm;苞片披针形,上面有稀疏柔毛,下面毛较密;花直径5～6 mm;萼筒钟状,内外两面均被细长柔毛;萼片卵状三角形,先端急尖,外面近无毛,内面被细长柔毛;花瓣宽倒卵形至近圆形,先端常微凹;雄蕊20,几与花瓣等长;花盘有10个肥厚的圆球形裂片。蓇葖果开张,具细长柔毛,花柱顶生,稍向外倾斜开展,具直立萼片。花期4～5月,果期7～8月。

疏毛绣线菊

拉丁学名:*Spiraea hirsuta* (Hemsl.) Schneid. 灌木,枝条圆柱形,稍呈之字形弯曲,嫩时具短柔毛,棕褐色,老时灰褐色或暗红褐色;冬芽小,卵形,有数枚鳞片。叶片倒卵形、椭圆形,长1.5～3.5 cm,宽1～2 cm,先端圆钝,基部楔形,边缘自中部以上或先端有钝锯齿或稍锐锯齿,上面具稀疏柔毛,下面蓝绿色,具稀疏短柔毛,叶脉明显;具短柔毛。

伞形花序直径3.5～4.5 cm,被短柔毛,具花20朵以上;花梗密集,长1.2～2.2 cm;苞片线形;花直径6～8 mm;萼筒钟状,内外两面均被短柔毛;萼片三角形或卵状三角形,先端急尖,内外两面均具短柔毛;花瓣宽倒卵形,白色;雄蕊18～20,短于花瓣;花盘具肥厚的裂片,裂片先端微凹。蓇葖果稍开张,具稀疏短柔毛,花柱顶生于背部,倾斜开展,常具直立萼片。花期5月,果期7～8月。

光叶绣线菊

拉丁学名:*S. japonica var. fortunei* (Planch.) Rehd. 灌木,小枝棕红色或棕黄色,细长,有柔毛或脱落近无毛。叶互生,长圆形或长圆状披针形,长5～11 cm,边缘有尖锐重锯齿;叶柄长3～5 mm,具短柔毛或无毛。复伞房花序生于当年生的直立新枝顶端,直径4～8 cm,花朵密集,花梗长4～6 mm,被柔毛;苞片披针形至线状披针形;花粉红色至红色,直径4～6 mm;花萼外面有疏短柔毛,萼筒钟状,萼片5,卵状三角形,顶端急尖,内面近顶端处有短柔毛。花瓣5,卵圆形至圆形,顶端钝或微凹,长2.5～4 mm;雄蕊多数,远较花瓣长;花盘圆环形,不发达;心皮离生。蓇葖果半开张,常沿腹缝线开裂,花柱顶生,稍倾斜,萼片常直立;种子小,长圆形。

长芽绣线菊

拉丁学名:*Spiraea longigemmis* Maxim. 灌木,小枝细长,稍弯曲,幼时微被细柔毛,浅棕褐色,老时无毛,褐色至灰褐色;冬芽长卵形,先端渐尖,较叶柄长或几与叶柄等长,外面无毛,有 2 枚外露鳞片。叶片长卵形、卵状披针形至长圆披针形,长 2 ~ 4 cm,宽 1 ~ 2 cm,先端急尖,基部宽楔形或圆形,有缺刻状重锯齿或单锯齿,上面幼时具稀疏柔毛,老时脱落,下面无毛或在叶脉上有稀疏柔毛;叶柄长 2 ~ 5 mm,无毛。

复伞房花序着生在侧枝顶端,直径 4 ~ 6 cm,多花,被稀疏短柔毛或近无毛;花梗长 4 ~ 6 mm;苞片线状披针形,幼时两面有短柔毛;花直径 5 ~ 6 mm;花萼外被短柔毛,萼筒钟状,内面有柔毛,萼片三角形,先端急尖,内面被短柔毛;花瓣几圆形,先端钝,长与宽均为 2 ~ 2.5 mm;白色;雄蕊 15 ~ 20,长于花瓣;花盘圆环形,有 10 个整齐裂片;子房具短柔毛,花柱短于雄蕊。蓇葖果半开张,有稀疏短柔毛或无毛,花柱顶生于背部,倾斜开展,萼片直立或反折。花期 5 ~ 7 月,果期 8 ~ 10 月。

菱叶绣线菊

拉丁学名:*Spiraea vanhouttei*(Briot)Zabel 灌木,小枝拱形弯曲,红褐色,幼时无毛;冬芽很小,卵形,先端圆钝,无毛,有数枚鳞片。叶片菱状卵形至菱状倒卵形,长 1.5 ~ 3.5 cm,宽 0.9 ~ 1.8 cm,先端急尖,通常 3 ~ 5 裂,基部楔形,边缘有缺刻状重锯齿,两面无毛,上面暗绿色,下面浅蓝灰色,具不显著 3 脉或羽状脉;叶柄长 3 ~ 5 mm,无毛。

伞形花序具总梗,有多数花朵,基部具数枚叶片;花梗长 7 ~ 12 mm,无毛;苞片线形,无毛;萼筒和萼片外面均无毛;花瓣近圆形,先端钝,长与宽均为 3 ~ 4 mm,白色;雄蕊 20 ~ 22,部分雄蕊不发育,长约为花瓣的 1/2 或 1/3;花盘圆环形,具大小不等的裂片,子房无毛。蓇葖果稍开张,花柱近直立,萼片直立开张。花期 5 ~ 6 月。

三裂绣线菊

拉丁学名:*Spiraea trilobata* L. 灌木,小枝细瘦,开展,稍呈之字形弯曲,嫩时褐黄色,无毛,老时暗灰褐色;冬芽小,宽卵形,先端钝,无毛,外被数个鳞片。叶片近圆形,长 1.7 ~ 3 cm,宽 1.5 ~ 3 cm,先端钝,常 3 裂,基部圆形、楔形或亚心形,边缘自中部以上有少数圆钝锯齿,两面无毛,下面色较浅,基部具显著 3 ~ 5 脉。

伞形花序具总梗,无毛,有花 15 ~ 30 朵;花梗长 8 ~ 13 mm,无毛;苞片线形或倒披针形,上部深裂成细裂片;花直径 6 ~ 8 mm;萼筒钟状,外面无毛,内面有灰白色短柔毛,萼片三角形,先端急尖,内面具稀疏短柔毛;花瓣宽倒卵形,先端常微凹,长与宽为 2.5 ~ 4 mm;雄蕊 18 ~ 20,比花瓣短;花盘约有 10 个大小不等的裂片,裂片先端微凹,排列成圆环形。蓇葖果开张,仅沿腹缝微具短柔毛或无毛,花柱顶生稍倾斜,具直立萼片。花期 5 ~ 6 月,果期 7 ~ 8 月。

华北绣线菊

拉丁学名:*Spiraea fritschiana* Schneid. 灌木,枝条粗壮,小枝具明显棱角,有光泽,嫩枝无毛或具稀疏短柔毛,紫褐色至浅褐色;冬芽卵形,先端渐尖或急尖,有数枚外露褐色鳞片,幼时具稀疏短柔毛。叶片卵形、椭圆卵形或椭圆长圆形,长 3 ~ 8 cm,宽 1.5 ~ 3.5 cm,先端急尖或渐尖,基部宽楔形,边缘有不整齐重锯齿或单锯齿,上面深绿色,无毛,稀沿叶脉有稀疏短柔毛，下面浅绿色，具短柔毛；叶柄长 2~5 mm，幼时具短柔毛。

复伞房花序顶生于当年生直立新枝上，多花，无毛；花梗长 4~7 mm；苞片披针形或线形，微被短柔毛；花直径 5~6 mm；萼筒钟状，内面密被短柔毛；萼片三角形，先端急尖，内面近先端有短柔毛；花瓣卵形，先端圆钝，长 2~3 mm，宽 2~2.5 mm，白色，在芽中呈粉红色；雄蕊 25~30，长于花瓣；花盘圆环状，有 8~10 个大小不等的裂片，裂片先端微凹；子房具短柔毛，花柱短于雄蕊。蓇葖果几直立，开张，无毛或仅沿腹缝有短柔毛，花柱顶生，直立或稍倾斜，常具反折萼片。花期 6 月，果期 7~8 月。

毛花绣线菊

拉丁学名：*Spiraea dasyantha* Bge.　灌木，小枝细瘦，呈明显的之字形弯曲，幼时密被绒毛，老时无毛，灰褐色；冬芽形小，卵形，先端急尖，幼时被柔毛，具数枚棕褐色鳞片。叶片菱状卵形，长 2~4.5 cm，宽 1.5~3 cm，先端急尖或圆钝，基部楔形，边缘自基部 1/3 以上有深刻锯齿或裂片，上面深绿色，疏生短柔毛，有皱脉纹，下面密被白色绒毛，羽状脉显著；叶柄长 2~5 mm，密被绒毛。

伞形花序具总梗，密被灰白色绒毛，具花 10~20 朵；花梗密集，长 6~10 mm；苞片线形，有绒毛；花直径 4~8 mm；花萼外面密被白色绒毛；萼筒钟状，内面密生柔毛；萼片三角形或卵状三角形，内面具柔毛；花瓣宽倒卵形至近圆形，先端微凹，长与宽均为 2~3 mm，白色；雄蕊 20~22，长约为花瓣一半；花盘圆环形，具 10 个球形肥厚的裂片。蓇葖果开张，全体被绒毛，花柱倾斜开展，萼片多数直立开张。花期 5~6 月，果期 7~8 月。

野珠兰

拉丁学名：*S. chinensis* Hance.　灌木，叶片卵形至长卵形，长 5~7 cm，宽 2~3 cm，边缘浅裂并有重锯齿，两面无毛或下面沿叶脉稍有柔毛；叶柄长 6~8 mm。疏稀的圆锥花序顶生，总花梗、花梗和萼筒均无毛；花白色，直径约 4 mm。蓇葖果近球形，直径约 2 mm，有疏柔毛。花期 5~6 月，果期 8~9 月。

22 | 豆科

拉丁学名：*Leguminosae* sp.　叶常绿或落叶，通常互生，常为一回或二回羽状复叶，少数为掌状复叶或 3 小叶、单小叶，或单叶，罕可变为叶状柄，叶具叶柄或无；托叶有或无，有时叶状或变为棘刺。花两性，辐射对称或两侧对称，通常排成总状花序、聚伞花序、穗状花序、头状花序或圆锥花序；花被 2 轮；萼片 3~5，分离或连合成管，有时二唇形。

合欢

拉丁学名：*Albizia julibrissin* Durazz.　落叶乔木，树干灰黑色；嫩枝、花序和叶轴被绒毛或短柔毛。托叶线状披针形，较小叶小，早落；二回羽状复叶，互生；总叶柄长 3~5 cm，总花柄近基部及最顶 1 对羽片着生处各有 1 枚腺体；羽片 4~12 对，栽培的有时达 20 对；

小叶 10 ~ 30 对,线形至长圆形,长 6 ~ 12 mm,向上偏斜,先端有小尖头,有缘毛,有时在下面或仅中脉上有短柔毛;中脉紧靠上边缘。

头状花序在枝顶排成圆锥花序;花粉红色;花萼管状,长约 3 mm;花冠长约 8 mm,裂片三角形,花萼、花冠外均被短柔毛;雄蕊多数,基部合生,花丝细长。荚果带状,长 9 ~ 15 cm,宽 1.5 ~ 2.5 cm,嫩荚有柔毛,老荚无毛。花期 6 ~ 7 月,果期 8 ~ 10 月。

山合欢

拉丁学名:*Albizia kalkora* (Roxb.) Prain 落叶乔木,小枝棕褐色,羽状复叶互生,羽片 2 ~ 3 对,小叶 5 ~ 14 对,线状长圆形,长 1.5 ~ 4.5 cm,宽 1 ~ 1.8 cm,顶端圆形而有细尖,基部近圆形,偏斜,中脉显著偏向叶片的上侧,两面密生短柔毛。头状花序,2 ~ 3 个生于上部叶腋或多个排成顶生伞房状;花丝白色。荚果长 7 ~ 17 cm,宽 1.5 ~ 3 cm,深棕色;种子 4 ~ 12 颗。花期 5 ~ 7 月,果期 9 ~ 11 月。

紫穗槐

拉丁学名:*Amorpha fruticosa* Linn. 落叶灌木,丛生,小枝灰褐色,被疏毛,后变无毛,嫩枝密被短柔毛。叶互生,奇数羽状复叶,长 10 ~ 15 cm,有小叶 11 ~ 25 片,基部有线形托叶;叶柄长 1 ~ 2 cm;小叶卵形或椭圆形,长 1 ~ 4 cm,宽 0.6 ~ 2.0 cm,先端圆形,锐尖或微凹,有一短而弯曲的尖刺,基部宽楔形或圆形,上面无毛或被疏毛,下面有白色短柔毛,具黑色腺点。

穗状花序常 1 至数个,顶生和枝端腋生,长 7 ~ 15 cm,密被短柔毛;花有短梗;苞片长 3 ~ 4 mm;花萼长 2 ~ 3 mm,被疏毛或几无毛,萼齿三角形,较萼筒短;旗瓣心形,紫色,无翼瓣和龙骨瓣;雄蕊 10,下部合生成鞘,上部分裂,包于旗瓣之中,伸出花冠外。荚果下垂,长 6 ~ 10 mm,宽 2 ~ 3 mm,微弯曲,顶端具小尖,棕褐色,表面有突起的疣状腺点。花、果期 5 ~ 10 月。

云实

拉丁学名:*Caesalpinia decapetala* (Roth) Alston 藤本;树皮暗红色;枝、叶轴和花序均被柔毛和钩刺。二回羽状复叶长 20 ~ 30 cm;羽片 3 ~ 10 对,对生,具柄,基部有刺 1 对;小叶 8 ~ 12 对,膜质,长圆形,长 10 ~ 25 mm,宽 6 ~ 12 mm,两端近圆钝,两面均被短柔毛,老时渐无毛;托叶小,斜卵形,先端渐尖,早落。总状花序顶生,直立,长 15 ~ 30 cm,具多花;总花梗多刺;花梗长 3 ~ 4 cm,被毛,在花萼下具关节,故花易脱落;萼片 5,长圆形,被短柔毛;花瓣黄色,膜质,圆形或倒卵形,长 10 ~ 12 mm,盛开时反卷,基部具短柄;雄蕊与花瓣近等长,花丝基部扁平,下部被绵毛;子房无毛。荚果长圆状舌形,长 6 ~ 12 cm,宽 2.5 ~ 3 cm,脆革质,栗褐色,无毛,有光泽,沿腹缝线膨胀成狭翅,成熟时沿腹缝线开裂,先端具尖喙;种子 6 ~ 9 粒,椭圆状,长约 11 mm,宽约 6 mm,种皮棕色。花、果期 4 ~ 10 月。

杭子梢

拉丁学名:*Campylotropis macrocarpa* (Bge.) Rehd. 灌木,小枝贴生或近贴生短柔毛

或长柔毛,嫩枝毛密,少有具绒毛,老枝常无毛。羽状复叶具 3 小叶;托叶狭三角形、披针形或披针状钻形,长 3 ~ 6 mm;叶柄长 1.5 ~ 3.5 cm,稍密生短柔毛或长柔毛,少为毛少或无毛,枝上部叶柄常较短,有时长不及 1 cm;小叶椭圆形或宽椭圆形,有时过渡为长圆形,长 3 ~ 7 cm,宽 1.5 ~ 4 cm,先端圆形、钝或微凹,具小凸尖,基部圆形,上面通常无毛,脉明显,下面通常贴生或近贴生短柔毛或长柔毛,疏生至密生,中脉明显隆起,毛较密。花序连总花梗长 4 ~ 10 cm,总花梗长 1 ~ 4 cm,花序轴密生开展的短柔毛;苞片卵状披针形,早落或花后逐渐脱落,小苞片近线形或披针形,长 1 ~ 1.5 mm,早落;花梗长 6 ~ 12 mm,具开展的微柔毛或短柔毛,极稀贴生毛。荚果长圆形、近长圆形或椭圆形,长 9 ~ 14 mm,宽 4.5 ~ 5.5 mm,先端具短喙尖。花、果期 5 ~ 10 月。

锦鸡儿

拉丁学名:*Caragana sinica*(Buchoz)Rehd. 灌木,树皮深褐色;小枝有棱,无毛。托叶三角形,硬化成针刺,长 5 ~ 7 mm;叶轴脱落或硬化成针刺,针刺长 7 ~ 15 mm;小叶 2 对,羽状,有时假掌状,上部 1 对常较下部的为大,厚革质或硬纸质,倒卵形或长圆状倒卵形,长 1 ~ 3.5 cm,宽 5 ~ 15 mm,先端圆形或微缺,具刺尖或无刺尖,基部楔形或宽楔形,上面深绿色,下面淡绿色。

花单生,花梗长 1 cm,中部有关节;花萼钟状,长 12 ~ 14 mm,宽 6 ~ 9 mm,基部偏斜;花冠黄色,常带红色,长 2.8 ~ 3 cm,旗瓣狭倒卵形,具短瓣柄,翼瓣稍长于旗瓣,瓣柄与瓣片近等长,耳短小,龙骨瓣宽钝;子房无毛。荚果圆筒状,长 3 ~ 3.5 cm,宽约 5 mm。花期 4 ~ 5 月,果期 7 月。

金雀儿

拉丁学名:*Cytisus scoparius*(Linn.)Link 灌木,枝丛生,直立,分枝细长,无毛,具纵长的细棱。上部常为单叶,下部为掌状三出复叶;具短柄;托叶小,通常不明显或无;小叶倒卵形至椭圆形全缘,长 5 ~ 15 mm,宽 3 ~ 5 mm,茎上部的单叶更小,先端钝圆,基部渐狭至短柄,上面无毛或近无毛。花单生于上部叶腋,于枝梢排成总状花序,基部有苞片状叶;花梗细,长约 1 cm;无小苞片;萼二唇形,无毛,通常粉白色,长约 4 mm,萼甚细短,上唇 3 短尖,下唇 3 短尖;花冠鲜黄色,无毛,长 1.5 ~ 2.5 cm,旗瓣卵形至圆形,先端微凹,翼瓣与旗瓣等长,钝头,龙骨瓣阔,弯头;雄蕊单体,花药二型;花柱细,伸出花冠并向内旋曲,长达 2 cm。荚果扁平,阔线形,长 4 ~ 5 cm,宽约 1 cm,缝线上被长柔毛;有多数种子。种子椭圆形,长约 3 mm,灰黄色。花期 5 ~ 7 月。

紫荆

拉丁学名:*Cercis chinensis* Bunge 丛生或单生灌木,高 2 ~ 5 m;树皮和小枝灰白色。叶纸质,近圆形或三角状圆形,长 5 ~ 10 cm,宽与长相当或略短于长,先端急尖,基部浅至深心形,两面通常无毛,嫩叶绿色,仅叶柄略带紫色,叶缘膜质透明,新鲜时明显可见。花紫红色或粉红色,2 ~ 10 余朵成束,簇生于老枝和主干上,尤以主干上花束较多,越到上部幼嫩枝条则花越少,通常先于叶开放,但嫩枝或幼株上的花则与叶同时开放,花长 1 ~ 1.3

cm;花梗长 3 ~ 9 mm;龙骨瓣基部具深紫色斑纹。

荚果扁狭长,绿色,长 4 ~ 8 cm,宽 1 ~ 1.2 cm,翅宽约 1.5 mm,先端急尖或短渐尖,喙细而弯曲,基部长渐尖,两侧缝线对称或近对称;种子 2 ~ 6 粒,阔长圆形,长 5 ~ 6 mm,宽约 4 mm,黑褐色,光亮。花期 3 ~ 4 月,果期 8 ~ 10 月。

香槐

拉丁学名:*Cladrastis wilsonii* Takeda　落叶乔木,树皮灰色或灰褐色,平滑,具皮孔。奇数羽状复叶;小叶 4 ~ 5 对,纸质,互生,卵形或长圆状卵形,顶生小叶较大,有时呈倒卵状,长 6 ~ 10 cm,宽 2 ~ 4 cm,先端急尖,基部宽楔形,上面深绿色,无毛,下面苍白色,沿中脉被金黄色疏柔毛,叶脉两面均隆起,中脉稍偏向一侧,侧脉 10 ~ 13 对;小叶柄长 4 ~ 5 mm,叶轴和小叶柄初被白色柔毛,旋即脱净;无小托叶。圆锥花序顶生或腋生,长 10 ~ 20 cm,宽 10 ~ 13 cm;花长 1.8 ~ 2 cm;苞片早落;花萼钟形,长约 6 mm,萼片三角形,与花梗同被黄棕色或锈色短茸毛;花冠白色,旗瓣椭圆形或卵状椭圆形,长 14 ~ 18 mm,宽 9 ~ 13 mm,先端圆或微凹,基部具短柄,翼瓣箭形。荚果长圆形,扁平,长 5 ~ 8 cm,宽 0.8 ~ 1 cm,先端圆形,具喙尖,基部渐狭,两侧无翅,稍增厚,有种子 2 ~ 4 粒;种子肾形,种脐微凹,种皮灰褐色。花期 5 ~ 7 月,果期 8 ~ 9 月。

黄檀

拉丁学名:*Dalbergia hupeana* Hance.　乔木,树皮暗灰色,呈薄片状剥落。幼枝淡绿色,无毛。羽状复叶长 15 ~ 25 cm;小叶 3 ~ 5 对,近革质,椭圆形至长圆状椭圆形,长 3.5 ~ 6 cm,宽 2.5 ~ 4 cm,先端钝或稍凹入,基部圆形或阔楔形,两面无毛,细脉隆起,上面有光泽。

圆锥花序顶生或生丁最上部的叶腋间,连总花梗长 15 ~ 20 cm,径 10 ~ 20 cm,疏被锈色短柔毛;花密集,长 6 ~ 7 mm;花梗长约 5 mm,与花萼同疏被锈色柔毛;基生和副萼状小苞片卵形,被柔毛,脱落;花萼钟状,长 2 ~ 3 mm,萼齿 5,上方 2 枚阔圆形,近合生,侧方的卵形,最下一枚披针形,雄蕊 10。荚果长圆形或阔舌状,长 4 ~ 7 cm,宽 13 ~ 15 mm,顶端急尖,基部渐狭成果颈,果瓣薄革质,种子部分有网纹,有 1 ~ 2 粒种子;种子肾形,长 7 ~ 14 mm,宽 5 ~ 9 mm。花期 5 ~ 7 月。

小槐花

拉丁学名:*Desmodium caudatum*　直立灌木,树皮灰褐色,分枝多,上部分枝略被柔毛。叶为羽状三出复叶,小叶 3;托叶披针状线形,长 5 ~ 10 mm,基部宽约 1 mm,具条纹,宿存,叶柄长 1.5 ~ 4 cm,扁平,较厚,上面具深沟,多少被柔毛,两侧具极窄的翅;小叶近革质或纸质,顶生小叶披针形或长圆形,长 5 ~ 9 cm,宽 1.5 ~ 2.5 cm,侧生小叶较小,先端渐尖,急尖或短渐尖,基部楔形,全缘,上面绿色,有光泽,疏被极短柔毛,老时渐变无毛,下面疏被贴伏短柔毛,中脉上毛较密,侧脉每边 10 ~ 12 条,不达叶缘;小托叶丝状,长 2 ~ 5 mm;小叶柄长达 14 mm,总状花序顶生或腋生,长 5 ~ 30 cm,花序轴密被柔毛并混生小钩状毛,每节生 2 花;苞片钻形,长约 3 mm;花梗长 3 ~ 4 mm,密被贴伏柔毛;花萼窄钟形,长

3.5~4 mm,被贴伏柔毛和钩状毛,裂片披针形,上部裂片先端微 2 裂;雄蕊二体;雌蕊长约 7 mm,子房在缝线上密被贴伏柔毛。荚果线形,扁平,长 5~7 cm,稍弯曲,被伸展的钩状毛,腹背缝线浅缢缩,有荚节 4~8,荚节长椭圆形,长 9~12 mm,宽约 3 mm。花期 7~9 月,果期 9~11 月。

肥皂荚

拉丁学名:*Gymnocladus chinensis* Baill. 落叶乔木,无刺,树皮灰褐色,具明显的白色皮孔;当年生小枝被锈色或白色短柔毛,后变光滑无毛。二回偶数羽状复叶长 20~25 cm,无托叶;叶轴具槽,被短柔毛;羽片对生、近对生或互生,5~10 对;小叶互生,8~12 对,几无柄,具钻形的小托叶,小叶片长圆形,长 2.5~5 cm,宽 1~1.5 cm,两端圆钝,先端有时微凹,基部稍斜,两面被绢质柔毛。总状花序顶生,被短柔毛;花杂性,白色或带紫色,有长梗,下垂;苞片小或消失;花托深凹,长 5~6 mm,被短柔毛;萼片钻形,较花托稍短;花瓣长圆形,先端钝,较萼片稍长,被硬毛;花丝被柔毛。果长圆形,长 7~10 cm,宽 3~4 cm,扁平或膨胀,无毛,顶端有短喙,有种子 2~4 粒;种子近球形而稍扁,直径约 2 cm,黑色,平滑无毛。8 月间结果。

山皂荚

拉丁学名:*Gleditsia japonica* Miq. 落叶乔木或小乔木,小枝紫褐色或脱皮后呈灰绿色,微有棱,具分散的白色皮孔,光滑无毛;刺略扁,粗壮,紫褐色至棕黑色,常分枝,长 2~15 cm。叶为一回或二回羽状复叶,长 11~25 cm;小叶 3~10 对,纸质至厚纸质,卵状长圆形或卵状披针形至长圆形,长 2~7 cm,宽 1~3 cm,先端圆钝,有时微凹,基部阔楔形或圆形,微偏斜,全缘或具波状疏圆齿,上面被短柔毛或无毛,微粗糙,有时有光泽,下面基部及中脉被微柔毛,老时毛脱落;网脉不明显;小叶柄极短。花黄绿色,组成穗状花序;花序腋生或顶生,被短柔毛,雄花序长 8~20 cm,雌花序长 5~16 cm。雄花:直径 5~6 mm;花托长约 1.5 mm,深棕色,外面密被褐色短柔毛;萼片 3~4,三角状披针形,两面均被柔毛;花瓣 4,椭圆形,被柔毛;雄蕊 6~8。雌花:直径 5~6 mm;萼片和花瓣均为 4~5 片,形状与雄花的相似,长约 3 mm。荚果带形,扁平,长 20~35 cm,宽 2~4 cm,不规则旋扭或弯曲作镰刀状;种子多数,椭圆形,长 9~10 mm,宽 5~7 mm,深棕色,光滑。花期 4~6 月,果期 6~11 月。

多花木蓝

拉丁学名:*Indigofera amblyantha* Craib. 直立灌木,少分枝。茎褐色或淡褐色,圆柱形,幼枝禾秆色,具棱,密被白色平贴丁字毛,后变无毛。羽状复叶长达 18 cm;叶柄长 2~5 cm,叶轴上面具浅槽,与叶柄均被平贴丁字毛;托叶微小,三角状披针形;小叶 3~4 对,对生,形状、大小变异较大,通常为卵状长圆形、长圆状椭圆形、椭圆形或近圆形,长 1~3.7 cm,宽 1~2 cm,先端圆钝,具小尖头,基部楔形或阔楔形,上面绿色,疏生丁字毛,下面苍白色,被毛较密,中脉上面微凹,下面隆起,侧脉 4~6 对,上面隐约可见;小叶柄长约 1.5 mm,被毛;小托叶微小。

总状花序腋生,长达 11 cm,近无总花梗;苞片线形,早落;花梗长 1.5 mm;花萼长 3.5 mm,被白色平贴丁字毛,萼筒长约 1.5 mm,最下萼齿长约 2 mm,两侧萼齿长约 1.5 mm,上方萼齿长约 1 mm;花冠淡红色,旗瓣倒阔卵形,长 6 ~ 6.5 mm;荚果棕褐色,线状圆柱形,长 3.5 ~ 6 cm;种子褐色,长圆形,长约 2.5 mm。花期 5 ~ 7 月,果期 9 ~ 11 月。

苏木蓝

拉丁学名:*Indigofera carlesii* Craib. 灌木,茎直立,幼枝具棱,后成圆柱形,幼时疏生白色丁字毛。羽状复叶长 7 ~ 20 cm;叶柄长 1.5 ~ 3.5 cm,叶轴上面有浅槽,被紧贴白色丁字毛,后多少变无毛;托叶线状披针形,长 0.7 ~ 1 cm,早落;小叶 2 ~ 4 对,对生,坚纸质,椭圆形或卵状椭圆形,长 2 ~ 5 cm,宽 1 ~ 3 cm,先端钝圆,有针状小尖头,基部圆钝或阔楔形,上面绿色,下面灰绿色,两面密被白色短丁字毛,中脉上面凹入,下面隆起,侧脉 6 ~ 10 对,下面较上面明显;小叶柄长 2 ~ 4 mm;小托叶钻形,与小叶柄等长或略长,均被白色毛。总状花序长 10 ~ 20 cm;总花梗长约 1.5 cm,花序轴有棱,被疏短丁字毛;苞片卵形,长 2 ~ 4 mm,早落;花梗长 2 ~ 4 mm;花萼杯状,长 4 ~ 4.5 mm,外面被白色丁字毛,萼齿披针形,下萼齿与萼筒等长;花冠粉红色或玫瑰红色,旗瓣近椭圆形;花药卵形,两端有毛;子房无毛。荚果褐色,线状圆柱形,长 4 ~ 6 cm,顶端渐尖,近无毛,果瓣开裂后旋卷,内果皮具紫色斑点;果梗平展。花期 4 ~ 6 月,果期 8 ~ 10 月。

本氏木兰

拉丁学名:*Indigofera bungeana* 灌木,枝条有白色丁字毛。羽状复叶;小叶 7 ~ 9 个,矩圆形或倒卵状矩圆形,长 5 ~ 15 mm,宽 3 ~ 10 mm,先端骤尖,基部圆形,两面有白色丁字毛;叶柄、小叶柄有白色丁字毛。总状花序腋生,较叶长,花冠紫色或紫红色,长约 4 mm,外面有毛。荚果圆柱形,长 2.5 ~ 3 cm,宽约 3 mm,褐色,种子椭圆形。

华东木蓝

拉丁学名:*Indigofera fortunei* Craib. 灌木,茎直立,灰褐色或灰色,分枝有棱,无毛。羽状复叶长 10 ~ 15 cm;叶柄长 1.5 ~ 4 cm,叶轴上面具浅槽,叶轴和小柄均无毛;托叶线状披针形,长 3.5 ~ 4 mm,早落;小叶 3 ~ 7 对,对生,间有互生,卵形、阔卵形、卵状椭圆形或卵状披针形,长 1.5 ~ 2.5 cm,宽 0.8 ~ 2.8 cm,先端钝圆或急尖,微凹,有长约 2 mm 的小尖头,基部圆形或阔楔形,幼时在下面中脉及边缘疏被丁字毛,后脱落变无毛,中脉上面凹入,下面隆起,细脉明显;小叶柄长约 1 mm;小托叶钻形,与小叶柄等长或较长。总状花序长 8 ~ 18 cm,总花梗长达 3 cm,常短于叶柄,无毛;苞片卵形,早落;花梗长达 3 mm;花萼斜杯状,长约 2.5 mm,外面疏生丁字毛,萼齿三角形,长约 0.5 mm,最下萼齿稍长;花冠紫红色或粉红色,旗瓣倒阔卵形,长 10 ~ 11.5 mm,宽 6 ~ 8.5 mm,先端微凹,外面密生短柔毛;花药阔卵形,顶端有小凸尖,两端有毛。荚果褐色,线状圆柱形,长 3 ~ 4 cm,无毛,开裂后果瓣旋卷。内果皮具斑点。花期 4 ~ 5 月,果期 5 ~ 9 月。

花木蓝

拉丁学名:*Indigofera Kirilowii* Maxim. ex Palibin　小灌木,茎圆柱形,无毛,幼枝有棱,疏生白色丁字毛。羽状复叶长 6~15 cm;叶柄长 1~2.5 cm,叶轴上面略扁平,有浅槽,被毛或近无毛;托叶披针形,长 4~6 mm,早落;小叶 3~5 对,对生,阔卵形、卵状菱形或椭圆形,长 1.5~4 cm,宽 1~2.3 cm,先端圆钝或急尖,具长的小尖头,基部楔形或阔楔形,上面绿色,下面粉绿色,两面散生白色丁字毛,中脉上面微隆起,下面隆起,侧脉两面明显;小叶柄长约 2.5 mm,密生毛;小托叶钻形,长 2~3 mm,宿存。总状花序长 5~12 cm,疏花;总花梗长 1~2.5 cm,花序轴有棱,疏生白色丁字毛;苞片线状披针形,长 2~5 mm;花梗长 3~5 mm,无毛;花冠淡红色,花瓣近等长,旗瓣椭圆形,长 12~15 mm,宽约 7.5 mm,先端圆形,外面无毛,边缘有短毛,翼瓣边缘有毛;花药阔卵形,两端有毛。荚果棕褐色,圆柱形,长 3.5~7 cm,径约 5 mm,无毛,内果皮有紫色斑点,有种子 10 余粒;果梗平展;种子赤褐色,长圆形,长约 5 mm,径约 2.5 mm。花期 5~7 月,果期 8 月。

马棘

拉丁学名:*Indigofera pseudotinctoria*　小灌木,多分枝。枝细长,幼枝灰褐色,明显有棱,被丁字毛。羽状复叶长 3.5~6 cm;叶柄长 1~1.5 cm,被平贴丁字毛,叶轴上面扁平;托叶小,狭三角形,早落;小叶 3~5 对,对生,椭圆形、倒卵形或倒卵状椭圆形,长 1~2.5 cm,宽 0.5~1.1 cm,先端圆或微凹,有小尖头,基部阔楔形或近圆形,两面有白色丁字毛,有时上面毛脱落;小叶柄长约 1 mm;小托叶微小,钻形或不明显。总状花序,花开后较复叶为长,长 3~11 cm,花密集;总花梗短于叶柄;花萼钟状,外面有白色和棕色平贴丁字毛,萼筒长 1~2 mm,萼齿不等长,与萼筒近等长或略长;花冠淡红色或紫红色,旗瓣倒阔卵形,长 4.5~6.5 mm,先端螺壳状,基部有瓣柄,外面有丁字毛,翼瓣基部有耳状附属物,龙骨瓣近等长,基部具耳;花药圆球形,子房有毛。荚果线状圆柱形,长 2.5~4 cm,径约 3 mm,顶端渐尖,幼时密生短丁字毛,种子间有横膈,仅在横膈上有紫红色斑点;果梗下弯;种子椭圆形。花期 5~8 月,果期 9~10 月。

胡枝子

拉丁学名:*Lespedeza bicolor* Turcz　直立灌木,多分枝,小枝黄色或暗褐色,有条棱,被疏短毛;芽卵形,长 2~3 mm,具数枚黄褐色鳞片。羽状复叶具 3 小叶;托叶 2 枚,线状披针形,长 3~4.5 mm;叶柄长 2~7 cm;小叶质薄,卵形、倒卵形或卵状长圆形,长 1.5~6 cm,宽 1~3.5 cm,先端钝圆或微凹,具短刺尖,基部近圆形或宽楔形,全缘,上面绿色,无毛,下面色淡,被疏柔毛,老时渐无毛。

总状花序腋生,比叶长,常构成大型、较疏松的圆锥花序;总花梗长 4~10 cm;小苞片 2,卵形,长不到 1 cm,先端钝圆或稍尖,黄褐色,被短柔毛;花梗短,密被毛;花萼长约 5 mm,5 浅裂,裂片通常短于萼筒,上方 2 裂片合生成 2 齿,裂片卵形或三角状卵形,先端尖,外面被白毛;花冠红紫色,长约 10 mm,旗瓣倒卵形,先端微凹,翼瓣较短,近长圆形,基部具耳和瓣柄,龙骨瓣与旗瓣近等长,先端钝,基部具较长的瓣柄。荚果斜倒卵形,稍扁,长约 10 mm,宽约 5 mm,表面具网纹,密被短柔毛。花期 7~9 月,果期 9~10 月。

截叶铁扫帚

拉丁学名:*Lespedeza cuneata* (Dum. Cours.) G. Don.　　小灌木,茎直立或斜升,被毛,上部分枝;分枝斜上举。叶密集,柄短;小叶楔形或线状楔形,长 1~3 cm,宽 2~5 mm,先端截形或近截形,具小刺尖,基部楔形,上面近无毛,下面密被伏毛。总状花序腋生,具 2~4 朵花;总花梗极短;小苞片卵形或狭卵形,长 1~1.5 mm,先端渐尖,背面被白色伏毛,边具缘毛;花萼狭钟形,密被伏毛,5 深裂,裂片披针形;花冠淡黄色或白色,旗瓣基部有紫斑,有时龙骨瓣先端带紫色,翼瓣与旗瓣近等长,龙骨瓣稍长;闭锁花簇生于叶腋。荚果宽卵形或近球形,被伏毛,长 2.5~3.5 mm,宽约 2.5 mm。花期 7~8 月,果期 9~10 月。

多花胡枝子

拉丁学名:*Lespedeza floribunda* Bunge　　小灌木,根细长;茎常近基部分枝;枝有条棱,被灰白色绒毛。托叶线形,长 4~5 mm,先端刺芒状;羽状复叶具 3 小叶;小叶具柄,倒卵形、宽倒卵形或长圆形,长 1~1.5 cm、宽 6~9 mm,先端微凹,钝圆或近截形,具小刺尖,基部楔形,上面被疏伏毛,下面密被白色伏柔毛;侧生小叶较小。总状花序腋生;总花梗细长,显著超出叶;花多数;小苞片卵形,先端急尖;花萼长 4~5 mm,被柔毛,上方 2 裂片下部合生,上部分离,裂片披针形或卵状披针形,长 2~3 mm,先端渐尖;花冠紫色、紫红色或蓝紫色,旗瓣椭圆形,长约 8 mm,先端圆形,基部有柄,翼瓣稍短,龙骨瓣长于旗瓣,钝头。荚果宽卵形,长约 7 mm,超出宿存萼,密被柔毛,有网状脉。花期 6~9 月,果期 9~10 月。

美丽胡枝子

拉丁学名:*Lespedeza Formosa* (Vog.) Koehne　　直立灌木,多分枝,枝伸展,被疏柔毛。托叶披针形至线状披针形,长 4~9 mm,褐色,被疏柔毛;叶柄长 1~5 cm;被短柔毛;小叶椭圆形、长圆状椭圆形或卵形,两端稍尖或稍钝,长 2.5~6 cm,宽 1~3 cm,上面绿色,稍被短柔毛,下面淡绿色,贴生短柔毛。

总状花序单一,腋生,比叶长,或构成顶生的圆锥花序;总花梗长可达 10 cm,被短柔毛;苞片卵状渐尖,长 1.5~2 mm,密被绒毛;花梗短,被毛;花萼钟状,长 5~7 mm,5 深裂,裂片长圆状披针形,长为萼筒的 2~4 倍,外面密被短柔毛;花冠红紫色,长 10~15 mm。旗瓣近圆形或稍长,先端圆,基部具明显的耳和瓣柄,翼瓣倒卵状长圆形,短于旗瓣和龙骨瓣,长 7~8 mm,基部有耳和细长瓣柄,龙骨瓣比旗瓣稍长,在花盛开时明显长于旗瓣,基部有耳和细长瓣柄。荚果倒卵形或倒卵状长圆形,长约 8 mm,宽约 4 mm,表面具网纹且被疏柔毛。花期 7~9 月,果期 9~10 月。

达呼里胡枝子

拉丁学名:*Lespedeza davurica*　　草本状灌木,枝直立、斜生或平卧,具短柔毛。三出羽状复叶,顶生小叶披针状长圆形,先端钝圆有短尖,基部圆形,上面无毛,下面密生短柔毛,侧生小叶较小,叶柄短。总状花序,腋生,比叶短。花冠黄绿色,有时基部带紫色,长约 1

cm。无瓣花簇生于下部叶腋。荚果,倒卵状长圆形,有白色柔毛。花期5~7月,果期6~9月。

铁马鞭

拉丁学名:*Rhamnus aurea* Heppeler　多刺矮小灌木,幼枝和当年生枝被细短柔毛,小枝粗糙,灰褐色或黑褐色,互生或兼近对生,枝端具针刺。叶纸质或近革质,互生或在短枝上簇生,椭圆形、倒卵状椭圆形或倒卵形,长1~2 cm,宽0.5~1 cm,顶端钝或圆形,基部楔形,边缘常反卷,具细锯齿,上面被短柔毛,下面特别沿脉被基部疣状的密短柔毛,干时变金黄色,侧脉每边3~4条,上面多少下陷,下面突起;叶柄长1.5~3 mm,密被短柔毛。花单性,雌雄异株,通常3~6朵簇生于短枝端,4基数,花瓣披针形,与雄蕊近等长;雌花花柱2浅裂或半裂;花梗长2~3 mm,有短柔毛。核果近球形,成熟时黑色,直径3~4 mm,具2分核,基部有宿存的萼筒;果梗长2~3 mm,有疏短柔毛;种子棕褐色,有光泽,背面有长为种子3/4~4/5的纵沟。花期4月,果期5~8月。

马鞍树

拉丁学名:*Maackia hupehensis*　乔木,树皮绿灰色或灰黑褐色,平滑。幼枝及芽被灰白色柔毛,老枝紫褐色,毛脱落;芽多少被毛。羽状复叶,长17.5~20 cm;小叶4~6对,上部的对生,下部的近对生,卵形、卵状椭圆形或椭圆形,长2~6.8 cm,宽1.5~2.8 cm,先端钝,基部宽楔形或圆形,上面无毛,下面密被平伏褐色短柔毛,中脉尤密,后逐渐脱落,多少被毛。总状花序长3.5~8 cm,2~6个集生枝梢;总花梗密被淡黄褐色柔毛;花密集,长约10 mm;花梗长2~4 mm,纤细,密被锈褐色毛;苞片锥形,长2~3 mm;花萼长3~4 mm,萼齿5,其中2齿较浅,萼外面密被锈褐色柔毛;花冠白色,旗瓣圆形或椭圆形,长约6 mm,龙骨瓣基部一侧有耳,长达9 mm,宽约3.5 mm;子房密被白色长柔毛,胚珠6粒。荚果阔椭圆形或长椭圆形,扁平,褐色,长4.5~8.4 cm,宽1.6~2.5 cm,其中翅宽2~5 mm,幼时果瓣外面被毛,后脱落,果梗长5~7 mm,与果序均密生淡褐色毛;种子椭圆状微肾形,黄褐色有光泽。花期6~7月,果期8~9月。

光叶马鞍树

拉丁学名:*Maackia tenuifolia*(Hemsl.)hand.~mazz.　灌木或小乔木,树皮灰色。小枝幼时绿色,有紫褐色斑点,被淡褐色柔毛,在芽和叶柄基部的膨大部分最密,后变为棕紫色,无毛或有疏毛;芽密被褐色柔毛。奇数羽状复叶,长12~16.5 cm;叶轴有灰白色疏毛,在叶轴顶端1对小叶处延长2.4~3 cm顶生小叶;小叶2~3对,顶生小叶倒卵形、菱形或椭圆形,长达10 cm,宽约6 cm,先端长渐尖,基部楔形或圆形,侧小叶对生,椭圆形或长椭圆状卵形,长4~9.5 cm,宽2~4.5 cm,先端渐尖,基部楔形,幼时上面有疏毛,下面在叶缘和中脉密被短柔毛,后变无毛,或仅中脉有柔毛,叶脉两面隆起,细脉明显;几无叶柄。总状花序顶生,长6~10.5 cm;花稀疏,大型,长约2 cm;花梗长8~12 mm,纤细;花萼圆筒形,长约8 mm,萼齿短,边缘有灰色短毛;花冠绿白色;雌蕊密被淡黄褐色短柔毛,长约12 mm,具柄。荚果线形,长5.5~10 cm,宽9~14 mm,微弯成镰状,压扁,果颈长

5 ~ 15 mm,无翅,褐色,密被长柔毛;果梗长约 1 cm;种子肾形,压扁,种皮淡红色。花期 4 ~ 5 月,果期 8 ~ 9 月。

野葛

拉丁学名:*Pueraria lobata*(Willd.)Ohwi 灌木状缠线藤本。枝纤细,薄被短柔毛或变无毛。叶大,偏斜;托叶基着,披针形,早落;小托叶小,刚毛状。顶生小叶倒卵形,长 10 ~ 13 cm,先端尾状渐尖,基部三角形,全缘,上面绿色,无毛,下面灰色,被疏毛。总状花序长达 15 cm,常簇生或排圆锥花序式,总花梗长,纤细,花梗纤细,簇生于花序每节上;花萼长约 4 mm,近无毛,膜质,萼齿有时消失,有时宽。花冠淡红色,旗瓣倒卵形,长约 1.2 cm,基部渐狭成短瓣柄,无耳或有一极细而内弯的耳,具短附属体,翼瓣较稍弯曲的龙骨瓣为短,龙骨瓣与旗瓣相等;对旗瓣的 1 枚雄蕊仅基部离生,其余部分和雄蕊管连合。荚果直,长 7.5 ~ 12.5 cm,宽 6 ~ 12 mm,无毛,果瓣近骨质。花期 9 ~ 10 月。

刺槐

拉丁学名:*Robinia pseudoacacia* Linn. 落叶乔木,树皮灰褐色至黑褐色,浅裂至深纵裂。小枝灰褐色,幼时有棱脊,微被毛,后无毛;具托叶刺,长达 2 cm;冬芽小,被毛。羽状复叶长 10 ~ 25 cm;叶轴上面具沟槽;小叶 2 ~ 12 对,常对生,椭圆形、长椭圆形或卵形,长 2 ~ 5 cm,宽 1.5 ~ 2.2 cm,先端圆,微凹,具小尖头,基部圆形至阔楔形,全缘,上面绿色,下面灰绿色,幼时被短柔毛,后变无毛;小叶柄长 1 ~ 3 mm;小托叶针芒状。

总状花序腋生,长 10 ~ 20 cm,下垂,花多数,芳香;苞片早落;花梗长 7 ~ 8 mm;花萼斜钟状,长 7 ~ 9 mm,萼齿 5,三角形至卵状三角形,密被柔毛;花冠白色,各瓣均具瓣柄,旗瓣近圆形,长约 16 mm,宽约 19 mm,先端凹缺,基部圆形,反折,内有黄斑,翼瓣斜倒卵形,与旗瓣几等长,长约 16 mm,基部一侧具圆耳,龙骨瓣镰状,三角形,与翼瓣等长或稍短,前缘合生,先端钝尖;雄蕊二体,对旗瓣的 1 枚分离。

荚果褐色,或具红褐色斑纹,线状长圆形,长 5 ~ 12 cm,宽 1 ~ 1.3 cm,扁平,先端上弯,具尖头,果颈短,沿腹缝线具狭翅;花萼宿存,有种子 2 ~ 15 粒;种子褐色至黑褐色,微具光泽,有时具斑纹,近肾形,长 5 ~ 6 mm,宽约 3 mm,种脐圆形,偏于一端。花期 4 ~ 6 月,果期 8 ~ 9 月。

槐树

拉丁学名:*Sophora japonica* Linn. 乔木,树皮灰褐色,具纵裂纹。当年生枝绿色,无毛。羽状复叶长达 25 cm;叶轴初被疏柔毛,旋即脱净;叶柄基部膨大,包裹着芽;托叶形状多变,有时呈卵形,叶状,有时呈线形或钻状,早落;小叶 4 ~ 7 对,对生或近互生,纸质,卵状披针形或卵状长圆形,长 2.5 ~ 6 cm,宽 1.5 ~ 3 cm,先端渐尖,具小尖头,基部宽楔形或近圆形,稍偏斜,下面灰白色,初被疏短柔毛,旋变无毛;小托叶 2 枚,钻状。

圆锥花序顶生,常呈金字塔形,长达 30 cm;花梗比花萼短;小苞片 2 枚,形似小托叶;花萼浅钟状,长约 4 mm,萼齿 5,近等大,圆形或钝三角形,被灰白色短柔毛,萼管近无毛;花冠白色或淡黄色,旗瓣近圆形,长和宽均为 11 mm,具短柄,有紫色脉纹,先端微缺,基部浅心形,翼瓣卵状长圆形,长约 10 mm,宽约 4 mm,先端浑圆,基部斜戟形,无皱褶,龙骨瓣阔卵状长圆形,与翼瓣等长,宽达 6 mm;雄蕊近分离,宿存;子房近无毛。荚果串珠状,长 2.5~5 cm 或稍长,径约 10 mm,种子间缢缩不明显,种子排列较紧密,具肉质果皮,成熟后不开裂,具种子 1~6 粒;种子卵球形,淡黄绿色,干后黑褐色。花期 6~7 月,果期 8~10 月。

紫藤

拉丁学名:*Wisteria sinensis*(Sims)Sweet 落叶藤本。茎右旋,枝较粗壮,嫩枝被白色柔毛,后秃净;冬芽卵形。奇数羽状复叶长 15~25 cm;托叶线形,早落;小叶 3~6 对,纸质,卵状椭圆形至卵状披针形,上部小叶较大,基部 1 对最小,长 5~8 cm,宽 2~4 cm,先端渐尖至尾尖,基部钝圆或楔形,或歪斜,嫩叶两面被平伏毛,后秃净;小叶柄长 3~4 mm,被柔毛;小托叶刺毛状,长 4~5 mm,宿存。

总状花序发自种植一年生短枝的腋芽或顶芽,长 15~30 cm,径 8~10 cm,花序轴被白色柔毛;苞片披针形,早落;花长 2~2.5 cm,芳香;花梗细,长 2~3 cm;花萼杯状,长 5~6 mm,宽 7~8 mm,密被细绢毛,上方 2 齿甚钝,下方 3 齿卵状三角形;花冠被细绢毛,上方 2 齿甚钝,下方 3 齿卵状三角形;花冠紫色。荚果倒披针形,长 10~15 cm,宽 1.5~2 cm,密被绒毛,悬垂枝上不脱落,有种子 1~3 粒;种子褐色,具光泽,圆形,宽约 1.5 cm,扁平。花期 4 月中旬至 5 月上旬,果期 5~8 月。

23 亚麻科

拉丁学名:*Linaceae* 草本或木本。叶互生或轮生,花两性,5 基数,花瓣旋转排列,雄蕊 5~10 枚,常有 5 枚不育,花丝基部合生。蒴果或核果。花粉粒近扁球形至长球形。

石海椒

拉丁学名:*Reinwardtia indica* Dumort. 灌木,树皮灰色,无毛,枝干后有纵沟纹。叶纸质,椭圆形或倒卵状椭圆形,长 2~8.8 cm,宽 0.7~3.5 cm,先端急尖或近圆形,有短尖,基部楔形,全缘或有圆齿状锯齿,表面深绿色,背面浅绿色,干后表面灰褐色,背面灰绿色,背面中脉稍凸;叶柄长 8~25 mm;托叶小,早落。

花序顶生或腋生,或单花腋生;花有大有小,直径 1.4~3 cm;萼片 5,分离,披针形,长 9~12 mm,宽约 3 mm,宿存;同一植株上的花的花瓣有 5 片或 4 片,黄色,分离,旋转排列,长 1.7~3 cm,宽约 1.3 cm,早萎;雄蕊 5,长约 13 mm,花丝下部两侧扩大成翅状或瓣状,基部合生成环,花药长约 2 mm,退化雄蕊 5,锥尖状,与雄蕊互生;腺体 5,与雄蕊环合生;子房 3 室,每室有 2 小室,每小室有胚珠 1 枚;花柱 3 枚,长 7~18 mm,下部合生,柱头头状。蒴果球形,3 裂,每裂瓣有种子 2 粒;种子具膜质翅,翅长稍短于蒴果。花、果期 4~12 月。

24 芸香科

拉丁学名:*Rutaceae*　常绿或落叶乔木,灌木或草本。通常有油点,有或无刺,无托叶。叶互生或对生。单叶或复叶。花两性或单性,辐射对称,很少两侧对称;聚伞花序;萼片4或5片,离生或部分合生;花瓣4或5片,很少2~3片,离生,极少下部合生,覆瓦状排列;雄蕊4或5枚,或为花瓣数的倍数,花丝分离或部分连生成多束或呈环状,花药纵裂,药隔顶端常有油点。

枳

拉丁学名:*Poncirus trifoliata*(L.)Raf　小乔木,树冠伞形或圆头形。枝绿色,嫩枝扁,有纵棱,刺长达4 cm,刺尖干枯状,红褐色,基部扁平。叶柄有狭长的翼叶,通常指状三出叶,很少4~5片小叶,或杂交种的则除3片小叶外尚有2片小叶或单片小叶同时存在,小叶等长或中间的一片较大,长2~5 cm,宽1~3 cm,对称或两侧不对称,叶缘有细钝裂齿或全缘,嫩叶中脉上有细毛。花单朵或成对腋生,一般先叶开放,也有先叶后花的,有完全花及不完全花,后者雄蕊发育,雌蕊萎缩,花有大、小二型,花径3.5~8 cm;萼片长5~7 mm;花瓣白色,匙形,长1.5~3 cm;雄蕊通常20枚,花丝不等长。

果近圆球形或梨形,大小差异较大,通常纵径3~4.5 cm,横径3.5~6 cm,果顶微凹,有环圈,果皮暗黄色,粗糙,也有无环圈,果皮平滑的,油胞小而密,果心充实,瓤囊6~8瓣,汁胞有短柄,果肉含黏液,微有香橼气味,甚酸且苦,带涩味,有种子20~50粒;种子阔卵形,乳白色或乳黄色,有黏液,平滑或间有不明显的细脉纹,长9~12 mm。花期5~6月,果期10~11月。

臭辣吴萸

拉丁学名:*Evodia fargesii* Dode　乔木,树皮平滑,暗灰色,嫩枝紫褐色,散生小皮孔。叶有小叶5~9片,很少11片,小叶斜卵形至斜披针形,长8~16 cm,宽3~7 cm,生于叶轴基部的较小,小叶基部通常一侧圆,另一侧楔尖,两侧甚不对称,叶面无毛,叶背灰绿色,干后带苍灰色,沿中脉两侧有灰白色卷曲长毛,或在脉腋上有卷曲丛毛,油点不显或甚细小且稀少,叶缘波纹状或有细钝齿,叶轴及小叶柄均无毛,侧脉每边8~14条;小叶柄长很少达1 cm。花序顶生,花甚多;5基数;萼片卵形,边缘被短毛;花瓣长约3 mm,腹面被短柔毛;雄花的雄蕊长约5 mm,花丝中部以下被长柔毛,退化雌蕊顶部5深裂,裂瓣被毛;雌花的退化雄蕊甚短,通常难以察见。子房近圆球形,无毛。成熟心皮4~5个,紫红色,干后色较暗淡,每分果瓣有1粒种子;种子长约3 mm,宽约2.5 mm,褐黑色,有光泽。花期6~8月,果期8~10月。

吴茱萸

拉丁学名:*Evodia rutaecarpa*(Juss.)Benth.　常绿灌木或小乔木。有5~11片小叶,

小叶薄至厚纸质,卵形、椭圆形或披针形,长 6 ~ 18 cm,宽 3 ~ 7 cm,叶轴下部的较小,两侧对称或一侧的基部稍偏斜,边全缘或浅波浪状,小叶两面及叶轴被长柔毛,毛密如毡状,或仅中脉两侧被短毛,油点大且多。

花序顶生;雄花序的花彼此疏离,雌花序的花密集或疏离;萼片及花瓣均 5 片,偶有 4 片,镊合排列;雄花花瓣长 3 ~ 4 mm,腹面被疏长毛,退化雌蕊 4 ~ 5 深裂,下部及花丝均被白色长柔毛,雄蕊伸出花瓣之上;雌花花瓣长 4 ~ 5 mm,腹面被毛,退化雄蕊鳞片状或短线状或兼有细小的不育花药。子房及花柱下部被疏长毛。果序宽 3 ~ 12 cm,果密集或疏离,暗紫红色,有大油点,每分果瓣有 1 粒种子;种子近圆球形,一端钝尖,腹面略平坦,长 4 ~ 5 mm,褐黑色,有光泽。花期 4 ~ 6 月,果期 8 ~ 11 月。

野花椒

拉丁学名:*Zanthoxylum simulans* Hance.　　灌木或小乔木;枝干散生基部宽而扁的锐刺,嫩枝及小叶背面沿中脉或仅中脉基部两侧或有时及侧脉均被短柔毛,或各部均无毛。叶有小叶 5 ~ 15 片;叶轴有狭窄的叶质边缘,腹面呈沟状凹陷;小叶对生,无柄或位于叶轴基部的有甚短的小叶柄,卵形、卵状椭圆形或披针形,长 2.5 ~ 7 cm,宽 1.5 ~ 4 cm,两侧略不对称,顶部急尖或短尖,叶面常有刚毛状细刺,中脉凹陷,叶缘有疏离而浅的钝裂齿。

聚花序顶生,长 1 ~ 5 cm;花被片 5 ~ 8 片,狭披针形、宽卵形或近于三角形,大小及形状有时不相同,淡黄绿色;雄花的雄蕊 5 ~ 8 枚,花丝及半圆形突起的退化雌蕊均淡绿色,药隔顶端有 1 干后暗褐黑色的油点;雌花的花被片为狭长披针形;心皮 2 ~ 3 个,花柱斜向背弯。花期 3 ~ 5 月,果期 7 ~ 9。

竹叶椒

拉丁学名:*Zanthoxylum armatum* DC.　　落叶小乔木;茎枝多锐刺,刺基部宽而扁,红褐色,小枝上的刺劲直,水平抽出,小叶背面中脉上常有小刺,仅叶背基部中脉两侧有丛状柔毛,或嫩枝梢及花序轴均被褐锈色短柔毛。叶有小叶 3 ~ 9 片,翼叶明显;小叶对生,通常披针形,长 3 ~ 12 cm,宽 1 ~ 3 cm,两端尖,有时基部宽楔形,干后叶缘略向背卷,叶面稍粗皱;或为椭圆形,长 4 ~ 9 cm,宽 2 ~ 4.5 cm,顶端中央一片最大,基部一对最小;有时为卵形,叶缘有甚小且疏离的裂齿,或近于全缘,仅在齿缝处或沿小叶边缘有油点。小叶柄甚短或无柄。花序近腋生或同时生于侧枝之顶,长 2 ~ 5 cm,有花约 30 朵以内;花被片 6 ~ 8 片,形状与大小几相同;雄花的雄蕊 5 ~ 6 枚,药隔顶端有 1 干后变褐黑色油点;不育雌蕊垫状突起,顶端 2 ~ 3 浅裂;雌花有心皮 2 枚或 3 枚,背部近顶侧各有 1 油点,花柱斜向背弯,不育雄蕊短线状。果紫红色,有微突起少数油点,单个分果瓣径 4 ~ 5 mm;种子径 3 ~ 4 mm,褐黑色。花期 4 ~ 5 月,果期 8 ~ 10 月。

花椒树

拉丁学名:*Zanthoxylum*　　落叶灌木,茎干通常有增大皮刺;茎干上的刺常早落,枝有短刺,小枝上的刺基部宽而扁且呈劲直的长三角形,当年生枝被短柔毛。叶有小叶 5 ~ 13 片,叶轴常有甚狭窄的叶翼;小叶对生,无柄,卵形、椭圆形,位于叶轴顶部的较大,近基部的有时圆形,长 2～7 cm,宽 1～3.5 cm,叶缘有细裂齿,齿缝有油点。其余无或散生肉眼可见的油点,叶背基部中脉两侧有丛毛或小叶两面均被柔毛,中脉在叶面微凹陷,叶背干后常有红褐色斑纹。花序顶生或生于侧枝之顶,花序轴及花梗密被短柔毛或无毛;花被片 6～8 片,黄绿色,形状及大小大致相同;雄的雄蕊 5 枚或多至 8 枚,退化雌蕊顶端叉状浅裂;雌花很少发育雄蕊,有心皮 3 枚或 2 枚,间有 4 个,花柱斜向背弯。果紫红色,单个分果瓣径 4～5 mm,散生微突起的油点,顶端有甚短的芒尖或无;种子长 3.5～4.5 mm。花期 4～5 月,果期 8～9 月。

异叶花椒

拉丁学名:*Zanthoxylum ovalifolium* Wight 落叶乔木;枝灰黑色,嫩枝及芽常有红锈色短柔毛,枝很少有刺。单小叶,指状 3 片小叶、2～5 片小叶或 7～11 片小叶;小叶卵形、椭圆形,有时倒卵形,通常长 4～9 cm,宽 2～3.5 cm,大的长达 20 cm,宽约 7 cm,小的长约 2 cm,宽约 1 cm,顶部钝圆或短尖至渐尖,常有浅凹缺,两侧对称,叶缘有明显的钝裂齿,或有针状小刺,油点多,在放大镜下可见,叶背的最清晰,网状叶脉明显,干后微突起,叶面中脉平坦或微突起,被微柔毛。花序顶生;花被片 6～8 片,大小不相等,形状略不相同,上宽下窄,顶端圆,大的长 2～3 mm;雄花的雄蕊常 6 枚;退化雌蕊垫状;雌花的退化雄蕊 5 或 4 枚。分果瓣紫红色,幼嫩时常被疏短毛,径 6～8 mm;基部有甚短的狭柄,油点稀少,顶侧有短芒尖;种子径 5～7 mm。花期 4～6 月,果期 9～11 月。

刺异叶花椒

拉丁学名:*Z. dimorphophyllum* var. *spinifolium* Rehd. et Wils. 灌木或小乔木,枝粗糙,只稀疏皮刺。单数羽状复叶互生;小叶 1～3 片,革质,宽卵形至长圆形,长 4～12 cm,宽 2～5 cm,先端短渐尖,有时微凹,基部狭楔形,边缘有锯齿或针刺。聚伞状圆锥花序顶生或腋生,长 2～6 cm;花小形,单性,同株;花被片 7～8 片,有时其中 2 片合生,先端分叉,大小不等;雄花雄蕊 4～6,退化心皮圆球形;雌花片具退化雄蕊 4～5。蒴果紫红色。种子球形,直径 4～5 mm,黑色,有光泽。

刺壳花椒

拉丁学名:*Zanthoxylum echinocarpum* Hemsl. 攀缘藤本;嫩枝的髓部大,枝、叶有刺,叶轴上的刺较多,花序轴上的刺长短不均,但劲直,嫩枝、叶轴、小叶柄及小叶叶面中脉均密被短柔毛。叶有小叶 5～11 片,小叶厚纸质,互生,或有部分为对生,卵形、卵状椭圆形或长椭圆形,长 7～13 cm,宽 2.5～5 cm,基部圆形,有时略呈心脏形,全缘或近全缘,在叶缘附近有干后变褐黑色细油点,在放大镜下可见,有时在叶背沿中脉被短柔毛;小叶柄长 2～5 mm。花序腋生,有时兼有顶生;萼片及花瓣均 4 片,萼片淡紫绿色;花瓣长 2～3 mm;雄花的雄蕊 4 枚;雌花有心皮 4 个,花后不久长出短小的芒刺;果梗长 1～3 mm,通常几无果梗;分果瓣密生长短不等且有分枝的刺,刺长可达 1 cm;种子径 6～8 mm,花期 4～5 月,果期 10～12 月。

崖椒

拉丁学名:*Zathoxylum schinifolium* Sieb. et Zacc. 藤木。小叶 11 ~ 23 片,上部的对生,下部的近对生或互生,斜卵形或卵状披针形,长 3.5 ~ 5.5 cm,宽 1.5 ~ 2.3 cm,基部楔形,有时偏斜,两侧不对称,边缘有细锯齿,齿缝有腺点,基部两侧边缘常反卷,先端长,渐狭而钝头,表面绿色,疏生有毛,下面淡黄色,无毛,小叶柄极短,无毛,花绿色,单性异株,顶生伞房状圆锥花序,花萼、花瓣、雄蕊均 5 数,雄花有退化心皮 2 ~ 3 枚,雌花心皮 3 枚,子房上位。果实为 1 ~ 3 个干果合成,表面有腺点。

狭叶花椒

拉丁学名:*Zanthoxylum stenophyllum* Hemsl. 小乔木或灌木;茎枝灰白色,当年生枝淡紫红色,小枝纤细,多刺,刺劲直且长,或弯钩则短小,小叶背面中脉上常有锐刺。叶有小叶 9 ~ 23 片,小叶互生,披针形,长 2 ~ 11 cm,宽 1 ~ 4 cm,或狭长披针形,长 2 ~ 3.5 cm,宽 0.4 ~ 0.7 cm,或卵形,长 8 ~ 16 mm,宽 6 ~ 8 mm,顶部长渐尖或短尖,基部楔尖至近于圆,油点不显,叶缘有锯齿状裂齿,齿缝处有油点,中脉在叶面微突起或平坦,至少下半段被微柔毛,至结果期变为无毛,叶轴腹面微凹陷呈纵沟状,被毛,网状叶脉在叶片两面均微突起;小叶柄长 1 ~ 3 mm,腹面被挺直的短柔毛。伞房状聚伞花序顶生;雄花的花梗长 2 ~ 5 mm;雌花梗长 6 ~ 15 mm,结果时伸长达 30 mm,果梗较短的较粗壮,长的则纤细,紫红色,无毛;萼片及花瓣均 4 片;花瓣长 2.5 ~ 3 mm;雄蕊 4 枚,药隔顶端无油点;退化雌蕊浅盆状,花柱短,不分裂;雌花无退化雄蕊,花柱甚短。果梗长 1 ~ 3 cm,与分果瓣同色;分果瓣淡紫红色或鲜红色,径 4.5 ~ 5 mm,顶端的芒尖长达 2.5 mm,油点干后常凹陷;种子径约 4 mm。花期 5 ~ 6 月,果期 8 ~ 9 月。

25 苦木科

拉丁学名:*Simaroubaceae* 乔木或灌木,树皮有苦味。羽状复叶互生。乔木或灌木,树皮有时极苦。叶互生,羽状复叶,无具腺托叶或托叶易脱落,绝无腺点。花序腋生,总状花序或圆锥花序,花小,单性异株或杂性,萼 3 ~ 5 裂,离生或合成,覆瓦状或镊合状排列,花瓣 3 ~ 5,多半分离,或合生成管,花盘球状或杯状,雄蕊与花瓣同数或为其 2 倍,花丝分离。

臭椿

拉丁学名:*Ailanthus altissima*(Mill.)Swingle 落叶乔木,树皮平滑而有直纹;嫩枝有髓,幼时被黄色或黄褐色柔毛,后脱落。叶为奇数羽状复叶,长 40 ~ 60 cm,叶柄长 7 ~ 13 cm,有小叶 13 ~ 27 对;小叶对生或近对生,纸质,卵状披针形,长 7 ~ 13 cm,宽 2.5 ~ 4 cm,先端长渐尖,基部偏斜,截形或稍圆,两侧各具 1 或 2 个粗锯齿,齿背有腺体 1 个,叶面深绿色,背面灰绿色,揉碎后具臭味。

圆锥花序长 10~30 cm;花淡绿色,萼片 5,覆瓦状排列;花瓣 5,长 2~2.5 mm,基部两侧被硬粗毛;雄蕊 10,花丝基部密被硬粗毛,雄花中的花丝长于花瓣,雌花中的花丝短于花瓣;花药长圆形,心皮 5,花柱黏合,柱头 5 裂。翅果长椭圆形,长 3~4.5 cm,宽 1~1.2 cm;种子位于翅的中间,扁圆形。花期 4~5 月,果期 8~10 月。

毛臭椿

拉丁学名:*Ailanthus giraldii* Dode 落叶乔木,幼枝密被灰白色或灰褐色微柔毛。叶为奇数羽状复叶,长 30~60 cm,有小叶 9~16 对;小叶片阔披针形或镰刀状披针形,长 7~15 cm,宽 2.5~5 cm,先端长渐尖或渐尖,基部楔形,偏斜,两侧各有 1~2 粗齿,齿背有 1 腺体,边缘具浅波状或波状锯齿,侧脉 14~15 对,叶面深绿色,除叶脉被微柔毛外,其余无毛,背面苍绿色,密被白色微柔毛;小叶柄长 3~7 mm,被与叶轴、叶柄相同的微柔毛。花组成圆锥花序,长 20~30 cm。花未见。翅果长 4.5~6 cm,宽 1.5~2 cm。花期 4~5 月,果期 9~10 月。

刺臭椿

拉丁学名:*Ailanthus vilmoriniana* Dode 乔木,幼嫩枝条被软刺。叶为奇数羽状复叶,长 50~90 cm,有小叶 8~17 对;小叶对生或近对生,披针状长椭圆形,长 9~15 cm,宽 3~5 cm,先端渐尖,基部阔楔形或稍带圆形,每侧基部有 2~4 粗锯齿,锯齿背面有腺体,叶面除叶脉有较密柔毛外其余无毛或有微柔毛,背面苍绿色,有短柔毛;叶柄通常紫红色,有时有刺。圆锥花序长约 30 cm。翅果长约 5 cm。

26 楝科

拉丁学名:*Meliaceae* 通常为乔木;小枝常有皮孔。叶互生,通常为 1~3 回羽状复叶,少数为 3 小叶或单叶;无托叶。花小至中等大,辐射对称,两性或杂性,或雌雄异株,通常为圆锥花序,间为总状花序或穗状花序;通常 5 基数;萼浅杯状或短管状,全缘,4~5 齿裂或由 4~5 萼片组成,芽时覆瓦状或镊合状排列。

楝树

拉丁学名:*Melia azedarach* L. 落叶乔木,树皮灰褐色,纵裂。分枝广展,小枝有叶痕。为 2~3 回奇数羽状复叶,长 20~40 cm;小叶对生,卵形、椭圆形至披针形,顶生一片通常略大,长 3~7 cm,宽 2~3 cm,先端短渐尖,基部楔形或宽楔形,多少偏斜,边缘有钝锯齿,幼时被星状毛,后两面均无毛,侧脉每边 12~16 条,广展,向上斜举。

楝树花期很长,有的年份能持续开放一个多月。圆锥花序约与叶等长,无毛或幼时被鳞片状短柔毛;花芳香;花萼 5 深裂,裂片卵形或长圆状卵形,先端急尖,外面被微柔毛;花瓣淡紫色,倒卵状匙形,长约 1 cm,两面均被微柔毛,通常外面较密;雄蕊管紫色,无毛或近无毛,长 7~8 mm,有纵细脉,管口有钻形、2~3 齿裂的狭裂片 10 枚,花药 10 枚,着生于裂片内侧,且与裂片互生,长椭圆形,顶端微凸尖;子房近球形,5～6室,无毛,每室有胚珠2颗,花柱细长,柱头头状,顶端具5齿,不伸出雄蕊管。核果球形至椭圆形,长1～2cm,宽8～15mm,内果皮木质,4～5室,每室有种子1粒;种子椭圆形。花期4～5月,果期10～12月。

香椿

拉丁学名:*Toona sinensis*(A. Juss.)Roem. 乔木;树皮粗糙,深褐色,片状脱落。叶具长柄,偶数羽状复叶,长30～50cm或更长;小叶16～20,对生或互生,纸质,卵状披针形或卵状长椭圆形,长9～15cm,宽2.5～4cm,先端尾尖,基部一侧圆形,另一侧楔形,不对称,边全缘或有疏离的小锯齿,两面均无毛,无斑点,背面常呈粉绿色,侧脉每边18～24条,平展,与中脉几成直角开出,背面略突起;小叶柄长5～10mm。

圆锥花序与叶等长或更长,被稀疏的锈色短柔毛或有时近无毛,小聚伞花序生于短的小枝上,多花;花长4～5mm,具短花梗;花萼5齿裂或浅波状,外面被柔毛,且有睫毛;花瓣5,白色,长圆形,先端钝,长4～5mm,宽2～3mm,无毛;雄蕊10枚,其中5枚能育,5枚退化;花盘无毛,近念珠状;子房圆锥形,有5条细沟纹,无毛,每室有胚珠8颗,花柱比子房长,柱头盘状。蒴果狭椭圆形,长2～3.5cm,深褐色,有小而苍白色的皮孔,果瓣薄;种子基部通常钝,上端有膜质的长翅,下端无翅。花期6～8月,果期10～12月。

27 远志科

拉丁学名:*Polygala* 灌木或乔木。单叶互生、对生或轮生,具柄或无柄,叶片纸质或革质,全缘,具羽状脉;通常无托叶,若有,则为棘刺状或鳞片状。花两性,两侧对称,白色、黄色或紫红色,排成总状花序、圆锥花序或穗状花序,腋生或顶生,具柄或无,基部具苞片或小苞片。

荷包山桂花

拉丁学名:*Polygala arillata* Buch.～Ham. ex D. Don. 灌木或小乔木植物,小枝密被短柔毛,具纵棱;芽密被黄褐色毡毛。单叶互生,叶片纸质,椭圆形、长圆状椭圆形至长圆状披针形,长6.5～14cm,宽2～2.5cm,先端渐尖,基部楔形或钝圆,全缘,具缘毛,叶面绿色,背面淡绿色,两面均疏被短柔毛,沿脉较密,后渐无毛,主脉上面微凹,背面隆起,侧脉5～6对,于边缘附近网结,细脉网状,明显;叶柄长约1cm,被短柔毛。

总状花序与叶对生,下垂,密被短柔毛,长7～10cm,果时长达25cm;花长13～20mm,花梗长约3mm,被短柔毛,基部具三角状渐尖的苞片1枚;萼片5,具缘毛,花后脱落,外面3枚小,不等大,上面1枚深兜状,长8～9mm,侧生2枚卵形,长约5mm,宽约3mm,先端圆形,内萼片2枚,花瓣状,红紫色,长圆状倒卵形,长15～18mm,与花瓣几成直角着生;花瓣3,肥厚,黄色,侧生花瓣长11～15mm,较龙骨瓣短,2/3以下与龙骨瓣合生,基部外侧耳状,龙骨瓣盔状,具丰富条裂的鸡冠状附属物;雄蕊8,花丝长约14mm,子房圆形,压扁,径约 3 mm,具狭翅及缘毛,基部具肉质花盘,花柱长 8~12 mm。

蒴果阔肾形至略心形,浆果状,长约 10 mm,宽约 13 mm,成熟时紫红色,先端微缺,具短尖头,边缘具狭翅及缘毛,果具同心圆状肋。种子球形,棕红色,径约 4 mm,极疏被白色短柔毛,种脐端平截,圆形微突起,亮黑色。花期 5~10 月,果期 6~11 月。

28 大戟科

拉丁学名:*Euphorbiaceae*　乔木、灌木或草本,木质根,通常无刺;常有乳状汁液,白色。叶互生,少有对生或轮生,单叶,或叶退化呈鳞片状,边缘全缘或有锯齿;具羽状脉或掌状脉;叶柄长至极短,基部或顶端有时具有 1~2 个腺体;托叶 2,着生于叶柄的基部两侧,早落或宿存,脱落后具环状托叶痕。

山麻杆

拉丁学名:*Alchornea davidii* Franch　落叶灌木,嫩枝被灰白色短绒毛,一年生小枝具微柔毛。叶薄纸质,阔卵形或近圆形,长 8~15 cm,宽 7~14 cm,顶端渐尖,基部心形、浅心形或近截平,边缘具粗锯齿或具细齿,齿端具腺体,上面沿叶脉具短柔毛,下面被短柔毛,基部具斑状腺体 2 或 4 个;基出脉 3 条;小托叶线状,长 3~4 mm,具短毛;叶柄长 2~10 cm,具短柔毛,托叶披针形,长 6~8 mm,基部宽 1~1.5 mm,具短毛,早落。雌雄异株,雄花序穗状,1~3 个生于一年生枝已落叶腋部,长 1.5~2.5 cm,花序梗几无,呈葇荑花序状,苞片卵形,顶端近急尖,具柔毛,未开花时覆瓦状密生,雄花 5~6 朵簇生于苞腋,花梗长 2 mm,无毛,基部具关节;小苞片长 2 mm;雌花序总状,顶生,长 4~8 cm,具花 4~7 朵,各部均被短柔毛,苞片三角形,长 3.5 mm,小苞片披针形,长 3.5 mm,花梗短。雄花:花萼花蕾时球形,无毛,直径 2 mm,萼片 3 枚;雄蕊 6~8 枚。雌花:萼片 5 枚,长三角形,长 2.5~3 mm,具短柔毛;子房球形,被绒毛,花柱 3 枚,线状,长 10~12 mm。蒴果近球形,具 3 圆棱,直径 1~1.2 cm,密生柔毛;种子卵状三角形,长 6 mm,种皮淡褐色或灰色,具小瘤体。花期 3~5 月,果期 6~7 月。

馒头果

拉丁学名:*Cleistanthus tonkinensis* Jabl.　小乔木或灌木,小枝绿色,具皮孔;除苞片和雄花萼片外,其余均无毛。叶片革质,长圆形或长椭圆形,长 7~13 cm,宽 2~5 cm,顶端长渐尖,基部钝或圆,叶面有光泽;中脉干后两面稍突起,侧脉每边 9~10 条;叶柄长 4~8 mm;托叶线状长圆形,长 2~3 mm。穗状团伞花序,腋生,长 1.5~4 cm;苞片卵状三角形,边缘膜质,具缘毛和外面被短柔毛;花蕾顶端尖。雄花:长约 5 mm;萼片披针形,长约 3 mm,无毛或被短微毛;花瓣匙形,长约 1 mm,边缘有小齿或缺刻;花盘杯状;雄蕊 5,花丝合生成圆筒状,包围退化雌蕊,花药长圆形,长约 1 mm;退化雌蕊卵状三角形,长约 0.7 mm,有乳头状突起。雌花:花梗极短或几乎无;萼片卵状三角形,花瓣菱形或斜方形,花盘环状,围绕子房基部;子房圆球形,蒴果三棱形,长约 1 cm,成熟时开裂成 3 个分果片;果梗极短或几乎无;种子卵形,长约 7 mm。

算盘子

拉丁学名:*Glochidion puberum* L.　落叶灌木。叶圆形至长圆状披针形或倒卵状长圆形,长 3 ~ 5 cm,宽 1.5 ~ 2.3 cm,先端稍急尖,基部楔形,全缘,稍反卷,上面除中脉外无毛,下面密被短柔毛。花单性,雌雄同株或异株;无花瓣,2 ~ 5 朵簇生叶腋;萼片 6,2 轮,长椭圆形,背面被柔毛;雄花有雄蕊 3 枚,无退化子房;雌花子房被绒毛,通常 5 室,花柱合生成短筒状。蒴果被柔毛,扁球形,有明显的纵沟。种子黄赤色。花期 6 ~ 9 月,果期 7 ~ 10 月。

湖北算盘子

拉丁学名:*Glochidion wilsonii* Hutch.　灌木,枝条具棱,灰褐色;小枝直而开展;除叶柄外,全株均无毛。叶片纸质,披针形或斜披针形,长 3 ~ 10 cm,宽 1.5 ~ 4 cm,顶端短渐尖或急尖,基部钝或宽楔形,上面绿色,下面带灰白色;中脉两面突起,侧脉每边 5 ~ 6 条,下面突起;叶柄长 3 ~ 5 mm,被极细柔毛或几无毛;托叶卵状披针形,长 2 ~ 2.5 mm。花绿色,雌雄同株,簇生于叶腋内,雌花生于小枝上部,雄花生于小枝下部。雄花:花梗长约 8 mm;萼片 6,长圆形或倒卵形,长 2.5 ~ 3 mm,顶端钝,边缘薄膜质;雄蕊 3,合生。雌花:花梗短;萼片与雄花的相同;子房圆球状,6 ~ 8 室,花柱合生呈圆柱状,顶端多裂。蒴果扁球状,直径约 1.5 cm,边缘有 6 ~ 8 条纵沟,基部常有宿存的萼片;种子近三棱形,红色,有光泽。花期 4 ~ 7 月,果期 6 ~ 9 月。

雀儿舌头

拉丁学名:*Leptopus chinensis* (Bunge) Pojark.　直立灌木,茎上部和小枝条具棱;除枝条、叶片、叶柄和萼片均在幼时被疏短柔毛外,其余无毛。叶片膜质至薄纸质,卵形、近圆形、椭圆形或披针形,长 1 ~ 5 cm,宽 0.4 ~ 2.5 cm,顶端钝或急尖,基部圆形或宽楔形,叶面深绿色,叶背浅绿色;侧脉每边 4 ~ 6 条,在叶面扁平,在叶背微突起;叶柄长 2 ~ 8 mm;托叶小,卵状三角形,边缘被睫毛。花小,雌雄同株,单生或 2 ~ 4 朵簇生于叶腋;萼片、花瓣和雄蕊均为 5。雄花:花梗丝状,长 6 ~ 10 mm;萼片卵形或宽卵形,长 2 ~ 4 mm,宽 1 ~ 3 mm,浅绿色,膜质,具有脉纹;花瓣白色,匙形,长 1 ~ 1.5 mm,膜质;花盘腺体 5,分离,顶端 2 深裂;雄蕊离生,花丝丝状,花药卵圆形。雌花:花梗长 1.5 ~ 2.5 cm;花瓣倒卵形,萼片与雄花的相同;花盘环状,10 裂至中部,裂片长圆形;子房近球形,3 室,每室有胚珠 2 颗。蒴果圆球形或扁球形,直径 6 ~ 8 mm,基部有宿存的萼片;果梗长 2 ~ 3 cm。花期 2 ~ 8 月,果期 6 ~ 10 月。

白背叶

拉丁学名:*Mallotus apelta* (Lour.) Muell. ～ Arg.　灌木或小乔木,小枝、叶柄和花序均密被淡黄色星状柔毛和散生橙黄色颗粒状腺体。叶互生,卵形或阔卵形,长和宽均 6 ~ 16 cm,顶端急尖或渐尖,基部截平或稍心形,边缘具疏齿,上面干后黄绿色或暗绿色,无毛或被疏毛,下面被灰白色星状绒毛,散生橙黄色颗粒状腺体;基出脉 5 条,最下一对常不明显,侧脉 6 ~ 7 对;基部近叶柄处有褐色斑状腺体 2 个;叶柄长 5 ~ 15 cm。雌雄异株,雄花序为开展的圆锥花序或穗状,长 15 ~ 30 cm,苞片卵形,雄花多朵簇生于苞腋。雄花:花梗长 1 ~ 2.5 mm;花蕾卵形或球形,长约 2.5 mm,花萼裂片 4,卵形或卵状三角形,长约 3 mm,外面密生淡黄色星状毛,内面散生颗粒状腺体;雄蕊 50 ~ 75 枚,长约 3 mm;雌花序穗状,长 15 ~ 30 cm,花序梗长 5 ~ 15 cm,苞片近三角形。雌花:花梗极短;花萼裂片 3 ~ 5 枚,卵形或近三角形,长 2.5 ~ 3 mm,外面密生灰白色星状毛和颗粒状腺体;花柱 3 ~ 4 枚,长约 3 mm,基部合生,柱头密生羽毛状突起。蒴果近球形,密生灰白色星状毛的软刺,软刺线形,黄褐色或浅黄色,长 5 ~ 10 mm;种子近球形,直径约 3.5 mm,褐色或黑色,具皱纹。花期 6 ~ 9 月,果期 8 ~ 11 月。

野梧桐

拉丁学名:*Mallotus japonicus* (Thunb.) Muell. Arg. var. floccosus S. M. Hwang   小乔木或灌木,树皮褐色。嫩枝具纵棱,枝、叶柄和花序轴均密被褐色星状毛。叶互生,稀小枝上部有时近对生,纸质,形状多变,卵形、卵圆形、卵状三角形、肾形或横长圆形,长 5 ~ 17 cm,宽 3 ~ 11 cm,顶端急尖、凸尖或急渐尖,基部圆形、楔形、稀心形,边全缘,不分裂或上部每侧具 1 裂片或粗齿,上面无毛,下面仅叶脉稀疏被星状毛或无毛,疏散橙红色腺点;侧脉 5 ~ 7 对,近叶柄具黑色圆形腺体 2;叶柄长 5 ~ 17 mm。雌雄异株,花序总状或下部常具 3 ~ 5 分枝。苞片钻形,雄花在每苞片内 3 ~ 5 朵;花蕾球形,顶端急尖;花梗长 3 ~ 5 mm;雄蕊 25 ~ 75,药隔稍宽。雌花序长 8 ~ 15 cm,开展;苞片披针形,长约 4 mm;种子近球形,直径约 5 mm,褐色或暗褐色,具皱纹。花期 4 ~ 6 月,果期 7 ~ 8 月。

青灰叶下珠

拉丁学名:*Phyllanthus glaucus* Wall. ex Muell. Arg. [P. fluggeiformis Muell. Arg.]   落叶灌木,高 2 ~ 4 cm。枝无毛,小枝细弱。叶互生,具短柄;叶片椭圆形至长圆形,长 2 ~ 3 cm,宽 1.4 ~ 2 cm,先端具小尖头,基部宽楔形或圆形,全缘。花簇生于叶腋;单性,雌雄同株;无花瓣;雄花数朵至 10 余朵簇生,萼片 5 ~ 6;雌花通常 1 朵,生于雄花丛中,子房 3 室。浆果球形,直径 6 ~ 8 mm,紫黑色,具宿存花柱;果柄长 4 ~ 5 mm。花期 4 ~ 7 月,果期 7 ~ 10 月。

白木乌桕

拉丁学名:*Sapium japonicum* (Sieb. et Zucc.) Pax et Hoffm.   灌木或乔木,各部均无毛;枝纤细,平滑。带灰褐色。叶互生,纸质,叶卵形、卵状长方形或椭圆形,长 7 ~ 16 cm,宽 4 ~ 8 cm,顶端短尖或凸尖,基部钝、截平或有时呈微心形,两侧常不等,全缘,背面中上部常于近边缘的脉上有散生的腺体,基部靠近中脉之两侧亦具 2 腺体;中脉在背面显著突起,侧脉 8 ~ 10 对,斜上举,离缘 3 ~ 5 mm 弯拱网结,网状脉明显,网眼小;叶柄长 1.5 ~ 3 cm,两侧薄,呈狭翅状,顶端无腺体;托叶膜质,线状披针形,长约 1 cm。

花单性,雌雄同株,常同序,聚集成顶生、长 4.5 ~ 11 cm 的纤细总状花序,雌花数朵生于花序轴基部,雄花数朵生于花序轴上部,有时整个花序全为雄花。雄花:花梗丝状,苞片在花序下部的比花序上部的略长,卵形至卵状披针形,长 2~2.5 mm,顶端短尖至渐尖,边缘有不规则的小齿,基部两侧各具 1 近长圆形的腺体,每一苞片内有 3~4 朵花。雌花:花梗粗壮,长 6~10 mm;苞片 3 深裂几达基部,裂片披针形,长 2~3 mm,通常中间的裂片较大,两侧之裂片其边缘各具 1 腺体。蒴果三棱状球形,直径 10~15 mm。分果片脱落后无宿存中轴;种子扁球形,直径 6~9 mm,无蜡质的假种皮,有雅致的棕褐色斑纹。花期 5~6 月。

乌桕

拉丁学名:*Sapium sebiferum*(L.)Roxb. 乔木,各部均无毛而具乳状汁液;树皮暗灰色,有纵裂纹;枝广展,具皮孔。叶互生,纸质,叶片菱形、菱状卵形,长 3~8 cm,宽 3~9 cm,顶端骤然紧缩具长短不等的尖头,基部阔楔形或钝,全缘;中脉两面微突起,侧脉 6~10 对,纤细,斜上升,离缘 2~5 mm 弯拱网结,网状脉明显;叶柄纤细,长 2.5~6 cm,顶端具 2 腺体,托叶顶端钝。

花单性,雌雄同株,聚集成顶生、长 6~12 cm 的总状花序,雌花通常生于花序轴最下部,或罕有在雌花下部亦有少数雄花着生,雄花生于花序轴上部,或有时整个花序全为雄花。雄花:花梗纤细,向上渐粗;苞片阔卵形,长和宽近相等,顶端略尖,基部两侧各具 1 近肾形的腺体,每一苞片内具 10~15 朵花;小苞片 3,不等大,边缘撕裂状;花萼杯状,3 浅裂,裂片钝,具不规则的细齿;雄蕊 2 枚,罕有 3 枚,伸出于花萼之外,花丝分离,与球状花药近等长。雌花:花梗粗壮,长 3~3.5 mm;苞片深 3 裂,裂片渐尖,基部两侧的腺体与雄花的相同,每苞片内仅 1 朵雌花,间有 1 雌花和数雄花同聚生于苞腋内;花萼 3 深裂,裂片卵形至卵头披针形,顶端短尖至渐尖;子房卵球形,平滑。

叶底珠

拉丁学名:*Securinega suffruticosa*(Pall.)Rehd. 灌木,多分枝;小枝浅绿色,近圆柱形,有棱槽,有不明显的皮孔;全株无毛。叶片纸质,椭圆形或长椭圆形,长 1.5~8 cm,宽 1~3 cm,顶端急尖至钝,基部钝至楔形,全缘或间中有不整齐的波状齿或细锯齿,下面浅绿色;侧脉每边 5~8 条,两面突起,网脉略明显;叶柄长 2~8 mm;托叶卵状披针形,宿存。花小,雌雄异株,簇生于叶腋。雄花:3~18 朵簇生;花梗长 2.5~5.5 mm;萼片通常 5,椭圆形,全缘或具不明显的细齿;雄蕊 5,花药卵圆形;花盘腺体及退化雌蕊圆柱形,顶端 2~3 裂。雌花:花梗长 2~15 mm;萼片 5,椭圆形至卵形,近全缘,背部呈龙骨状突起;花盘盘状,全缘或近全缘。蒴果三棱状扁球形,直径约 5 mm,成熟时淡红褐色,有网纹,3 片裂;果梗长 2~15 mm,基部常有宿存的萼片;种子卵形而一侧扁压状,长约 3 mm,褐色而有小疣状突起。花期3~8 月,果期 6~11 月。

油桐

拉丁学名:*Vernicia fordii*(Hemsl.)Airy Shaw 落叶乔木,树皮灰色,近光滑;枝条粗壮,无毛,具明显皮孔。叶卵圆形,长 8~18 cm,宽 6~15 cm,顶端短尖,基部截平至浅心形,全缘,嫩叶上面被很快脱落微柔毛,下面被渐脱落棕褐色微柔毛,成长叶上面深绿色,无毛,下面灰绿色,被贴伏微柔毛;掌状脉 5 条;叶柄与叶片近等长,几无毛,顶端有 2 枚扁平、无柄腺体。花雌雄同株,先叶或与叶同时开放;花萼长约 1 cm,2 裂,外面密被棕褐色微柔毛;花瓣白色,有淡红色脉纹,倒卵形,长 2~3 cm,宽 1~1.5 cm,顶端圆形,基部爪状。雄花:雄蕊 8~12 枚,2 轮;外轮离生,内轮花丝中部以下合生。雌花:子房密被柔毛,3~5 室,每室有 1 颗胚珠,花柱与子房室同数,2 裂。核果近球状,直径 4~6 cm,果皮光滑;种子 3~4 粒,种皮木质。花期 3~4 月,果期 8~9 月。

29 黄杨科

拉丁学名:*Buxaceae*　常绿灌木、小乔木或草本。单叶,互生或对生,全缘或有齿牙,羽状脉或离基三出脉,无托叶。花小,整齐,无花瓣;单性,雌雄同株或异株;花序总状或密集的穗状,有苞片;雄花萼片 4,雌花萼片 6,均 2 轮,覆瓦状排列,雄蕊 4,与萼片分离;雌蕊通常由 3 心皮组成,子房上位。

黄杨

拉丁学名:*Buxus sinica*（Rehd. et Wils.）Cheng　灌木或小乔木,枝圆柱形,有纵棱,灰白色;小枝四棱形,全面被短柔毛或外方相对两侧面无毛,节间长 0.5~2 cm。叶革质,阔椭圆形、阔倒卵形、卵状椭圆形或长圆形,大多数长 1.5~3.5 cm,宽 0.8~2 cm,先端圆或钝,常有小凹口,不尖锐,基部圆或急尖或楔形,叶面光亮,中脉凸出,下半段常有微细毛,侧脉明显,叶背中脉平坦或稍凸出,中脉上常密被白色短线状钟乳体,全无侧脉,叶柄上面被毛。

花序腋生,头状,花密集,花序轴长 3~4 mm,被毛,苞片阔卵形,长 2~2.5 mm,背部多少有毛。雄花:约 10 朵,无花梗,外萼片卵状椭圆形,内萼片近圆形,长 2.5~3 mm,无毛,雄蕊连花药长约 4 mm,不育雌蕊有棒状柄,末端膨大。雌花:萼片长约 3 mm,子房较花柱稍长,无毛,花柱粗扁,柱头倒心形,下延达花柱中部。蒴果近球形,长 6~8 mm,宿存花柱长 2~3 mm。花期 3 月,果期 5~6 月。

30 马桑科

拉丁学名:*Coriariaceae*　灌木,枝有棱。单叶,对生或轮生,无托叶,花两性或单性,整齐,单生于叶腋或成总状花序;萼片 5,覆瓦状排列;花瓣 5,小于萼片,内侧有龙骨,肉质,宿存,果期增大;雄蕊分离,或与花瓣对生的 5 枚花丝合生于花瓣的龙骨上,花药大,纵裂。

马桑

拉丁学名:*Coriaria nepalensis* Wall.　灌木,分枝水平开展,小枝四棱形或成四狭翅,幼枝疏被微柔毛,后变无毛,常带紫色,老枝紫褐色,具显著圆形突起的皮孔;芽鳞膜质,卵形或卵状三角形,长 1~2 mm,紫红色,无毛。叶对生,纸质至薄革质,椭圆形或阔椭圆形,长

2.5~8 cm,宽1.5~4 cm,先端急尖,基部圆形,全缘,两面无毛或沿脉上疏被毛,基出3脉,弧形伸至顶端,在叶面微凹,叶背突起;叶短柄,长2~3 mm,疏被毛,紫色,基部具垫状突起物。总状花序生于二年生的枝条上,雄花序先叶开放,长1.5~2.5 cm,多花密集,序轴被腺状微柔毛;苞片和小苞片卵圆形,长约2.5 mm,宽约2 mm,膜质,半透明,内凹,上部边缘具流苏状细齿;花梗无毛;花瓣极小,雄蕊10,花丝线形;不育雌蕊存在;雌花序与叶同出,长4~6 cm,序轴被腺状微柔毛;苞片稍大,长约4 mm,带紫色;萼片与雄花同;花瓣肉质,较小,龙骨状;雄蕊较短。果球形,果期花瓣肉质增大包于果外,成熟时由红色变紫黑色,径4~6 mm;种子卵状长圆形。

31 漆树科

拉丁学名:*Anacardiaceae* 乔木或灌木。叶互生,多为羽状复叶,无托叶。花小,单性异株、杂性同株或两性,整齐,常为圆锥花序;萼3~5深裂;花瓣常与萼片同数,雄蕊5~10或更多;子房上位,通常1室,每室具有1倒生胚珠。核果或坚果,种子多无胚乳,胚弯曲。

黄栌

拉丁学名:*Cotinus coggygria* Scop. 落叶小乔木或灌木,树冠圆形,木质部黄色,树汁有异味;单叶互生,叶片全缘或具齿,叶柄细,无托叶,叶倒卵形或卵圆形。圆锥花序疏松、顶生,花小、杂性,仅少数发育;不育花的花梗花后伸长,被羽状长柔毛,宿存;苞片披针形,早落;花萼5裂,宿存,裂片披针形;花瓣5枚,长卵圆形或卵状披针形,长度为花萼大小的2倍;雄蕊5,着生于环状花盘的下部,花药卵形,与花丝等长,花盘5裂,紫褐色;子房近球形,柱头小而退化。核果小,干燥,肾形扁平,绿色,侧面中部具残存花柱;外果皮薄,具脉纹,不开裂;内果皮角质;种子肾形,无胚乳。花期5~6月,果期7~8月。

黄连木

拉丁学名:*Pistacia chinensis* Bunge 落叶乔木,树干扭曲。树皮暗褐色,呈鳞片状剥落,幼枝灰棕色,具细小皮孔,疏被微柔毛或近无毛。奇数羽状复叶互生,有小叶5~6对,叶轴具条纹,被微柔毛,叶柄上面平,被微柔毛;小叶对生或近对生,纸质,披针形或卵状披针形或线状披针形,长5~10 cm,宽1.5~2.5 cm,先端渐尖或长渐尖,基部偏斜,全缘,两面沿中脉和侧脉被卷曲微柔毛或近无毛,侧脉和细脉两面突起;小叶柄长1~2 mm。
花单性异株,先花后叶,圆锥花序腋生,雄花序排列紧密,长6~7 cm,雌花序排列疏松,长15~20 cm,均被微柔毛;花小,花梗被微柔毛;苞片披针形或狭披针形,内凹,外面被微柔毛,边缘具睫毛。雄花:花被片2~4,披针形或线状披针形,大小不等,边缘具睫毛;雄蕊3~5,花丝极短,长不到0.5 mm,花药长圆形,雌蕊缺。雌花:花被片7~9,大小不等,长0.7~1.5 mm,宽0.5~0.7 mm,外面2~4片远较狭,披针形或线状披针形,外面被柔毛,边缘具睫毛,里面5片卵形或长圆形,外面无毛,边缘具睫毛;不育雄蕊缺;子房球形,无毛,花柱极短,柱头3,厚,肉质,红色。核果倒卵状球形,略压扁,径约5 mm,成熟时紫红色,干后具纵向细条纹,先端细尖。

盐肤木

拉丁学名:*Rhus chinensis* Mill. 落叶小乔木,小枝棕褐色,被锈色柔毛,具圆形小皮孔。奇数羽状复叶有小叶(2~)3~6对,纸质,边缘具粗钝锯齿,背面密被灰褐色毛,叶轴具宽的叶状翅,小叶自下而上逐渐增大,叶轴和叶柄密被锈色柔毛;小叶多形,卵形、椭圆状卵形或长圆形,长6~12 cm,宽3~7 cm,先端急尖,基部圆形,顶生小叶基部楔形,边缘具粗锯齿或圆齿,叶面暗绿色,叶背粉绿色,被白粉,叶面沿中脉疏被柔毛或近无毛,叶背被锈色柔毛,脉上较密,侧脉和细脉在叶面凹陷,在叶背突起;小叶无柄。圆锥花序宽大,多分枝,雄花序长30~40 cm,雌花序较短,密被锈色柔毛;苞片披针形,被微柔毛,小苞片极小,花乳白色,被微柔毛。雄花:花萼外面被微柔毛,裂片长卵形,边缘具细睫毛;花瓣倒卵状长圆形,开花时外卷;雄蕊伸出,花丝线形,无毛,花药卵;子房不育。雌花:花萼裂片较短,长约0.6 mm,外面被微柔毛,边缘具细睫毛;花瓣椭圆状卵形,长约1.6 mm,边缘具细睫毛,里面下部被柔毛;雄蕊极短;花盘无毛;子房卵形,密被白色微柔毛,花柱3,柱头头状。核果球形,略压扁,径4~5 mm,被具节柔毛和腺毛,成熟时红色,果核径3~4 mm。花期7~9月,果期10~11月。

野漆树

拉丁学名:*Toxicodendron succedaneum*（L.）O. Kuntze 落叶乔木或小乔木,小枝粗壮,无毛,顶芽大,紫褐色,外面近无毛。奇数羽状复叶互生,常集生小枝顶端,无毛,长25~35 cm,有小叶4~7对,叶轴和叶柄圆柱形;叶柄长6~9 cm;小叶对生或近对生,坚纸质至薄革质,长圆状椭圆形、阔披针形或卵状披针形,长5~16 cm,宽2~5.5 cm,先端渐尖或长渐尖,基部多少偏斜,圆形或阔楔形,全缘,两面无毛,叶背常具白粉,侧脉15~22对,弧形上升,两面略突;小叶柄长2~5 mm。圆锥花序长7~15 cm,多分枝,无毛;花黄绿色,径约2 mm;花梗长2 mm;花萼无毛,裂片阔卵形,先端钝;花瓣长圆形,先端钝,中部具不明显的羽状脉或近无脉,开花时外卷;雄蕊伸出,花丝线形,花药卵形;花盘5裂;子房球形,无毛,褐色。核果大,径7~10 mm,压扁,先端偏离中心,外果皮薄,淡黄色,无毛,中果皮厚,蜡质,白色,果核坚硬,压扁。

漆树

拉丁学名:*Toxicodendron vernicifluum*（Stokes）F. A. Barkl. 落叶乔木,树皮灰白色,粗糙,呈不规则纵裂,小枝粗壮,被棕黄色柔毛,后变无毛,具圆形或心形的大叶痕和突起的皮孔;顶芽大而显著,被棕黄色绒毛。奇数羽状复叶互生,常螺旋状排列,有小叶4~6对,叶轴圆柱形,被微柔毛;叶柄长7~14 cm,被微柔毛,近基部膨大,半圆形,上面平;小叶膜质至薄纸质,卵形、卵状椭圆形或长圆形,长6~13 cm,宽3~6 cm,先端急尖或渐尖,基部偏斜,圆形或阔楔形,全缘,叶面通常无毛或仅沿中脉疏被微柔毛,叶背沿脉上被平展黄色柔毛,侧脉10~15对,两面略突;小叶柄长4~7 mm,上面具槽,被柔毛。

圆锥花序长 15~30 cm,与叶近等长,被灰黄色微柔毛,序轴及分枝纤细,疏花;花黄绿色,雄花花梗纤细,长 1~3 mm,雌花花梗短粗;花萼无毛,裂片卵形,先端钝;花瓣长约圆形,长约 2.5 mm,宽约 1.2 mm,具细密的褐色羽状脉纹,先端钝,开花时外卷;雄蕊长约 2.5 mm,花丝线形,与花药等长或近等长,在雌花中较短,花药长圆形,花盘 5 浅裂,无毛;子房球形。果序多少下垂,核果肾形或椭圆形,不偏斜,略压扁,长 5~6 mm,宽 7~8 mm,先端锐尖,基部截形,外果皮黄色,无毛,具光泽,成熟后不裂,中果皮蜡质,具树脂道条纹,果核棕色,与果同形,长约 3 mm,宽约 5 mm,坚硬。花期 5~6 月,果期 7~10 月。

32 冬青科

拉丁学名:*Aquifoliaceae* 乔木或灌木,常绿或落叶;单叶,互生,叶片通常革质、纸质,具锯齿、腺状锯齿或具刺齿,或全缘,具柄;托叶无或小,早落。花小,辐射对称,单性,雌雄异株,排列成腋生、腋外生或近顶生的聚伞花序、假伞形花序、总状花序、圆锥花序或簇生;花萼 4~6 片,覆瓦状排列,宿存或早落;花瓣 4~6,分离或基部合生,通常圆形。

枸骨

拉丁学名:*Ilex cornuta* Lindl. et Paxt. 常绿小乔木或灌木,树皮灰白色,高 0.6~3 m;幼枝具纵脊及沟,沟内被微柔毛或变无毛,二年生枝褐色,三年生枝灰白色,具纵裂缝及隆起的叶痕,无皮孔。叶片厚革质,二型,四角状长圆形或卵形,长 4~9 cm,宽 2~4 cm,先端具 3 枚尖硬刺齿,中央刺齿常反曲,基部圆形或近截形,两侧各具 1~2 刺齿,有时全缘,叶面深绿色,具光泽,背淡绿色,无光泽,两面无毛,主脉在上面凹下,背面隆起,侧脉 5 或 6 对,于叶缘附近网结,在叶面不明显,在背面突起,网状脉两面不明显;叶柄长 4~8 mm,上面具狭沟,被微柔毛;托叶胼胝质,宽三角形。

花序簇生于二年生枝的叶腋内,基部宿存鳞片近圆形,被柔毛,具缘毛;苞片卵形,先端钝或具短尖头,被短柔毛和缘毛;花淡黄色,4 基数。雄花:花梗长 5~6 mm,无毛,基部具 1~2 枚阔三角形的小苞片;花萼盘状;直径约 2.5 mm,裂片膜质,阔三角形,疏被微柔毛,具缘毛。雌花:花梗长 8~9 mm,果期长达 13~14 mm,无毛,基部具 2 枚小的阔三角形苞片。果球形,直径 8~10 mm,成熟时鲜红色,基部具四角形宿存花萼,顶端宿存柱头盘状,明显 4 裂;果梗长 8~14 mm。轮廓倒卵形或椭圆形,长 7~8 mm,背部宽 5 mm,遍布皱纹和皱纹状纹孔。花期 4~5 月,果期 10~12 月。

冬青

拉丁学名:*Ilex chinensis* Sims 常绿乔木。单叶互生,叶片革质、纸质或膜质,长圆形、椭圆形、卵形或披针形,托叶小,胼胝质,通常宿存。长 5~11 cm,宽 2~4 cm,先端渐尖,基部楔形或钝,或有时在幼叶为锯齿,具柄或近无柄。叶面绿色,有光泽,干时深褐色,背面淡绿色,主脉在叶面平,背面隆起,侧脉 6~9 对,在叶面不明显,叶背明显,无毛,或有时在雄株幼枝顶芽、幼叶叶柄及主脉上有长柔毛;叶柄长 8~10 mm,上面平或有时具窄沟。

冬青果为浆果状核果,通常球形,成熟时红色,外果皮膜质或坚纸质,中果皮肉质或明显革质,内果皮木质或石质。长 10～12 mm,直径 6～8 mm;分核 4～5,狭披针形,长 9～11 mm,宽 2.5 mm,背面平滑,凹形,断面呈三棱形,内果皮厚革质。表面平滑,具条纹、棱及沟槽或多皱及洼穴,具 1 种子。花期 4～6 月,果期 7～12 月。

33 卫矛科

拉丁学名:*Celastraceae* 木质藤本、乔木或灌木,植物果实常色彩鲜艳。叶通常革质,花小。乔木或灌木,常攀缘状。托叶小或无,早落;单叶互生或对生。花序为腋生或顶生的聚伞花序或总状花序;花两性,有时单性;萼小,4～5 裂,宿存;花瓣 4～5;雄蕊 4～5,与花瓣互生;子房上位,1～5 室,每室具 1 至多颗胚珠。翅果、浆果或蒴果;种子常有假种皮。

苦皮藤

拉丁学名:*Celastrus angulatus* 藤状灌木;小枝常具 4～6 纵棱,皮孔密生,圆形到椭圆形,白色,腋芽卵圆状,长 2～4 mm。叶大,近革质,长方阔椭圆形、阔卵形、圆形,长 7～17 cm,宽 5～13 cm,先端圆阔,中央具尖头,侧脉 5～7 对,在叶面明显突起,两面光滑;叶柄长 1.5～3 cm;托叶丝状,早落。聚伞圆锥花序顶生,下部分枝长于上部分枝,略呈塔锥形,长 10～20 cm,花序轴及小花轴光滑或被锈色短毛;小花梗较短,关节在顶部;花萼镊合状排列,三角形至卵形,近全缘;花瓣长方形,边缘不整齐;花盘肉质,浅盘状或盘状,5浅裂;雄蕊着生于花盘之下,长约 3 mm,在雌花中退化雄蕊长约 1 mm;雌蕊长 3～4 mm,子房球状,柱头反曲,在雄花中退化雌蕊长约 1.2 mm。蒴果近球状,直径 8～10 mm;种子椭圆状,长 3.5～5.5 mm,直径 1.5～3 mm。花期 5～6 月。

粉背南蛇藤

拉丁学名:*Celastrus hypoleucus* (Oliv.) Warb. ex Loes. 藤状灌木。小枝具稀疏椭圆形或近圆形皮孔,当年生小枝上无皮孔;腋芽小,圆三角状,直径约 2 mm。叶椭圆形或长方椭圆形,长 6～9.5 cm,先端短渐尖,基部钝楔形,边缘具锯齿,侧脉 5～7 对,叶面绿色,光滑,叶背粉灰色,主脉及侧脉被短毛或光滑无毛;叶柄长 12～20 mm。顶生聚伞圆锥花序,长 7～10 cm,多花,腋生者短小,具花 3～7 朵,花序梗较短,小花梗长 3～8 mm,花后明显伸长,关节在中部以上;花萼近三角形,顶端钝;花瓣长方形或椭圆形,长约 4.3 mm,花盘杯状,顶端平截;雄蕊长约 4 mm,在雌花中退化雄蕊长约 1.5 mm,雌蕊长约 3 mm,子房椭圆状,柱头扁平,在雄花中退化雌蕊长约 2 mm。果序顶生,长而下垂,腋生花多不结实。蒴果疏生,球状,有细长小果梗,长 10～25 mm,果瓣内侧有棕红色细点,种子平凸到稍新月状,长 4～5 mm,直径 1.4～2 mm,两端较尖,黑色到黑褐色。

叶互生,椭圆形或宽椭圆形,长 6～14 cm,宽 5～7 cm,先端短渐尖,基部宽楔形,背面被白粉,脉上有时有疏毛;叶柄长 1～1.5 cm。聚伞圆锥花序顶生,长 6～12 cm,腋生化序短小,具 3~7 朵花;花梗长 2~8 mm,中部以上有关节;花白绿色,4 朵,单性,雄花有退化子房;雌花有短花丝的退化雄蕊,子房具细长花柱,柱头 3 裂,平展。果序顶生,长而下垂,腋生花多不结实;蒴果有长梗,疏生,球状,橙黄色,果皮裂瓣内侧有樱红色斑点。种子黑棕色,有橙红色假种皮。

南蛇藤

拉丁学名:*Celastrus orbiculatus* Thunb. 落叶藤状灌木。小枝光滑无毛,灰棕色或棕褐色,具稀而不明显的皮孔;腋芽小,卵状到卵圆状,长 1~3 mm。叶通常阔倒卵形、近圆形或长椭圆形,长 5~13 cm,宽 3~9 cm,先端圆阔,具有小尖头或短渐尖,基部阔楔形到近钝圆形,边缘具锯齿,两面光滑无毛或叶背脉上具稀疏短柔毛,侧脉 3~5 对;叶柄细,长 1~2 cm。

聚伞花序腋生,间有顶生,花序长 1~3 cm,小花 1~3 朵,偶仅 1~2 朵,小花梗关节在中部以下或近基部。雄花萼片钝三角形;花瓣倒卵椭圆形或长方形,长 3~4 cm,宽 2~2.5 mm;花盘浅杯状,裂片浅,顶端圆钝;雄蕊长 2~3 mm,退化雌蕊不发达。雌花花冠较雄花窄小,花盘稍深厚,肉质,退化雄蕊极短小;子房近球状,花柱长 1.5 mm,柱头 3 深裂,裂端再 2 浅裂。蒴果近球状,直径 8~10 mm;种子椭圆状稍扁,长 4~5 mm,直径 2.5~3 mm,赤褐色。花期 5~6 月,果期 7~10 月。

短梗南蛇藤

拉丁学名:*Celastrus rosthornianus* Loes. 木质藤本灌木。小枝具较稀皮孔,腋芽圆锥状或卵状,长约 3 mm。叶纸质,果期常稍革质,叶片长椭圆形、长窄椭圆形,长 3.5~9 cm,宽 1.5~4.5 cm,先端急尖或短渐尖,基部楔形或阔楔形,边缘是疏浅锯齿,或基部近全缘,侧脉 4~6 对;叶柄长 5~8 mm,花序顶生及腋生,顶生者为总状聚伞花序,长 2~4 cm,腋生者短小,具 1 至数花,花序梗短;小花梗长 2~6 mm,关节在中部或稍下;萼片长圆形,边缘啮蚀状;花瓣近长方形,长 3~3.5 mm;花盘浅裂,裂片顶端近平截;雄蕊较花冠稍短,在雌花中退化雄蕊长 1~1.5 mm;雌蕊长 3~3.5 mm,子房球状,柱头 3 裂,每裂再 2 深裂,近丝状。蒴果近球状,直径 5.5~8 mm,小果梗长 4~8 mm,近果处较粗;种子椭圆状,长 3~4 mm,直径 2~3 mm。花期 4~5 月,果期 8~10 月。

刺果卫矛

拉丁学名:*Euonymus wilosnii* Sprague 藤状常绿灌木。叶革质,长椭圆形、长卵形或窄卵形,少为阔披针形,长 7~12 cm,宽 3~5.5 cm,先端急尖或短渐尖,基部楔形、阔楔形或稍近圆形,边缘疏浅齿不明显,侧脉 5~8 对,在叶缘边缘处结网,小脉网通常不显;叶柄长 1~2 cm。聚伞花序较疏大,多为 2~3 次分枝;花序梗扁宽或 4 棱,长 2~6 cm,第一次分枝较长,通常 1~2 cm,第二次稍短;小花梗长 4~6 mm;花黄绿色,直径 6~8 mm;萼片近圆形;花瓣近倒卵形,基部窄缩成短爪;花盘近圆形;雄蕊具明显花丝,花丝长 2~3 mm,基部稍宽;子房有柱状花柱,柱头不膨大。蒴果成熟时棕褐带红,近球状,直径连刺 1~1.2 cm,刺密集,针刺状,基部稍宽,长约 1.5 mm;种子外被橙黄色假种皮。

卫矛

拉丁学名:*Euonymus alatus*(Thunb.)Sieb. 灌木,小枝常具2~4列宽阔木栓翅;冬芽圆形,芽鳞边缘具不整齐细坚齿。叶卵状椭圆形、窄长椭圆形,偶为倒卵形,长2~8 cm,宽1~3 cm,边缘具细锯齿,两面光滑无毛;叶柄长1~3 mm。聚伞花序1~3花;花序梗长约1 cm,小花梗长约5 mm;花白绿色,直径约8 mm,4数;萼片半圆形;花瓣近圆形;雄蕊着生于花盘边缘处,花丝极短,开花后稍增长。蒴果1~4深裂,裂瓣椭圆状,长7~8 mm;种子椭圆状或阔椭圆状,长5~6 mm,种皮褐色或浅棕色,假种皮橙红色,全包种子。花期5~6月,果期7~10月。

丝绵木

拉丁学名:*Euonymus maackii* Rupr. 小乔木,叶卵状椭圆形、卵圆形或窄椭圆形,长4~8 cm,宽2~5 cm,先端长渐尖,基部阔楔形或近圆形,边缘具细锯齿,有时极深而锐利;叶柄通常细长,常为叶片的1/4~1/3,但有时较短。聚伞花序3至多花,花序梗略扁,长1~2 cm;花4数,淡白绿色或黄绿色,直径约8 mm;小花梗长2.5~4 mm;雄蕊花药紫红色,花丝细长。蒴果倒圆心状,长6~8 mm,直径9~10 mm,成熟后果皮粉红色;种子长椭圆状,长5~6 mm,直径约4 mm,种皮棕黄色,假种皮橙红色,全包种子,成熟后顶端常有小口。花期5~6月,果期9月。

肉花卫矛

拉丁学名:*Euonymus carnosus* Hemsl. 常绿乔木,树皮灰黑色,小枝圆筒形,灰绿色,折断有血丝,幼枝为黄绿色,有4条翅状窄棱,初黄色,后变红色。叶对生,近革质,长圆状椭圆形或长圆状倒卵形,长4~15 cm。聚伞花序疏散,有花5~9朵,花绿白色,花瓣圆形,表面有窝状皱纹或光滑。蒴果近球形。种子数粒,亮黑色,假种皮深红色。

冬青卫矛

拉丁学名:*Euonymus japonicus* Thunb. 灌木,小枝四棱,具细微皱突。叶革质,有光泽,倒卵形或椭圆形,长3~5 cm,宽2~3 cm,先端圆阔或急尖,基部楔形,边缘具有浅细钝齿;叶柄长1 cm。聚伞花序5~12花,花序梗长2~5 cm,2~3次分枝,分枝及花序梗均扁壮,第三次分枝常与小花梗等长或较短;小花梗长3~5 mm;花白绿色,直径5~7 mm;花瓣近卵圆形,长、宽各约2 mm,雄蕊花药长圆状,内向。蒴果近球状,直径约8 mm,淡红色;种子每室1粒,顶生,椭圆状,长约6 mm,直径约4 mm,假种皮橘红色,全包种子。花期6~7月,果熟期9~10月。

疣点卫矛

拉丁学名:*Euonymus verrucosoides* Loes. 落叶灌木,冬芽较大,卵状或长卵状,长4~5 mm,直径约3 mm。叶倒卵形、长卵形或椭圆形,枝端叶往往呈阔披针形,长3~7 cm,宽2~3 cm,先端渐尖或急尖,基部钝圆或渐窄;叶柄长2~5 mm。聚伞花序;花序梗细线状,长 1～3 cm;小花梗长 5～6 mm;花紫色,4 朵,直径约 1 cm;萼片近半圆形;花瓣椭圆形;花盘近方形;雄蕊插生花盘内方,紧贴雌蕊,花药扁宽卵形,花丝长 2～2.5 mm。蒴果 1～4 全裂,裂瓣平展,窄长,长 8～12 mm,紫褐色,每室 1～2 粒种子;种子长椭圆状,近黑色,种脐一端紫红色,假种皮长为种子的一半或稍长,一侧开裂。花期 6～7 月,果期 8～9 月。

扶芳藤

拉丁学名:*Euonymus fortunei*(Turcz.)Hand. ～Mazz. 常绿藤本灌木,小枝方棱不明显。叶薄革质,椭圆形、长方椭圆形或长倒卵形,宽窄变异较大,可窄至近披针形,长 3.5～8 cm,宽 1.5～4 cm,先端钝或急尖,基部楔形,边缘齿浅不明显,侧脉细微和小脉全不明显;叶柄长 3～6 mm。聚伞花序 3～4 次分枝;花序梗长 1.5～3 cm,第一次分枝长 5～10 mm,第二次分枝 5 mm 以下,最终小聚伞花密集,有花 4～7 朵,分枝中央有单花,小花梗长约 5 mm;花白绿色,4 数,直径约 6 mm;花盘方形,直径约 2.5 mm;花丝细长,长 2～5 mm,花药圆心形。蒴果粉红色,果皮光滑,近球状,直径 6～12 mm;果序梗长 2～3.5 cm;小果梗长 5～8 mm;种子长方椭圆状,棕褐色,假种皮鲜红色,全包种子。花期 6 月,果期 10 月。

34 | 省沽油科

拉丁学名:*Staphyleaceae* 乔木或灌木。奇数羽状复叶或单叶,对生或互生;有托叶,叶缘有锯齿。花整齐,两性或杂性,辐射对称,排列成顶生或腋生的总状花序或圆锥花序。花 5 数,覆瓦状排列;雄蕊着生于杯状花盘外,与花瓣互生,花丝有时扁平,花药背着,内向;花盘通常明显;子房上位,3 室,每室有 1 至数颗胚珠,倒生,花柱各异,分离至基部连合。果实蒴果状,但常为浆果、核果或蓇葖果,种子多粒。

野鸦椿

拉丁学名:*Euscaphis japonica* 落叶小乔木或灌木,树皮灰褐色,具纵条纹,小枝及芽红紫色,枝叶揉碎后发出恶臭气味。叶对生,奇数羽状复叶,长 8～32 cm,叶轴淡绿色,小叶 5～9 cm,厚纸质,长卵形或椭圆形,长 4～9 cm,宽 2～4 cm,先端渐尖,基部钝圆,边缘具疏短锯齿,齿尖有腺休,两面除背面沿脉有白色小柔毛外余无毛,主脉在上叶面明显,叶背面突出,侧脉 8～11,在两面可见,小叶柄长 1～2 mm,小托叶线形,基部较宽,先端尖,有微柔毛。

圆锥花序顶生,花梗长达 21 cm,花多,较密集,黄白色,径 4～5 mm,萼片与花瓣均 5,椭圆形。蓇葖果长 1～2 cm,每一花发育为 1～3 个蓇葖,果皮软革质,紫红色,有纵脉纹,种子近圆形,径约 5 mm,假种皮肉质,黑色,有光泽。花期 5～6 月,果期 8～9 月。

省沽油

拉丁学名:*Staphylea bumalda* DC. 灌木或小乔木,树皮紫红色,枝条开展,绿色至黄绿色或青白色。三出复叶对生,小叶卵圆形或椭圆形,长 4.5~8 cm;圆锥花序顶生,花黄白色,有香味;蒴果膀胱状,先端 2 裂。树皮暗紫红色,枝条淡绿色,有皮孔。复叶由 3 小叶组成,叶顶端渐尖,基部圆形或楔形,边缘有细锯齿,表面深绿色,背面苍白色,主脉及侧脉有短毛,托叶小,早落。花序疏松,长 5~7 cm,萼片黄白色;花瓣白色,较萼片为大。果膀胱状,膜质、膨大、扁平;种子椭圆形而扁,黄色,有光泽,有较大而明显的种脐。花期 4~5 月,果期 8~9 月。

膀胱果

拉丁学名:*Staphylea holocarpa* Hemsl. 落叶灌木或小乔木,幼枝平滑,三小叶,小叶近革质,无毛,长圆状披针形至狭卵形,长 5~10 cm,基部钝,先端突渐尖,上面淡白色,边缘有硬细锯齿,侧脉 10,有网脉,侧生小叶无柄,顶生小叶具长柄,柄长 2~4 cm。伞房花序,长约 5 cm,或更长,花白色或粉红色,在叶后开放。果为 3 裂、梨形膨大的蒴果,长 4~5 cm,宽 2.5~3 cm,基部狭,顶平截,种子近椭圆形,灰色,有光泽。花期 4~5 月,果期 8~9 月。

瘿椒树

拉丁学名:*Tapiscia sinensis* Oliv. 落叶乔木,树皮灰黑色或灰白色,小枝无毛;芽卵形。羽状复叶,长达 30 cm;小叶 5~9,狭卵形或卵形,长 6~14 cm,宽 3.5~6 cm,基部心形或近心形,边缘具锯齿,两面无毛或仅背面脉腋被毛,上面绿色,背面带灰白色,密被近乳头状白粉点;侧生小叶柄短,顶生小叶柄长达 12 cm。

圆锥花序腋生,雄花与两性花异株,雄花序长达 25 cm,两性花的花序长约 10 cm,花小,黄色,有香气;两性花,花萼钟状,5 浅裂;花瓣 5,狭倒卵形,比萼稍长;雄蕊 5,与花瓣互生,仲山花外;子房 1 室,有 1 胚珠,花柱长过雄蕊;雄花有退化雌蕊。果序长达 10 cm,核果近球形或椭圆形,长仅达 7 mm。

35 槭树科

拉丁学名:*Aceraceae* 洛叶乔木或灌木。冬芽具多数覆瓦状排列的鳞片,叶对生,具叶柄,无托叶,单叶稀羽状或掌状复叶,不裂或掌状分裂。花序伞房状、穗状或聚伞状,由着叶的枝的几顶芽或侧芽生出;花序的下部常有叶,叶的生长在开花以前或同时,稀在开花以后;花小,绿色或黄绿色,整齐,两性、杂性或单性,雄花与两性花同株或异株;萼片 5或 4,覆瓦状排列;花瓣 5 或 4。

槭树

拉丁学名:*Acer miyabei* Maxim. 槭树观赏价值主要由叶色和叶形决定。叶对生,掌状 5 裂。伞房花序,杂性花,花黄绿色,雄花与两性花同株;萼片 5,黄绿色;花瓣 5,黄色或白色;槭树花色彩多变,从乳黄色到绿、红或紫色不一。就叶色而言,常见的种类中,秋叶红艳的有鸡爪槭、三角枫、五角枫;秋叶黄色的有梓叶槭、元宝槭、青榨槭等。有些品种如红枫叶常年红艳;而小叶青皮槭叶柄或叶脉出现异色,两色槭叶片上面嫩橄榄绿色,下面淡紫色。槭树的叶形变化也极为丰富,单叶中有三裂、五裂、七裂甚至多至十三裂,也有羽状复叶和掌状复叶,叶形优美的有羽毛枫、扇叶槭、中华槭等。另外,青榨槭、葛萝槭等树皮绿色,也供观赏。

青榨槭

拉丁学名:*Acer davidii* Franch. 落叶乔木,高 10~15 m,稀达 20 m。树皮黑褐色或灰褐色,常纵裂成蛇皮状。小枝细瘦,圆柱形,无毛;当年生的嫩枝紫绿色或绿褐色,具很稀疏的皮孔,多年生的老枝黄褐色或灰褐色。冬芽腋生,长卵圆形,绿褐色,长 4~8 mm;鳞片的外侧无毛。叶纸质,长圆卵形或近于长圆形,长 6~14 cm,宽 4~9 cm,先端锐尖或渐尖,常有尖尾,基部近于心脏形或圆形,边缘具不整齐的钝圆齿;上面深绿色,无毛;下面淡绿色,嫩时沿叶脉被紫褐色的短柔毛,渐老成无毛状;主脉在上面显著,在下面突起,侧脉 11~12 对,成羽状,在上面微现,在下面显著;叶柄细瘦,长 2~8 cm,嫩时被红褐色短柔毛,渐老则脱落。

花黄绿色,杂性,雄花与两性花同株,成下垂的总状花序,顶生于着叶的嫩枝,开花与嫩叶的生长大约同时,雄花的花梗长 3~5 mm,通常 9~12 朵常成长 4~7 cm 的总状花序;两性花的花梗长 1~1.5 cm,通常 15~30 朵常成长 7~12 cm 的总状花序;萼片 5,椭圆形,先端微钝,长约 4 mm;花瓣 5,倒卵形,先端圆形,与萼片等长;雄蕊 8,无毛,在雄花中略长于花瓣,在两性花中不发育,花药黄色,球形,花盘无毛。翅果嫩时淡绿色,成熟后黄褐色;翅宽 1~1.5 cm,连同小坚果共长 2.5~3 cm,展开成钝角。花期 4 月,果期 9 月。

房县槭

拉丁学名:*Acer franchetii* Pax 落叶乔木,高 10~15 m。树皮深褐色。小枝粗壮,圆柱形,当年生枝紫褐色或紫绿色,嫩时有短柔毛,旋即脱落,多年生枝深褐色,无毛。冬芽卵圆形;外部的鳞片紫褐色,覆瓦状排列,边缘纤毛状。叶纸质,长 10~20 cm,宽 11~23 cm,基部心脏形或近于心脏形,通常 3 裂,边缘有很稀疏而不规则的锯齿;中裂片卵形,先端渐尖,侧生的裂片较小,先端钝尖,向前直伸;上面深绿色,下面淡绿色,嫩时两面都有很稀疏的短柔毛,下面的毛较多,叶脉上的短柔毛更密,渐老时毛逐渐脱落,除上面的脉腋有丛毛外,其余部分近于无毛;主脉 5 条,与侧脉均在上面显著,在下面突起;叶柄长 3~6 cm,嫩时有短柔毛,渐老陆续脱落而成无毛状。

总状花序或圆锥总状花序,自小枝旁边无叶处生出,常有长柔毛,先叶或与叶同时发育;花黄绿色,单性,雌雄异株;花瓣 5,与萼片等长;花盘无毛;雄蕊 8,长约 6 mm,在雌花中不发育,花丝无毛,花药黄色;雌花的子房有疏柔毛;花梗长 1~2 cm,有短柔毛。果序长 6~8 cm。小坚果特别突起,近于球形,直径 8~10 mm,褐色,嫩时被淡黄色疏柔毛,旋即脱落;翅镰刀形,宽 1.5 cm,连同小坚果长 4~4.5 cm,张开成锐角;果梗长 1~2 cm,有短柔毛,渐老时脱落。花期 5 月,果期 9 月。

血皮槭

拉丁学名:*Acer griseum*（Franch.）Pax　落叶乔木,高 10～20 m。树皮赭褐色,常成卵形,纸状的薄片脱落。小枝圆柱形,当年生枝淡紫色,密被淡黄色长柔毛,多年生枝深紫色或深褐色,2～3 年生的枝上尚有柔毛宿存。冬芽小,鳞片被疏柔毛,覆叠。复叶有 3 小叶;小叶纸质,卵形、椭圆形或长圆椭圆形,长 5～8 cm,宽 3～5 cm,先端钝尖,边缘有 2～3 个钝形大锯齿,顶生的小叶片基部楔形或阔楔形,有 5～8 mm 的小叶柄,侧生小叶基部斜形,有长 2～3 mm 的小叶柄,上面绿色,嫩时有短柔毛,渐老则近于无毛;下面淡绿色,略有白粉,有淡黄色疏柔毛,叶脉上更密,主脉在上面略凹下,在下面突起,侧脉 9～11 对,在上面微凹下,在下面显著;叶柄长 2～4 cm,有疏柔毛,嫩时更密。

聚伞花序有长柔毛,常仅有 3 花;总花梗长 6～8 mm;花淡黄色,杂性,雄花与两性花异株;花瓣 5,长圆倒卵形,长 7～8 mm,宽约 5 mm;雄蕊 10,长 1～1.2 cm,花丝无毛,花药黄色;花盘位于雄蕊的外侧。小坚果黄褐色,突起,近于卵圆形或球形,长 8～10 mm,宽 6～8 mm,密被黄色绒毛;翅宽约 1.4 cm,连同小坚果长 3.2～3.8 cm,张开近于锐角或直角。花期 4 月,果期 9 月。

建始槭

拉丁学名:*Acer henryi* Pax　落叶乔木植物,高约 10 m。树皮浅褐色。小枝圆柱形,当年生嫩枝紫绿色,有短柔毛,多年生老枝浅褐色,无毛。冬芽细小,鳞片 2,卵形,褐色,镊合状排列。叶纸质,3 小叶组成复叶;小叶椭圆形或长圆椭圆形,长 6～12 cm,宽 3～5 cm,先端渐尖,基部楔形、阔楔形或近于圆形,全缘或近先端部分有稀疏的 3～5 个钝锯齿,顶生小叶的柄长约 1 cm,侧生小叶的柄长 3～5 mm,有短柔毛;嫩时两面无毛或有短柔毛,在下面沿叶脉被毛更密,渐老时无毛;主脉和侧脉均在下面较在上面显著;叶柄长 4～8 cm,有短柔毛。

穗状花序,下垂,长 7～9 cm,有短柔毛,常由 2～3 年生无叶的小枝旁边生出,近于无花梗,花序下无叶,花淡绿色,单性,雄花与雌花异株;花瓣 5,短小或不发育;雄花有雄蕊 4～6。翅果嫩时淡紫色,成熟后黄褐色,小坚果突起,长圆形,长约 1 cm,宽约 5 mm,脊纹显著,连同小坚果长 2～2.5 cm,张开成锐角或近于直立。果梗长约 2 mm。花期 4 月,果期 9 月。

长柄槭

拉丁学名:*Acer longipes* Franch. ex Rehd.　当年生嫩枝紫绿色,无毛,多年生老枝淡紫色或紫灰色,具圆形或卵形的皮孔。冬芽小,具 4 枚鳞片,边缘有纤毛。叶纸质,基部近于心脏形,长 8～12 cm,宽 7～13 cm,通常 3 裂,裂片三角形,先端锐尖并具小尖头,长 3～5 cm,宽 2～4 cm;上面深绿色,无毛,下面淡绿色,有灰色短柔毛,在叶脉上更密;叶柄细瘦,长 5～9 cm,无毛或上段有短柔毛。伞房花序,顶生,长约 8 cm,直径 7～12 cm,无毛,总花梗长 1～1.5 cm。花淡绿色,杂性,雄花与两性花同株,开花在叶长大以后;萼片 5,长圆椭圆形,先端微钝,黄绿色,长约 4 mm;花瓣 5,黄绿色,长圆倒卵形,与萼片等长;雄蕊

8,无毛,生于雄花中者长于花瓣,在两性花中较短,花药黄色,球形;花盘位于雄蕊外侧,微现裂纹。小坚果压扁状,长 1~1.3 cm,宽约 7 mm,嫩时紫绿色,成熟时黄色或黄褐色;翅宽 1 cm,连同小坚果共长 3~3.5 cm,张开成锐角。花期 4 月,果期 9 月。

鸡爪槭

拉丁学名:*Acer palmatum* Thunb 落叶小乔木。树皮深灰色,小枝细瘦;当年生枝紫色或淡紫绿色;多年生枝淡灰紫色或深紫色。叶纸质,外貌圆形,直径 6~10 cm,基部心脏形或近于心脏形,5~9 掌状分裂,通常 7 裂,裂片长圆卵形或披针形,先端锐尖或长锐尖,边缘具紧贴的尖锐锯齿;裂片间的凹缺钝尖或锐尖,深达叶片的直径的 1/2 或 1/3;上面深绿色,无毛;下面淡绿色,在叶脉的脉腋被有白色丛毛;主脉在上面微显著,在下面突起;叶柄长 4~6 cm,细瘦,无毛。

花紫色,杂性,雄花与两性花同株,生于无毛的伞房花序,总花梗长 2~3 cm,叶发出以后才开花;萼片 5,卵状披针形,先端锐尖,长约 3 mm;花瓣 5,椭圆形或倒卵形,先端钝圆;雄蕊 8,无毛,较花瓣略短而藏于其内;花盘位于雄蕊的外侧,微裂。翅果嫩时紫红色,成熟时淡棕黄色。小坚果球形,直径约 7 mm,脉纹显著;翅与小坚果共长 2~2.5 cm,宽约 1 cm,张开成钝角。花期 5 月,果期 9 月。

飞蛾槭

拉丁学名:*Acer oblongum* Wall. ex DC. 常绿乔木,常高达 10 m,稀达 20 m。树皮灰色或深灰色,粗糙,裂成薄片脱落。小枝细瘦,近于圆柱形;当年生嫩枝紫色或紫绿色,近于无毛;多年生老枝褐色或深褐色。冬芽小,褐色,近于无毛。叶革质,长圆卵形,长 5~7 cm,宽 3~4 cm,全缘,基部钝形或近于圆形,先端渐尖或钝尖;下面有白粉;主脉在上面显著,在下面突起,侧脉 6~7 对,基部的一对侧脉较长,其长度为叶片的 1/3~1/2,小叶脉显著,成网状;叶柄长 2~3 cm,黄绿色,无毛。花杂性,绿色或黄绿色,雄花与两性花同株,常成被短毛的伞房花序,顶生于具叶的小枝;萼片 5,长圆形,先端钝尖,长约 2 mm;花瓣 5,倒卵形,长约 3 mm;雄蕊 8,细瘦,无毛,花药圆形;花盘微裂,位于雄蕊外侧;花梗长 1~2 cm,细瘦。翅果嫩时绿色,成熟时淡黄褐色;小坚果突起成四棱形,长约 7 mm,宽约 5 mm;翅与小坚果长 1.8~2.5 cm,宽约 8 mm,张开近于直角;果梗长 1~2 cm,细瘦,无毛。花期 4 月,果期 9 月。

三角槭

拉丁学名:*Acer buergerianum* Miq. 落叶乔木,高 5~10 m,稀可达 20 m。树皮褐色或深褐色,粗糙。小枝细瘦;当年生枝紫色或紫绿色,近于无毛;多年生枝淡灰色或灰褐色。冬芽小,褐色,长卵圆形,鳞片内侧被长柔毛。

叶纸质,基部近于圆形或楔形,外貌椭圆形或倒卵形,长 6~10 cm,通常浅 3 裂,裂片向前延伸,中央裂片三角卵形,急尖、锐尖或短渐尖;侧裂片短钝尖或甚小,以至于不发育,裂片边缘通常全缘;裂片间的凹缺钝尖;上面深绿色,下面黄绿色或淡绿色,被白粉,略被毛,在叶脉上较密;初生脉 3 条,后成 5 条,在上面不显著,在下面显著;侧脉通常在两面都不显著;叶柄长2.5~5 cm,淡紫绿色,细瘦,无毛。

花多数常成顶生被短柔毛的伞房花序,直径约3 cm,总花梗长1.5~2 cm,开花在叶长大以后;萼片5,黄绿色,卵形,无毛,长约1.5 mm;花瓣5,淡黄色,狭窄披针形或匙状披针形,先端钝圆,雄蕊8,与萼片等长或微短,花盘无毛,微分裂,位于雄蕊外侧;花梗长5~10 mm,细瘦,嫩时被长柔毛,渐老近于无毛。翅果黄褐色;小坚果特别突起,直径约6 mm;翅与小坚果共长2~2.5 cm,宽9~10 mm,中部最宽,基部狭窄,张开成锐角或近于直立。花期4月,果期8月。

茶条槭

拉丁学名:*Acer ginnala* Maxim. 落叶灌木或小乔木,高5~6 m。树皮粗糙,微纵裂,灰色,小枝细瘦,近于圆柱形,无毛,当年生枝绿色或紫绿色,多年生枝淡黄色或黄褐色,皮孔椭圆形或近于圆形,淡白色。冬芽细小,淡褐色,鳞片8枚,近边缘具长柔毛,覆叠。叶纸质,基部圆形,截形或略近于心脏形,叶片长圆卵形或长圆椭圆形,长6~10 cm,宽4~6 cm,常较深的3~5裂;中央裂片锐尖或狭长锐尖,侧裂片通常钝尖,向前伸展,各裂片的边缘均具不整齐的钝尖锯齿,裂片间的凹缺钝尖;上面深绿色,无毛,下面淡绿色,近于无毛,主脉和侧脉均在下面较在上面为显著;叶柄长4~5 cm,细瘦,绿色或紫绿色,无毛。伞房花序长约6 cm,无毛,具多数的花;花梗细瘦,长3~5 cm。

花杂性,雄花与两性花同株;萼片5,卵形,黄绿色,外侧近边缘被长柔毛;花瓣5,长圆卵形,白色,较长于萼片;雄蕊8,与花瓣近于等长,花丝无毛,花药黄色。果实黄绿色或黄褐色;小坚果嫩时被长柔毛,脉纹显著,长约8 mm,宽约5 mm;翅连同小坚果长2.5~3 cm,宽8~10 mm,中段较宽或两侧近于平行,张开近于直立或成锐角。花期5月,果期10月。

葛萝槭

拉丁学名:*Acer davidii* Franch. subgrosseri(Pax)P. C. de Jong 落叶乔木。树皮光滑,淡褐色。小枝无毛,细瘦,当年生枝绿色或紫绿色,多年生枝灰黄色或灰褐色。叶纸质,卵形,长7~9 cm,宽5~6 cm,边缘具密而尖锐的重锯齿,基部近于心脏形,5裂;中裂片三角形或三角状卵形,先端钝尖,有短尖尾;侧裂片和基部的裂片钝尖,或不发育,上面深绿色,无毛;下面淡绿色,嫩时在叶脉基部被有淡黄色丛毛,渐老则脱落;叶柄长2~3 cm,细瘦,无毛。花淡黄绿色,单性,雌雄异株,常成细瘦下垂的总状花序;萼片5,长圆卵形,先端钝尖,长约3 mm;花瓣5,倒卵形,长约3 mm,宽约2 mm;雄蕊8,无毛,在雌花中不发育;花梗长3~4 mm。翅果嫩时淡紫色,成熟后黄褐色;小坚果长约7 mm,宽约4 mm,略微扁平;翅连同小坚果长2.5~2.0 cm,宽约5 mm,张开成钝角或近于水平。花期4月,果期9月。

长裂葛萝槭

拉丁学名:*Acer grosseri* var. hersii 落叶乔木。树皮光滑,灰色;大枝青绿色,纵裂成蛇皮状,小枝无毛,当年生枝绿色或紫绿色,多年生枝绿色。叶对生,纸质,卵圆形全近圆形,长 7 ~ 10 cm,有短尖尾。总状花序顶生,下垂,花淡黄绿色,单性,雌雄异株。翅果,两翅张开成钝角或近于水平;小坚果略微扁平。

五角枫

拉丁学名:*Acer mono* Maxim.　落叶乔木,高可达 15 ~ 20 m,树皮粗糙,常纵裂,灰色,小枝细瘦,无毛,当年生枝绿色或紫绿色,多年生枝灰色或淡灰色,具圆形皮孔。冬芽近于球形,鳞片卵形,外侧无毛,边缘具纤毛。

叶纸质,基部截形或近于心脏形,叶片的外貌近于椭圆形,长 6 ~ 8 cm,宽 9 ~ 11 cm,常 5 裂,有时 3 裂及 7 裂的叶生于同一树上;裂片卵形,先端锐尖或尾状锐尖,全缘,裂片间的凹缺常锐尖,深达叶片的中段,上面深绿色,无毛,下面淡绿色,除了在叶脉上或脉腋被黄色短柔毛,其余部分无毛;主脉 5 条,在上面显著,在下面微突起,侧脉在两面均不显著;叶柄长 4 ~ 6 cm,细瘦,无毛。

花多数,杂性,雄花与两性花同株,多数常成无毛的顶生圆锥状伞房花序,长与宽均约 4 cm,生于有叶的枝上,花序的总花梗长 1 ~ 2 cm,花的开放与叶的生长同时;花瓣 5,淡白色,椭圆形或椭圆倒卵形,长约 3 mm;雄蕊 8,无毛,比花瓣短,位于花盘内侧的边缘,花药黄色,椭圆形;花梗长约 1 cm,细瘦无毛。翅果嫩时紫绿色,成熟时淡黄色;小坚果压扁状,长 1 ~ 1.3 cm,宽 5 ~ 8 mm;翅长圆形,宽 5 ~ 10 mm,连同小坚果长 2 ~ 2.5 cm,张开成锐角或近于钝角。花期 5 月,果期 9 月。

中华槭

拉丁学名:*Acer sinense* Pax　落叶乔木,高 3 ~ 5 m,稀达 10 m。树皮平滑,淡黄褐色或深黄褐色。小枝细瘦,无毛,当年生枝淡绿色或淡紫绿色,多年生枝绿褐色或深褐色,平滑。冬芽小,在叶脱落以前常为膨大的叶柄基部所覆盖,鳞片 6,边缘有长柔毛及纤毛。叶近于革质,基部心脏形或近于心脏形,长 10 ~ 14 cm,宽 12 ~ 15 cm,常 5 裂;裂片长圆卵形或三角状卵形,先端锐尖,除靠近基部的部分外其余的边缘有紧贴的圆齿状细锯齿;裂片间的凹缺锐尖,深达叶片长度的 1/2,上面深绿色,无毛,下面淡绿色,有白粉,除脉腋有黄色丛毛外其余部分无毛;主脉在上面显著,在下面突起,侧脉在上面微显著,在下面显著;叶柄粗状,无毛,长 3 ~ 5 cm。花杂性,雄花与两性花同株,多花组成下垂的顶生圆锥花序,长 5 ~ 9 cm,总花梗长 3 ~ 5 cm;萼片 5,淡绿色,卵状长圆形或三角状长圆形,先端微钝尖,边缘微有纤毛,长 3 mm;花瓣 5,白色,长圆形或阔椭圆形;雄蕊 5 ~ 8,长于萼片,在两性花中很短,花药黄色;花盘肥厚,位于雄蕊的外侧,微被长柔毛;子房有白色疏柔毛,在雄花中不发育,花柱无毛,长 3 ~ 4 mm,柱头平展或反卷;花梗细瘦,无毛,长约 5 mm。翅果淡黄色,无毛,常生成下垂的圆锥序;小坚果椭圆形,特别突起,长 5 ~ 7 mm,宽 3 ~ 4 mm;翅宽约 1 cm,连同小坚果长 3 ~ 3.5 cm,张开成直角。花期 5 月,果期 9 月。

本种的叶近于革质,裂片边缘有紧贴的圆齿状细锯齿,下面略有白粉,花序圆锥状,花柱较长,花盘有长柔毛,子房有很密的白色疏柔毛,翅果长 3 ~ 3.5 cm,张开近于锐角或钝角,为本种极显著的特征。

五裂槭

拉丁学名:*Acer oliverianum* 落叶小乔木,高 4～7 m。树皮平滑,淡绿色或灰褐色,常被蜡粉。小枝细瘦,无毛或微被短柔毛,当年生嫩枝紫绿色,多年生老枝淡褐绿色。冬芽卵圆形,鳞片近于无毛。叶纸质,长 4～8 cm,宽 5～9 cm,基部近于心脏形或近于截形,5裂;裂片三角状卵形或长圆卵形,先端锐尖,边缘有紧密的细锯齿;裂片间的凹缺锐尖,深达叶片的 1/3 或 1/2,上面深绿色或略带黄色,无毛,下面淡绿色,除脉腋有丛毛外其余部分无毛;主脉在上面显著,在下面突起,侧脉在上面微显著,在下面显著;叶柄长 2.5～5 cm,细瘦,无毛或靠近顶端部分微有短柔毛。花杂性,雄花与两性花同株,常生成无毛的伞房花序,开花与叶的生长同时;萼片 5,紫绿色,卵形或椭圆卵形,先端钝圆,长 3～4 mm;花瓣 5,淡白色,卵形,先端钝圆,长 3～4 mm;雄蕊 8,生于雄花者比花瓣稍长,花丝无毛,花药黄色,雌花的雄蕊很短。翅果常生于下垂的小坚果突起,长约 6 mm,宽约 4 mm,脉纹显著;翅嫩时淡紫色,成熟时黄褐色,镰刀形,连同小坚果共长 3～3.5 cm,宽约 1 cm,张开近水平。花期 5 月,果期 9 月。

36 七叶树科

拉丁学名:*Hippocastanaceae* 乔木,稀灌木,落叶,稀常绿。冬芽大型,顶生或腋生,有树脂或否。叶对生,系 3～9 枚小叶组成的掌状复叶,无托叶,叶柄通常长于小叶,无小叶柄或有长达 3 cm 的小叶柄。聚伞圆锥花序,侧生小花序系蝎尾状聚伞花序或二歧式聚伞花序。花杂性,雄花常与两性花同株;木整齐或近于整齐;萼片 4～5,基部联合成钟形或管状抑或完全离生,整齐或否,排列成镊合状或覆瓦状;花瓣 4～5,与萼片互生,大小不等,基部爪状;雄蕊 5～9,着生于花盘内部,长短不等,花盘全部发育成环状或仅一部分发育,不裂或微裂。

七叶树

拉丁学名:*Aesculus chinensis* Bunge 落叶乔木,高可达 25 m,树皮深褐色或灰褐色,小枝圆柱形,黄褐色或灰褐色,无毛或嫩时有微柔毛,有圆形或椭圆形淡黄色的皮孔。冬芽大形,有树脂。掌状复叶,由 5～7 小叶组成,叶柄长 10～12 cm,有灰色微柔毛;小叶纸质,长圆披针形至长圆倒披针形,基部楔形或阔楔形,边缘有钝尖形的细锯齿,长 8～16 cm,宽 3～5 cm,上面深绿色,无毛,下面除中肋及侧脉的基部嫩时有疏柔毛外,其余部分无毛;中肋在上面显著,在下面突起,侧脉 13～17 对,在上面微显著,在下面显著;中央小叶的小叶柄长 1～1.8 cm,两侧的小叶柄长 5～10 mm,有灰色微柔毛。

花序圆筒形,连同长 5～10 cm 的总花梗在内共长 21～25 cm,花序总轴有微柔毛,小花序常由 5～10 朵花组成,平斜向伸展,有微柔毛,长 2～2.5 cm,花梗长 2～4 mm。花杂性,雄花与两性花同株,花萼管状钟形,长 3～5 mm,外面有微柔毛,不等地 5 裂,裂片钝形,边缘有短纤毛;花瓣 4,白色,长圆倒卵形至长圆倒披针形,长 8～12 mm,宽 5～1.5

mm,边缘有纤毛,基部爪状;雄蕊6,长1.8～3 cm,花丝线状,无毛,花药长圆形,淡黄色。果实球形或倒卵圆形,顶部短尖或钝圆而中部略凹下,直径3～4 cm,黄褐色,无刺,具很密的斑点,果壳干后厚5～6 mm,种子常1～2粒发育,近于球形,直径2～3.5 cm,栗褐色。花期4～5月,果期10月。

37 无患子科

拉丁学名:*Sapindaceae* 乔木或灌木,有时为草质或木质藤本,羽状复叶或掌状复叶,很少单叶,互生,通常无托叶。聚伞圆锥花序顶生或腋生;苞片和小苞片小;花通常小,单性,很少杂性或两性,辐射对称或两侧对称;雄花:萼片4或5,有时6片,等大或不等大,离生或基部合生,覆瓦状排列或镊合状排列;花瓣4或5,很少6片,有时无花瓣或只有1～4个发育不全的花瓣,离生,覆瓦状排列,内面基部通常有鳞片或被毛;花盘肉质,环状、碟状、杯状或偏于一边,全缘或分裂,很少无花盘。

黄山栾

拉丁学名:*Koelreuteria integrifoliola* 乔木。皮孔圆形至椭圆形;枝具小疣点。叶平展,二回羽状复叶,长45～70 cm;叶轴和叶柄向轴面常有一纵行皱曲的短柔毛;小叶9～17片,互生,少对生,纸质或近革质,斜卵形,长3.5～7 cm,宽2～3.5 cm,顶端短尖至短渐尖,基部阔楔形或圆形,略偏斜,边缘有内弯的小锯齿,两面无毛或上面中脉上被微柔毛,下面密被短柔毛,有时杂以皱曲的毛;小叶柄长约3 mm或近无柄。圆锥花序大型,长35～70 cm,分枝广展,与花梗同被短柔毛;花瓣4,长圆状披针形,瓣片长6～9 mm,顶端钝或短尖,瓣爪长1.5～3 mm,被长柔毛,鳞片深2裂;雄蕊8,长4～7 mm,花丝被白色、开展的长柔毛,下半部毛较多,花药有短疏毛;果瓣椭圆形至近圆形,外面具网状脉纹,内面有光泽;种子近球形,直径5～6 mm。花期7～9月,果期8～10月。

栾树

拉丁学名:*Koelreuteria paniculata* Laxm. 落叶乔木或灌木。叶丛生于当年生枝上,平展,一回、不完全二回或偶有二回羽状复叶,长可达50 cm;小叶7～11片,无柄或具极短的柄,对生或互生,纸质,卵形、阔卵形至卵状披针形,长5～10 cm,宽3～6 cm,顶端短尖或短渐尖,基部钝至近截形,边缘有不规则的钝锯齿,齿端具小尖头,有时近基部的齿疏离呈缺刻状,或羽状深裂达中肋而形成二回羽状复叶,上面仅中脉上散生皱曲的短柔毛,下面在脉腋具毛,有时小叶背面被柔毛。

聚伞圆锥花序长25～40 cm,密被微柔毛,分枝长而广展,在末次分枝上的聚伞花序具花3～6朵,密集呈头状;苞片狭披针形,被小粗毛;花淡黄色,稍芬芳;花梗长2.5～5 mm;萼裂片卵形,边缘具腺状缘毛,呈啮蚀状;花瓣4,开花时向外反折,线状长圆形,长5～9 mm,被长柔毛,瓣片基部的鳞片初时黄色,开花时橙红色,参差不齐的深裂,被疣状皱曲的毛;雄蕊8,在雄花中的长7～9 mm,在雌花中的长4～5 mm,花丝下半部密被白色、开展的长柔毛;花盘偏斜,有圆钝小裂片。蒴果圆锥形,具3棱,长4~6 cm,顶端渐尖,果瓣卵形,外面有网纹,内面平滑且略有光泽;种子近球形,直径6~8 mm。花期6~8月,果期9~10月。

无患子

拉丁学名:*Sapindus* 落叶大乔木,树皮灰褐色或黑褐色;嫩枝绿色,无毛。单回羽状复叶,叶连柄长25~45 cm或更长,叶轴稍扁,上面两侧有直槽,无毛或被微柔毛;小叶5~8对,通常近对生,叶片薄纸质,长椭圆状披针形或稍呈镰形,长7~15 cm或更长,宽2~5 cm,顶端短尖或短渐尖,基部楔形,稍不对称,腹面有光泽,两面无毛或背面被微柔毛;侧脉纤细而密,15~17对,近平行;小叶柄长约5 mm。

花序顶生,圆锥形;花小,辐射对称,花梗常很短;萼片卵形或长圆状卵形,外面基部被疏柔毛;花瓣5,披针形,有长爪,长约2.5 mm,外面基部被长柔毛或近无毛,鳞片2,小耳状;花盘碟状,无毛;雄蕊8,伸出,花丝长约3.5 mm,中部以下密被长柔毛。果的发育分果片近球形,直径2~2.5 cm,橙黄色,干时变黑。花期春季,果期夏秋。

38 清风藤科

拉丁学名:*Sabiaceae* 乔木、灌木或藤本;叶互生,单叶或羽状复叶,无托叶;花两性或杂性异株,小,排成腋生或顶生的聚伞花序或圆锥花序;萼4~5裂,裂片不相等,覆瓦状排列;花瓣4~5,覆瓦状排列,内面2枚常较小;雄蕊5,与花瓣对生,有时仅2枚有花药;子房上位,2~3室,基部常有花盘,每室有胚珠1~2颗,花柱多少合生;果为核果。

珂楠树

拉丁学名:*Meliosma beaniana* 乔木。当年生枝被褐色短绒毛,二年生枝淡灰白色。羽状复叶连柄长15~35 cm,小叶5~13片,纸质,卵形或狭卵形,顶端的卵状椭圆形,长5~15 cm,宽2.5~3.5 cm,先端渐尖,基部阔楔形或圆钝,偏斜,很少近全缘,嫩叶面、叶背、小叶柄及叶轴均被褐色短柔毛,脉腋有明显的黄色毛;侧脉每边8~10条,远离叶缘开叉网结,顶端的小叶柄具节。圆锥花序生于枝上部叶腋,常数个集生于近枝端,广展而下垂,柄长2~5 cm,具2次分枝,被褐色柔毛;花淡黄色;萼片4,卵形,长1.5~2 mm,短尖或圆钝,具稀疏缘毛;外面3片花瓣宽肾形,先端凹,高约2 mm,宽约4 mm;内面2片花瓣约与花丝等长,2尖裂至1/4;发育雄蕊长约2 mm;雌蕊长约2.5 mm,子房无毛。核果球形,直径6~7 mm,核扁球形,腹部平,三角状圆形,侧面平滑,中肋圆钝隆起,腹孔三角形,具三角形的填塞物。花期5~6月,果期8~10月。

垂枝泡花树

拉丁学名:*Meliosma flexuosa* Pamp. 小乔木,芽、嫩枝、嫩叶中脉、花序轴均被淡褐色长柔毛,腋芽通常2枚并生。单叶,膜质,倒卵形或倒卵状椭圆形,长6~12 cm,宽3~3.5

cm,先端渐尖或骤狭渐尖,中部以下渐狭而下延,边缘具疏离、侧脉伸出成凸尖的粗锯齿,叶两面疏被短柔毛,中脉伸出成凸尖;侧脉每边 12 ~ 18 条,脉腋毛不明显;叶柄长 0.5 ~ 2 cm,上面具宽沟,基部稍膨大包裹腋芽。圆锥花序顶生,向下弯垂,连柄长 12 ~ 18 cm,宽 7 ~ 22 cm,主轴及侧枝在果序时呈之字形曲折;花梗长 1 ~ 3 mm;花白色,直径 3 ~ 4 mm;萼片 5,卵形或广卵形,外 1 片特别小,具缘毛;外面 3 片花瓣近圆形,宽 2.5 ~ 3 cm,内面 2 片花瓣长约 0.5 mm,2 裂,裂片广叉开,裂片顶端有缘毛,有时 3 裂则中裂齿微小;发育雄蕊长 1.5 ~ 2 mm,雌蕊长约 1 mm,子房无毛。果近卵形,长约 5 mm,核极扁斜,具明显突起细网纹,中肋锐突起,从腹孔一边至另一边。花期 5 ~ 6 月,果期 7 ~ 9 月。

多花泡花树

拉丁学名:*Meliosma myriantha* Sieb. et Zucc. 落叶乔木,树皮灰褐色,小块状脱落;幼枝及叶柄被褐色平伏柔毛。叶为单叶,膜质或薄纸质,倒卵状椭圆形、倒卵状长圆形或长圆形,长 8 ~ 30 cm,宽 3.5 ~ 12 cm,先端锐渐尖,基部圆钝,基部至顶端有侧脉伸出的刺状锯齿,嫩叶面被疏短毛,后脱落无毛,叶背被展开疏柔毛;侧脉每边 20 ~ 25 条,直达齿端,脉腋有毛,叶柄长 1 ~ 2 cm。圆锥花序顶生,直立,被展开柔毛,分枝细长,主轴具 3 棱,侧枝扁;花直径约 3 mm,具短梗;萼片 5 或 4 片,卵形或宽卵形,顶端圆,有缘毛;外面 3 片花瓣近圆形,宽约 1.5 mm,内面 2 片花瓣披针形,约与外花瓣等长;发育雄蕊长 1 ~ 1.2 mm,雌蕊长约 2 mm。核果倒卵形或球形,直径 4 ~ 5 mm,核中肋稍钝隆起,从腹孔一边不延至另一边,两侧具细网纹,腹部不凹入也不伸出。花期夏季,果期 5 ~ 9 月。

清风藤

拉丁学名:*Sabia japonica* Maxim. 落叶攀缘木质藤本;嫩枝绿色,被细柔毛,老枝紫褐色,具白蜡层,常留有木质化成单刺状或双刺状的叶柄基部。芽鳞阔卵形,具缘毛。叶近纸质,卵状椭圆形、卵形或阔卵形,长 3.5 ~ 9 cm,宽 2 ~ 4.5 cm,叶面深绿色,中脉有稀疏毛,叶背带白色,脉上被稀疏柔毛,侧脉每边 3 ~ 5 条;叶柄长 2 ~ 5 mm,被柔毛。花先叶开放,单生于叶腋,基部有苞片 4 枚,苞片倒卵形,长 2 ~ 4 mm;花梗长 2 ~ 4 mm,果时增长至 2 ~ 2.5 cm。

39 | 马鞭草科

拉丁学名:*Verbenaceae* 灌木或乔木,稀为草本。幼茎常四棱形;单叶或复叶;对生,无托叶;花两性,两侧对称,常二唇形;花序多样,花萼 4 ~ 5 裂,筒状连合,宿存;花瓣 4 ~ 5,覆瓦状排列;雄蕊 4,常 2 强,生于花冠筒上;有花盘但不显著;子房上位,通常由 2 心皮组成,全缘或 4 裂,2 ~ 4 室,少有 2 ~ 10 室,每室胚珠 1 ~ 2 颗。果实为核果或浆果,小坚果。种子无胚乳。

水金花

拉丁学名:*Callicarpa salicifolia* Pei et W. Z. Fang 灌木,小枝圆柱形,灰黄色或紫褐

色,幼嫩部分具粉屑状星状毛,老时脱落。叶片狭披针形或披针形,长 5 ~ 14 cm,宽 0.8 ~ 3 cm,顶端渐尖,基部宽楔形或钝圆,两面除主脉稍有星状毛外,余无毛,背面及花的各部分均被紫黑色粒状腺点,侧脉 8 ~ 12 对,边缘具不明显的疏齿;叶柄长 2 ~ 4 mm。聚伞花序紧密,宽 1 ~ 2 cm,花序梗长约 5 mm;苞片细小,线形;花萼杯状,无毛,萼齿不明显或截头状;花冠紫色,开放时长约 3 mm;雄蕊长约 5 mm,花药长圆形,药室纵裂。果实球形,径约 2 mm。花、果期 6 ~ 11 月。

本种叶片及花的各部分均被紫黑色粒状腺点与紫珠 *C. bodinieri* Levl. 相似,但后者叶片多为椭圆形,基部楔形可明显区别。

40 鼠李科

拉丁学名:*Rhamnaceae* 乔木或灌木,有一致的花部结构,花小,两性,多为聚伞花序,花萼筒状,4 ~ 6 浅裂,镊合状排列,花瓣 5 ~ 4,或缺;雄蕊 5,与花瓣对生,且常为花瓣所包藏。花盘明显发育;子房上位或一部分埋藏于花盘内,3 或 2 室,各有一胚珠,核果、翅果、坚果,少数为蒴果。

多花勾儿茶

拉丁学名:*Berchemia floribunda*(Wall.)Brongn. 藤状或直立灌木;幼枝黄绿色,光滑无毛。叶纸质,上部叶较小,卵形或卵状椭圆形至卵状披针形,长 4 ~ 9 cm,宽 2 ~ 5 cm,顶端锐尖,下部叶较大,椭圆形至矩圆形,长达 11 cm,宽达 6.5 cm,顶端钝或圆形,基部圆形,上面绿色,无毛,下面干时栗色,无毛,或仅沿脉基部被疏短柔毛,侧脉每边 9 ~ 12 条,两面稍突起;叶柄长 1 ~ 2 cm,无毛;托叶狭披针形,宿存。花多数,通常数个簇生排成顶生宽聚伞圆锥花序,或下部兼腋生聚伞总状花序,花序长可达 15 cm,侧枝长在 5 cm 以下,花序轴无毛或被疏微毛;花芽卵球形,顶端急狭成锐尖或渐尖;花梗长 1 ~ 2 mm;萼三角形,顶端尖;花瓣倒卵形,雄蕊与花瓣等长。核果圆柱状椭圆形,长 7 ~ 10 mm,直径 4 ~ 5 mm,有时顶端稍宽,基部有盘状的宿存花盘;果梗长 2 ~ 3 mm,无毛。花期 7 ~ 10 月,果期次年 4 ~ 7 月。

勾儿茶

拉丁学名:*Berchemia sinica* Schneid. 藤状或攀缘灌木,幼枝无毛,老枝黄褐色,平滑无毛。叶纸质至厚纸质,互生或在短枝顶端簇生,卵状椭圆形或卵状矩圆形,长 3 ~ 6 cm,宽 1.6 ~ 3.5 cm,顶端圆形或钝,常有小尖头,基部圆形或近心形,上面绿色,无毛,下面灰白色,仅脉腋被疏微毛,侧脉每边 8 ~ 10 条;叶柄纤细,长 1.2 ~ 2.6 cm,带红色,无毛。花芽卵球形,顶端短锐尖或钝;花黄色或淡绿色,单生或数个簇生,无或有短总花梗,在侧枝顶端排成具短分枝的窄聚伞状圆锥花序,花序轴无毛,长达 10 cm,分枝长达 5 cm,有时为腋生的短总状花序;花梗长约 2 mm。核果圆柱形,长 5 ~ 9 mm,直径 2.5 ~ 3 mm,基部稍宽,有皿状的宿存花盘,成熟时紫红色或黑色;果梗长约 3 mm。花期 6 ~ 8 月,果期次年

5~6月。

本种具顶生窄聚伞状圆锥花序,叶顶端圆形或钝,叶柄细长,簇生于短枝上,与其他的种容易区别。

铜钱树

拉丁学名:*Paliurus hemsleyanus* Rehder 乔木,稀灌木,小枝黑褐色或紫褐色,无毛。叶互生,纸质或厚纸质,宽椭圆形、卵状椭圆形或近圆形,长 4~12 cm,宽 3~9 cm,顶端长渐尖或渐尖,基部偏斜,宽楔形或近圆形,边缘具圆锯齿或钝细锯齿,两面无毛,基生三出脉;叶柄长 0.6~2 cm,近无毛或仅上面被疏短柔毛;无托叶刺,但幼树叶柄基部有 2 个斜向直立的针刺。

聚伞花序或聚伞圆锥花序,顶生或兼有腋生,无毛;萼片三角形或宽卵形,宽约 1.8 mm;花瓣匙形,长约 1.8 mm,宽约 1.2 mm;雄蕊长于花瓣;花盘五边形,浅裂。核果草帽状,周围具革质宽翅,红褐色或紫红色,无毛,直径 2~3.8 cm;果梗长 1.2~1.5 cm。花期 4~6 月,果期 7~9 月。

马甲子

拉丁学名:*Paliurus ramosissimus* (Lour.) Poir 灌木,小枝褐色或深褐色,被短柔毛,叶互生,纸质,宽卵状椭圆形或近圆形,长 3~5.5 cm,宽 2.2~5 cm,顶端钝或圆形,基部宽楔形、楔形或近圆形,稍偏斜,边缘具钝细锯齿或细锯齿,上面沿脉被棕褐色短柔毛,幼叶下面密生棕褐色细柔毛,后渐脱落,仅沿脉被短柔毛或无毛,基生三出脉;叶柄长 5~9 mm,被毛,基部有 2 个紫红色斜向直立的针刺,长 0.4~1.7 cm。

腋生聚伞花序,被黄色绒毛;萼片宽卵形,宽 1.6~1.8 mm;花瓣匙形,短于萼片,长 1.5~1.6 mm,雄蕊与花瓣等长或略长于花瓣;花盘圆形,边缘 5 或 10 齿裂。核果杯状,被黄褐色或棕褐色绒毛,周围具木栓质浅裂的窄翅,直径 1~1.7 cm,长 7~8 mm;果梗被棕褐色绒毛;种子紫红色或红褐色,扁圆形。花期 5~8 月,果期 9~10 月。

猫乳

拉丁学名:*Rhamnella franguloides* (Maxim.) Weberb. 灌木或小乔木,幼枝绿色,被短柔毛或密柔毛。叶倒卵状矩圆形、倒卵状椭圆形、矩圆形或长椭圆形,长 4~12 cm,宽 2~5 cm,顶端尾状渐尖、渐尖或骤然收缩成短渐尖,基部圆形,稍偏斜,边缘具细锯齿,上面绿色,无毛,下面黄绿色,被柔毛或仅沿脉被柔毛,侧脉每边 5~11 条;叶柄长 2~6 mm,被密柔毛;托叶披针形,长 3~4 mm,基部与茎离生,宿存。花黄绿色,两性,6~18 个排成腋生聚伞花序;总花梗长 1~4 mm,被疏柔毛或无毛;萼片三角状卵形,边缘被疏短毛;花瓣宽倒卵形,顶端微凹;花梗长 1.5~4 mm,被疏毛或无毛。核果圆柱形,长 7~9 mm,直径 3~4.5 mm,成熟时红色或橘红色,干后变黑色或紫黑色;果梗长 3~5 mm,被疏柔毛或无毛。花期 5~7 月,果期 7~10 月。

刺鼠李

拉丁学名:*Rhamnus dumetorum* Schneid　灌木,小枝浅灰色或灰褐色,树皮粗糙,无光泽,对生或近对生,枝端和分权处有细针刺,当年生枝有细柔毛或近无毛。叶纸质,对生或近对生,或在短枝上簇生,椭圆形,长 2.5~9 cm,宽 1~3.5 cm,顶端锐尖或渐尖,基部楔形,边缘具不明显的波状齿或细圆齿,上面绿色,被疏短柔毛,下面稍淡,沿脉有疏短毛,或腋脉有簇毛,侧脉每边 4~5 条,上面稍下陷,下面突起,脉腋常有浅窝孔;叶柄长 2~7 mm,有短微毛;托叶披针形,短于叶柄或几与叶柄等长。花单性,雌雄异株,4 基数,有花瓣;花梗长 2~4 mm;雄花数个;雌花数个至 10 余个簇生于短枝顶端,被微毛,花柱 2 浅裂或半裂。核果球形,直径约 5 mm,基部有宿存的萼筒,具 2 或 1 分核;果梗长 3~6 mm,有疏短毛;种子黑色或紫黑色,背面基部有短沟,上部有沟缝。花期 4~5 月,果期 6~10 月。

鼠李

拉丁学名:*Rhamnus davurica* Pall　灌木或小乔木,幼枝无毛,小枝对生或近对生,褐色或红褐色,稍平滑,枝顶端常有大的芽而不形成刺,或有时仅分权处具短针刺;顶芽及腋芽较大,卵圆形,长 5~8 mm,鳞片淡褐色,有明显的白色缘毛。叶纸质,对生或近对生,或在短枝上簇生,宽椭圆形或卵圆形,长 4~13 cm,宽 2~6 cm,顶端突尖或短渐尖至渐尖,基部楔形或近圆形,边缘具圆齿状细锯齿,齿端常有红色腺体,上面无毛或沿脉有疏柔毛,下面沿脉被白色疏柔毛,侧脉每边 4~5 条,两面突起,网脉明显;叶柄长 1.5~4 cm,无毛或上面有疏柔毛。花单性,雌雄异株,4 基数,有花瓣,雌花 1~3 个生于叶腋或数个至 20 余个簇生于短枝端,有退化雄蕊,花柱 2~3 浅裂或半裂;花梗长 7~8 mm。核果球形,黑色,直径 5~6 mm,具 2 个分核,基部有宿存的萼筒;果梗长 1~1.2 cm;种子卵圆形,黄褐色,背侧有与种子等长的狭纵沟。花期 5~6 月,果期 7~10 月。

圆叶鼠李

拉丁学名:*Rhamnus globosa* Bunge　灌木,稀小乔木,小枝对生或近对生,灰褐色,顶端具针刺,幼枝和当年生枝被短柔毛。叶纸质或薄纸质,对生或近对生,或在短枝上簇生,近圆形、倒卵状圆形或卵圆形,长 2~6 cm,宽 1.2~4 cm,顶端突尖或短渐尖,基部宽楔形或近圆形,边缘具圆齿状锯齿,上面绿色,初时被密柔毛,后渐脱落或仅沿脉及边缘被疏柔毛,下面淡绿色,全部或沿脉被柔毛,侧脉每边 3~4 条,上面下陷,下面突起,网脉在下面明显,叶柄长 6~10 mm,被密柔毛;托叶线状披针形,宿存,有微毛。花单性,雌雄异株,通常数个至 20 个簇生于短枝端或长枝下部叶腋,4 基数,有花瓣,花萼和花梗均有疏微毛,花柱 2~3 浅裂或半裂;花梗长 4~8 mm。核果球形或倒卵状球形,长 4~6 mm,直径 4~5 mm,基部有宿存的萼筒,具 2 个分核,成熟时黑色;果梗长 5~8 mm,有疏柔毛;种子黑褐色,有光泽,背面或背侧有长为种子 3/5 的纵沟。花期 4~5 月,果期 6~10 月。

薄叶鼠李

拉丁学名:*Rhamnus leptophylla* Schneid.　灌木,稀小乔木,小枝对生或近对生,褐色或黄褐色,平滑无毛,有光泽,芽小,鳞片数个,无毛。叶纸质,对生或近对生,或在短枝上簇生,倒卵形至倒卵状椭圆形,长3~8 cm,宽2~5 cm,顶端短突尖或锐尖,基部楔形,边缘具圆齿或钝锯齿,上面深绿色,无毛或沿中脉被疏毛,下面浅绿色,仅脉腋有簇毛,侧脉每边3~5条,具不明显的网脉,上面下陷,下面突起;叶柄长0.8~2 cm,上面有小沟,无毛或被疏短毛;托叶线形,早落。花单性,雌雄异株,4基数,有花瓣,花梗长4~5 mm,无毛;雄花10~20个簇生于短枝端;雌花数个至10余个簇生于短枝端或长枝下部叶腋,退化雄蕊极小,花柱2半裂。核果球形,直径4~6 mm,长5~6 mm,基部有宿存的萼筒,有2~3个分核,成熟时黑色;果梗长6~7 mm;种子宽倒卵圆形,背面具长为种子2/3~3/4的纵沟。

皱叶鼠李

拉丁学名:*Rhamnus rugulosa* Hemsl. 灌木,当年生枝灰绿色,后变红紫色,被细短柔毛,老枝深红色或紫黑色,平滑无毛,有光泽,互生,枝端有针刺;腋芽小,卵形,鳞片数个,被疏毛。叶厚纸质,通常互生,或2~5片在短枝端簇生,倒卵状椭圆形、倒卵形或卵状椭圆形,长3~10 cm,宽2~6 cm,顶端锐尖或短渐尖,基部圆形或楔形,边缘有钝细锯齿或细浅齿,或下部边缘有不明显的细齿,上面暗绿色,被密或疏短柔毛,干时常皱褶,下面灰绿色或灰白色,有白色密短柔毛,侧脉每边5~7条,上面下陷,下面突起;叶柄长5~16 mm,被白色短柔毛;托叶长线形,有毛,早落。花单性,雌雄异株,黄绿色,被疏短柔毛,4基数,有花瓣;花梗长5 mm,有疏毛;雄花数个至20个,雌花1~10个簇生于当年生枝下部或短枝顶端;雌花有退化雄蕊,子房球形,3~2室,每室有1胚珠,花柱长而扁。核果倒卵状球形或圆球形,长6~8 mm,直径4~7 mm,成熟时紫黑色或黑色,具2分核,基部有宿存的萼筒;果梗长5~10 mm,被疏毛;种子矩圆状倒卵圆形,褐色,有光泽,长达7 mm,背面有与种子近等长的纵沟。花期4~5月,果期6~9月。

小叶鼠李

拉丁学名:*Rhamnus parvifolia* Bunge 灌木,小枝对生或近对生,紫褐色,初时被短柔毛,后变无毛,平滑,稍有光泽,枝端及分杈处有针刺;芽卵形,鳞片数个,黄褐色。叶纸质,对生或近对生,或在短枝上簇生,菱状倒卵形或菱状椭圆形,长1.2~4 cm,宽0.8~2 cm,顶端钝尖或近圆形,基部楔形或近圆形,边缘具圆齿状细锯齿,上面深绿色,无毛或被疏短柔毛,下面浅绿色,干时灰白色,无毛或脉腋窝孔内有疏微毛,侧脉每边2~4条,两面突起,网脉不明显;叶柄长4~15 mm,上面沟内有细柔毛;托叶钻状,有微毛。花单性,雌雄异株,黄绿色,4基数,有花瓣,通常数个簇生于短枝上;花梗长4~6 mm,无毛;雌花花柱2半裂。核果倒卵状球形,直径4~5 mm,成熟时黑色,具2分核,基部有宿存的萼筒;种子矩圆状倒卵圆形,褐色,背侧有长约为种子4/5的纵沟。花期4~5月,果期6~9月。

长叶绿柴

拉丁学名:*Rhamnella franguloides* (Maxim.) 落叶灌木或小乔木,幼枝绿色,被短柔毛或密柔毛。叶互生;叶柄长2~6 mm,被密柔毛;托叶披针形,长3~4 mm,基部与茎离生,宿存;叶片倒卵状长圆形、倒卵状椭圆形或长椭圆形,长4~12 cm,宽2~5 cm,先端尾状渐尖,基部圆形,稍偏斜,边缘具细锯齿,上面绿色,无毛,下面黄绿色,被柔毛或仅沿脉被柔毛。聚伞花序腋生,花两性,黄绿色,总花梗长 1 ~ 4 mm,被疏柔毛或无毛;萼片 5,三角形,边缘被疏短毛;花瓣 5,宽倒卵形,先端微凹;雄蕊 5;子房上位,1 室或不完全 2 室,花柱先端 2 浅裂。核果圆柱形,长 7 ~ 9 mm,直径 3 ~ 5 mm,成熟时红色或橘红色,干后变黑色或紫黑色。花期 5 ~ 7 月,果期 7 ~ 10 月。

对节刺

拉丁学名:*Sageretia pycnophylla* Schneid.　常绿直立灌木,具枝刺;小枝对生或近对生,红褐色或黑褐色,被短柔毛。叶小,革质,互生或近对生,常 2 列,矩圆形或卵状椭圆形,长 5 ~ 20 mm,宽 3 ~ 11 mm,顶端圆钝,常有细尖头,基部近圆形,边缘具细锯齿或近全缘,上面绿色,平滑,下面干时黄绿色,有不明显的网脉,侧脉每边 4 ~ 5 条,两面无毛;叶柄长 1 ~ 2 mm,被短柔毛;托叶小,披针状钻形,脱落。花无梗,极小,白色,无毛,排成顶生穗状或穗状圆锥花序;花序轴被疏或密短柔毛,长达 9 cm;萼片三角状卵形,顶端尖,内面中肋顶端增厚而成小喙;花瓣匙形或倒卵状披针形,短于萼片,顶端深凹;雄蕊背着药,略长于花瓣或等长;子房球形,3 室,花柱粗短,柱头头状,3 裂。核果近球形,直径 4 ~ 5 mm,成熟时黑紫色,具 2 ~ 3 分核;种子淡黄色,顶端微凹。花期 7 ~ 10 月,果期次年 5 ~ 6 月。

尾叶雀梅藤

拉丁学名:*Sageretia subcaudata* Schneid.　藤状或直立灌木,小枝黑褐色,无毛或被疏短柔毛。叶纸质或薄革质,近对生或互生,卵形、卵状椭圆形或矩圆形,长 4 ~ 10 cm,宽 2 ~ 4.5 cm,顶端尾状渐尖或长渐尖,基部心形或近圆形,边缘具浅锯齿,上面绿色,无毛,下面初时被柔毛,后渐脱落,或仅沿脉被疏柔毛,侧脉每边 7 ~ 10 条,上面明显下陷,下面突起,具明显的网脉;叶柄长 5 ~ 11 mm,上面具沟,被密或疏柔毛;托叶丝状,长达 6 mm。花无梗,黄白色或白色。通常单生或 2 ~ 3 个簇生排成顶生或腋生疏散穗状或穗状圆锥花序;花序轴长 3 ~ 6 cm,被黄色绒毛,苞片三角状钻形,无毛;花萼外面被疏短柔毛,萼片三角形,顶端尖;花瓣倒卵形,短于萼片,顶端微凹;雄蕊约与花瓣等长。核果球形,具 2 分核,成熟时黑色;种子宽倒卵形,黄色,扁平。花期 7 ~ 11 月,果期次年 4 ~ 5 月。

雀梅藤

拉丁学名:*Sageretia thea* (Osbeck) Johnst.　藤状或直立灌木;小枝具刺,互生或近对生,褐色,被短柔毛。叶纸质,近对生或互生,通常椭圆形、矩圆形或卵状椭圆形,长 1 ~ 4.5 cm,宽 0.7 ~ 2.5 cm,顶端锐尖,钝或圆形,基部圆形或近心形,边缘具细锯齿,上面绿色,无毛,下面浅绿色,无毛或沿脉被柔毛,侧脉每边 3 ~ 4 条,上面不明显,下面明显突起;叶柄长 2 ~ 7 mm,被短柔毛。花无梗,黄色,有芳香,通常 2 至数个簇生排成顶生或腋生疏散穗状或圆锥状穗状花序;花序轴长 2 ~ 5 cm,被绒毛或密短柔毛;花萼外面被疏柔毛;萼片三角形或三角状卵形,长约 1 mm;花瓣匙形,顶端 2 浅裂,常内卷,短于萼片;花柱极短,柱头 3 浅裂,子房 3 室,每室具 1 胚珠。核果近圆球形,直径约 5 mm,成熟时黑色或紫黑色,具 1 ~ 3 分核,味酸;种子扁平,两端微凹。花期 7 ~ 11 月,果期次年 3 ~ 5 月。

枣

拉丁学名:*Ziziphus jujuba* Mill. 落叶乔木,树皮褐色或灰褐色;有长枝,短枝和无芽小枝(新枝)比长枝光滑,紫红色或灰褐色,呈之字形曲折,具2个托叶刺,长刺可达3 cm,粗直,短刺下弯,长4~6 mm;短枝短粗,矩状,自老枝发出;当年生小枝绿色,下垂,单生或2~7个簇生于短枝上。

叶纸质,卵形、卵状椭圆形或卵状矩圆形;长3~7 cm,宽1.5~4 cm,顶端钝或圆形,具小尖头,基部稍不对称,近圆形,边缘具圆齿状锯齿,上面深绿色,无毛,下面浅绿色,无毛或仅沿脉多少被疏微毛,基生三出脉;叶柄长1~6 mm,或在长枝上的可达1 cm,无毛或有疏微毛;托叶刺纤细,后期常脱落。

花黄绿色,两性,5基数,无毛,具短总花梗,单生或2~8个密集成腋生。聚伞花序;花梗长2~3 mm;萼片卵状三角形;花瓣倒卵圆形,基部有爪,与雄蕊等长;花盘厚,肉质,圆形,5裂;子房下部藏于花盘内,与花盘合生,2室,每室有1胚珠,花柱2半裂。核果矩圆形或长卵圆形,长2~3.5 cm,直径1.5~2 cm,成熟时红色,后变红紫色,中果皮肉质,厚,味甜,核顶端锐尖,基部锐尖或钝,2室,具1粒种子,果梗长2~5 mm;种子扁椭圆形,长约1 cm,宽约8 mm。花期5~7月,果期8~9月。

酸枣

拉丁学名:*Ziziphus jujuba* Mill. var. spinosa(Bunge)Hu ex H. F. Chow 落叶灌木或小乔木,小枝呈之字形弯曲,紫褐色。酸枣树上的托叶刺有2种,一种直伸,长达3 cm,另一种常弯曲。叶互生,叶片椭圆形至卵状披针形,长1.5~3.5 cm,宽0.6~1.2 cm,边缘有细锯齿,基部三出脉。花黄绿色,2~3朵簇生于叶腋。核果小,近球形或短矩圆形,熟时红褐色,近球形或长圆形,长0.7~1.2 cm,味酸,核两端钝。花期6~7月,果期8~9月。

41 葡萄科

拉丁学名:*Vitaceae* 攀缘木质藤本,具有卷须,或直立灌木,无卷须。单叶、羽状或掌状复叶,互生;托叶通常小而脱落。花小,两性或杂性同株或异株,排列成伞房状多歧聚伞花序、复二歧聚伞花序或圆锥状多歧聚伞花序,4~5基数;萼呈碟形或浅杯状,萼片细小;花瓣与萼片同数,分离或凋谢时呈帽状黏合脱落;雄蕊与花瓣对生,在两性花中雄蕊发育良好,在单性花雌花中雄蕊常较小或极不发达;花盘呈环状或分裂,果实为浆果,有种子1至数粒。

乌头叶蛇葡萄

拉丁学名:*Ampelopsis aconitifolia* Bunge 木质藤本,小枝圆柱形,有纵棱纹,被疏柔毛。卷须2~3叉分枝,相隔2节间断与叶对生。叶为掌状5小叶,小叶3~5羽裂,披针形或菱状披针形,长4~9 cm,宽1.5~6 cm,顶端渐尖,基部楔形,中央小叶深裂,或有时外侧小叶浅裂或不裂,上面绿色无毛或疏生短柔毛,下面浅绿色,无毛或脉上被疏柔毛;小叶有侧脉3~6对,网脉不明显;叶柄长1.5~2.5 cm,无毛或被疏柔毛,小叶几无柄;托叶膜质,褐色,卵披针形,长约3 mm,顶端钝,无毛或被疏柔毛。

花序为疏散的伞房状复二歧聚伞花序,通常与叶对生或假顶生;花序梗长1.5~4 cm,无毛或被疏柔毛,花梗长1.5~2.5 mm,几无毛;花蕾卵圆形,高2~3 mm,顶端圆形;萼碟形,波状浅裂或几全缘,无毛;花瓣5,卵圆形,高1.7~2.7 mm,无毛;雄蕊5,花药卵圆形,长和宽近相等;花盘发达,边缘呈波状;子房下部与花盘合生,花柱钻形,柱头扩大不明显。果实近球形,直径0.6~0.8 cm,有种子2~3粒,种子倒卵圆形,顶端圆形,基部有短喙,种脐在种子背面中部近圆形,种脊向上渐狭呈带状,腹部中棱脊微突出,两侧洼穴呈沟状,从基部向上斜展达种子上部1/3处。花期5~6月,果期8~9月。

掌裂蛇葡萄

拉丁学名:*Ampelopsis delavayana* Planch. var. glabra (Diels & Gilg) C. Li 藤本;卷须分叉,顶端不扩大;叶互生,小叶3~5,光滑无毛;花两性,排成与叶对生的聚伞花序;花萼不明显;花瓣4~5,分离而扩展,逐片脱落;雄蕊短而与花瓣同数;花盘隆起,与子房合生;子房2室,有柔弱的花柱;果为小浆果,有种子1~4粒。

蓝果蛇葡萄

拉丁学名:*Ampelopsis bodinieri* (Levl. et Vant.) Rehd 木质藤本,小枝圆柱形,有纵棱纹,无毛。卷须2叉分枝,相隔2节间断与叶对生。叶片卵圆形或卵椭圆形,不分裂或上部微3浅裂,长7~12.5 cm,宽5~12 cm,顶端急尖或渐尖,基部心形或微心形,边缘每侧有9~19个急尖锯齿,上面绿色,下面浅绿色,两面均无毛;基出脉5,中脉有侧脉4~6对,网脉两面均不明显突出;叶柄长2~6 cm,无毛。花序为复二歧聚伞花序,疏散,花序梗长2.5~6 cm,无毛;花梗长2.5~3 mm,无毛;花蕾椭圆形,高2.5~3 mm,萼浅碟形,萼齿不明显,边缘呈波状,外面无毛;花瓣5,长椭圆形,高2~2.5 mm;雄蕊5,花药黄色,椭圆形;花盘明显。果实近球圆形,直径0.6~0.8 cm,有种子3~4粒,种子倒卵椭圆形,顶端圆钝,基部有短喙,急尖,表面光滑,背腹微侧扁,种脐在种子背面下部向上呈带状渐狭,腹部中棱脊突出,两侧洼穴呈沟状,上部略宽,向上达种子中部以上。花期4~6月,果期7~8月。

三裂蛇葡萄

拉丁学名:*Ampelopsis delavayana* (Franch.) Planch. ex Franch. 木质藤本,小枝圆柱形,有纵棱纹,疏生短柔毛,以后脱落。卷须2~3叉分枝,相隔2节间断与叶对生。叶为3小叶,中央小叶披针形或椭圆披针形,长5~13 cm,宽2~4 cm,顶端渐尖,基部近圆形,侧生小叶卵椭圆形或卵披针形,长4.5~11.5 cm,宽2~4 cm,基部不对称,近截形,边缘有粗锯齿,齿端通常尖细,上面绿色,嫩时被稀疏柔毛,以后脱落几无毛,下面浅绿色,侧脉5~7对,网脉两面均不明显;叶柄长3~10 cm,中央小叶有柄或无柄,侧生小叶无柄,被稀疏柔毛。多歧聚伞花序与叶对生,花序梗长 2~4 cm,被短柔毛;花梗伏生短柔毛;花蕾卵形,高 1.5~2.5 mm,顶端圆形;萼碟形,边缘呈波状浅裂,无毛;花瓣 5,卵椭圆形,高 1.3~2.3 mm,外面无毛,雄蕊 5,花药卵圆形,长和宽近相等,花盘明显,5 浅裂;子房下部与花盘合生,花柱明显,柱头不明显扩大。果实近球形,直径 0.8 cm,有种子 2~3 颗;种子倒卵圆形,顶端近圆形,基部有短喙,种脐在种子背面中部向上渐狭呈卵椭圆形,顶端种脊突出,腹部中棱脊突出,两侧洼穴呈沟状楔形,上部宽,斜向上展达种子中部以上。花期 6~8 月,果期 9~11 月。

异叶蛇葡萄

拉丁学名:*Ampelopsis heterophylla*　木质藤本,小枝圆柱形,有纵棱纹,被疏柔毛。卷须 2~3 叉分枝,相隔 2 节间断与叶对生。叶为单叶,心形或卵形,3~5 中裂,常混生有不分裂者,长 3.5~14 cm,宽 3~11 cm,顶端急尖,基部心形,基缺近呈钝角,边缘有急尖锯齿,上面绿色,无毛,下面浅绿色,脉上有疏柔毛,基出脉 5,中央脉有侧脉 4~5 对,网脉不明显突出;叶柄长 1~7 cm,被疏柔毛;花序梗长 1~2.5 cm,被疏柔毛;花梗长 1~3 mm,疏生短柔毛;花蕾卵圆形,顶端圆形;萼碟形,边缘波状浅齿,外面疏生短柔毛;花瓣 5,卵椭圆形,外面几无毛;雄蕊 5,花药长椭圆形,长大于宽;花盘明显,边缘浅裂;子房下部与花盘合生,花柱明显,基部略粗,柱头不扩大。果实近球形,直径 0.5~0.8 cm,有种子 2~4 粒;种子长椭圆形,顶端近圆形,基部有短喙,种脐在种子背面下部向上渐狭呈卵椭圆形,上部背面种脊突出,腹部中棱脊突出,两侧洼穴呈狭椭圆形,从基部向上斜展达种子顶端。花期 4~6 月,果期 7~10 月。

白蔹

拉丁学名:*Ampelopsis Radix*　落叶攀缘木质藤本,块根粗壮,肉质,卵形、长圆形或长纺锤形,深棕褐色,数个相聚。茎多分枝,幼枝带淡紫色,光滑,有细条纹;卷须与叶对生。掌状复叶互生;叶柄长 3~5 cm,微淡紫色,光滑或略具细毛;叶片长 6~10 cm,宽 7~12 cm;小叶 3~5,羽状分裂或羽状缺刻,裂片卵形至椭圆状卵形或卵状披针形,先端渐尖,基部楔形,边缘有深锯齿或缺刻,中间裂片最长,两侧的较小,中轴有阔翅,裂片基部有关节,两面无毛。聚伞花序小,与叶对生,花序梗长 3~8 cm,细长,常缠绕;花小,黄绿色;花萼 5 浅裂;花瓣、雄蕊各 5;花盘边缘稍分裂。浆果球形,径约 6 mm,熟时白色或蓝色,有针孔状凹点。花期 5~6 月,果期 9~10 月。

蛇葡萄

拉丁学名:*Ampelopsis sinica*(Mig.) W. T. Wang　木质藤本,小枝圆柱形,有纵棱纹。卷须 2~3 叉分枝,相隔 2 节间断与叶对生。叶为单叶,心形或卵形,3~5 中裂,常混生有不分裂者,长 3.5~14 cm,宽 3~11 cm,顶端急尖,基部心形,基缺近呈钝角,边缘有急尖锯齿,叶片上面无毛,下面脉上被稀疏柔毛,边缘有粗钝或急尖锯齿;基出脉 5,中央脉有侧脉 4~5 对,网脉不明显突出;叶柄长 1~7 cm,被疏柔毛;花序梗长 1~2.5 cm,被疏柔毛;花梗长 1~3 mm,疏生短柔毛;花蕾卵圆形,顶端圆形;萼碟形,边缘波状浅齿,外面疏生短柔毛;花瓣5,卵椭圆形,高0.8~1.8 mm,外面几无毛;雄蕊5,花药长椭圆形,长大于宽;花盘明显,边缘浅裂;子房下部与花盘合生,花柱明显,基部略粗,柱头不扩大。果实近球形,直径0.5~0.8 cm,有种子2~4粒;种子长椭圆形,顶端近圆形,基部有短喙,种脐在种子背面下部向上渐狭,呈卵椭圆形,上部背面种脊突出,腹部中棱脊突出,两侧洼穴呈狭椭圆形,从基部向上斜展达种子顶端。花期7~8月,果期9~10月。

灰毛蛇葡萄

拉丁学名:*Ampelopsis bodinieri* (Levl. et Vant.) Rehd. var. cinerea (Gagnep.) Rehd. 藤本,常具与叶对生之卷须;叶互生,单叶或复叶;花小,两性或单性,4~5数,通常排成聚伞花序;萼片分离或基部连合;花瓣与萼片同数,分离或有时帽状黏合而整块脱落;花盘环状或分裂;雄蕊4~6,与花瓣对生;果为浆果。

葎叶蛇葡萄

拉丁学名:*Ampelopsis humulifolia* Bge 木质藤本,小枝圆柱形,有纵棱纹,无毛。卷须2叉分枝,相隔2节间断与叶对生。叶为单叶,3~5浅裂或中裂,长6~12 cm,宽5~10 cm,心状五角形或肾状五角形,顶端渐尖,基部心形,基缺顶端凹成圆形,边缘有粗锯齿,通常齿尖,上面绿色,无毛,下面粉绿色,无毛或沿脉被疏柔毛;叶柄长3~5 cm,无毛或有时被疏柔毛;托叶早落。多歧聚伞花序与叶对生;花序梗长3~6 cm,无毛或被稀疏无毛;花梗长2~3 mm,伏生短柔毛;花蕾卵圆形,高1.5~2 mm,顶端圆形;萼碟形,边缘呈波状,外面无毛;花瓣5,卵椭圆形,高1.3~1.8 mm,外面无毛;雄蕊5,花药卵圆形,长和宽近相等,花盘明显,波状浅裂;子房下部与花盘合生,花柱明显,柱头不扩大。果实近球形,长0.6~10 cm,有种子2~4粒;种子倒卵圆形,顶端近圆形,基部有短喙,种脐在背种子面中部向上渐狭,呈带状长卵形,顶部种脊突出,腹部中棱脊突出,两侧洼穴呈椭圆形,从下部向上斜展达种子上部1/3处。花期5~7月,果期5~9月。

山葡萄

拉丁学名:*Vitis amurensis* Rupr. 木质藤本,小枝圆柱形,无毛,嫩枝疏被蛛丝状绒毛。卷须2~3叉分枝,每隔2节间断与叶对生。叶阔卵圆形,长6~24 cm,宽5~21 cm,叶片或中裂片顶端急尖或渐尖,裂片基部常缢缩或间有宽阔,裂缺凹成圆形,叶基部心形,基缺凹成圆形或钝角,边缘每侧有28~36个粗锯齿,齿端急尖,微不整齐,上面绿色,初时疏被蛛丝状绒毛,以后脱落;基生脉5出,中脉有侧脉5~6对,上面明显或微下陷,下面突出,网脉在下面明显,除最后一级小脉外,或多或少突出,常被短柔毛或脱落几无毛;叶柄长4~14 cm,初时被蛛丝状绒毛,以后脱落无毛;托叶膜质,褐色,长4~8 mm,宽3~5 mm,顶端钝,边缘全缘。

圆锥花序疏散,与叶对生,基部分枝发达,长5~13 cm,初时常被蛛丝状绒毛,以后脱落几无毛;花梗长2~6 mm,无毛;花蕾倒卵圆形,高1.5~30 mm,顶端圆形;萼碟形,几全缘,无毛;花瓣5,呈帽状黏合脱落;雄蕊5,花丝丝状,长0.9~2 mm,花药黄色,卵椭圆形,长0.4~0.6 mm,在雌花内雄蕊显著短而败育;花盘发达,5裂;雌蕊1,子房锥形,花柱明显,基部略粗,柱头微扩大。果实直径1~1.5 cm;种子倒卵圆形,顶端微凹,基部有短喙,种脐在种子背面中部呈椭圆形,腹面中棱脊微突起,两侧洼穴狭窄呈条形,向上达种子中部或近顶端。花期5~6月,果期7~9月。

美丽葡萄

拉丁学名:*V. bellula* (Rehd.) W. T. Wang 木质藤本,小枝纤细,圆柱形,有纵棱纹,疏被白色蛛丝状绒毛;卷须不分枝或混生有2叉分枝,相隔2节间断与叶对生。叶卵圆形或卵椭圆形,长3~7 cm,宽2~4 cm,顶端急尖或渐尖,基部浅心形、近截形或近圆形,边缘每侧有7~10个细锐锯齿,上面绿色,几无毛,下面密被灰白色或灰褐色蛛丝状绒毛;基生脉3出,中脉有侧脉4~5对,网脉上面不突出,下面突出为绒毛所覆盖;叶柄长1~3 cm,被稀疏珠丝状绒毛;托叶近膜质,绿褐色,顶端钝,无毛。圆锥花序狭窄,圆柱形,基部侧枝不发达,花序梗长0.5~1.2 cm,被稀疏蛛丝状绒毛;花梗纤细,长2~3 mm,无毛;花蕾椭圆形或倒卵椭圆形,顶端圆形;萼浅碟形,萼齿不明显,外面无毛;花瓣5,椭圆卵形,,呈帽状黏合脱落;雄蕊5,花丝丝状,花药黄色,椭圆形;花盘在雄花中发达,微5裂,雌蕊在雄花内完全退化。果实球形,直径0.6~71 cm,紫黑色;种子倒卵形,顶端圆形,微下凹,基部有短喙,种脐在种子背面近中部呈圆形,腹部中棱脊突出,两侧洼穴呈沟状,向上达种子近顶端。花期5~6月,果期7~8月。

桦叶葡萄

拉丁学名:*Vitis betulifolia* Diels et Gilg 木质藤本,小枝圆柱形,有显著纵棱纹,嫩时小枝疏被蛛丝状绒毛,以后脱落无毛。卷须2叉分枝,每隔2节间断与叶对生。叶卵圆形或卵椭圆形,长4~12 cm,宽3.5~9 cm,不分裂或3浅裂,顶端急尖或渐尖,基部心形或近截形,每侧边缘锯齿15~25个,齿急尖,上面绿色,初时疏被蛛丝状绒毛和被短柔毛,以后脱落无毛,下面灰绿色或绿色,初时密被绒毛,以后脱落仅脉上被短柔毛或几无毛;基出脉5,中脉有侧脉4~6对,网脉下面微突出;叶柄长2~6.5 cm,嫩时被蛛丝状绒毛,以后脱落无毛;托叶膜质,褐色,条状披针形,长2.5~6 mm,宽1.5~3 mm,顶端急尖或钝,边缘全缘,无毛。

圆锥花序疏散,与叶对生,下部分枝发达,长4~15 cm,初时被蛛丝状绒毛,以后脱落几无毛;花梗长1.5~3 mm,无毛;花蕾倒卵圆形,高1.5~2 mm,顶端圆形;萼碟形,边缘膜质,全缘;花瓣5,呈帽状黏合脱落;雄蕊5,花丝丝状,花药黄色,椭圆形,长4 mm,在雌花内雄蕊显著短,败育。果实圆球形,成熟时紫黑色,直径0.8~1 cm;种子倒卵形,顶端圆形,基部有短喙,种脐在种子背面中部呈圆形或椭圆形,腹面中棱脊突起,两侧洼穴狭窄呈条形,向上达种子2/3~3/4处。花期3~6月,果期6~11月。

刺葡萄

拉丁学名:*Vitis davidii* var. *davidii* 木质藤本,小枝圆柱形,纵棱纹幼时不明显,被皮刺,无毛。卷须2叉分枝,每隔2节间断与叶对生。叶卵圆形或卵椭圆形,长5~12 cm,宽4~16 cm,顶端急尖或短尾尖,基部心形,基缺凹成钝角,边缘每侧有锯齿12~33个,齿端尖锐,不分裂或微三浅裂,上面绿色,无毛,下面浅绿色,无毛,基生脉5出,中脉有侧脉4~5对,网脉明显,下面比上面突出,无毛,常疏生小皮刺;托叶近草质,绿褐色,卵披针形,长2~3 mm,无毛,早落。花杂性异株;圆锥花序基部分枝发达,长7~24 cm,与叶对生,花序梗长1~2.5 cm,无毛;花梗无毛;花蕾倒卵圆形,顶端圆形;雄蕊5,花丝丝状,花药黄色,椭圆形,在雌花内雄蕊短,败育;花盘发达,5裂;雌蕊1,子房圆锥形,花柱短,柱头扩大。果实球形,成熟时紫红色,直径1.2~2.5 cm;种子倒卵椭圆形,顶端圆钝,基部有短喙,种脐在种子背面中部呈圆形,腹面中棱脊突起,两侧洼穴狭窄,向上达种子3/4处。花期4~6月,果期7~10月。

复叶葡萄

拉丁学名:*Vitis piasezkii* Maxim.　　木质藤本,小枝圆柱形,有纵棱纹,嫩枝被褐色柔毛。卷须2叉分枝,每隔2节间断与叶对生。叶具3~5小叶或混生有单叶,复叶者中央小叶菱状椭圆形或披针形,长5~12 cm,宽2.5~5 cm,顶端急尖或渐尖,基部楔形,外侧小叶卵椭圆形或卵披针形,长3.5~9 cm,宽3~5 cm,顶端急尖或渐尖,基部不对称,近圆形或阔楔形,每侧边缘有5~20个尖锯齿,单叶者叶片卵圆形或卵椭圆形,长5~12 cm,宽4~8 cm,顶端急尖,基部心形,基缺张开成钝角,每侧边缘有21~31个微不整齐锯齿,上面绿色,几无毛,下面被疏柔毛和蛛丝状绒毛,网脉上面不明显,下面微突出;基出脉5,中脉有侧脉4~6对;叶柄长2.5~6 cm,被褐色短柔毛;托叶早落。圆锥花序疏散,与叶对生,基部分枝发达,长5~12 cm,花序梗长1~2.5 cm,被稀疏柔毛;花梗长1.5~2.5 mm,无毛;花瓣5,呈帽状黏合脱落;花盘发达,5裂;雌蕊1,在雄花中完全退化。果实球形,直径0.8~1.3 cm;种子倒卵圆形,顶端微凹,基部有短喙,种脐在种子背面中部呈卵圆形,种脊微突出,表面光滑,腹面中棱脊突起,两侧洼穴呈宽沟形,向上达种子上部1/4处。花期6月,果期7~9月。

华东葡萄

拉丁学名:*Vitis pseudoreticulata* W. T. Wang　　木质藤本,小枝圆柱形,有显著纵棱纹,嫩枝疏被蛛丝状绒毛,以后脱落近无毛。卷须2叉分枝,每隔2节间断与叶对生。叶卵圆形或肾状卵圆形,长6~13 cm,宽5~11 cm,顶端急尖或短渐尖,基部心形,基缺凹成圆形或钝角,每侧边缘16~25个锯齿,齿端尖锐,微不整齐,上面绿色,初时疏被蛛丝状绒毛,以后脱落无毛,下面初时疏被蛛丝状绒毛,以后脱落;基生脉5出,中脉有侧脉3~5对,下面沿侧脉被白色短柔毛,网脉在下面明显;叶柄长3~6 cm,初时被蛛丝状绒毛,以后脱落,并有短柔毛;托叶早落。圆锥花序疏散,与叶对生,基部分枝发达,杂性异株,长5~11 cm,疏被蛛丝状绒毛,以后脱落;花梗无毛;花蕾倒卵圆形,高2~2.5 mm,顶端圆形;萼碟形,萼齿不明显,无毛;花瓣5,呈帽状黏合脱落;雄蕊5,花丝丝状,花药黄色,椭圆形,在雌花内雄蕊显著短而败育;花盘发达;雌蕊1,子房锥形,花柱不明显扩大。果实成熟时紫黑色,直径0.8~1 cm;种子倒卵圆形,顶端微凹,基部有短喙,种脐在种子背面中部呈椭圆形,腹面中棱脊微突起,两侧洼穴狭窄呈条形,向上达种子上部1/3处。花期4~6月,果期6~10月。

毛葡萄

拉丁学名:*Vitis heyneana* Roem. et Schult　木质藤本,小枝圆柱形,有纵棱纹,被灰色或褐色蛛丝状绒毛。叶卵圆形、长卵椭圆形或卵状五角形,长 4 ~ 12 cm,宽 3 ~ 8 cm,顶端急尖或渐尖,基部心形或微心形,基缺顶端凹成钝角,边缘每侧有 9 ~ 19 个尖锐锯齿,上面绿色,初时疏被蛛丝状绒毛,以后脱落无毛,下面密被灰色或褐色绒毛,基生脉 3 ~ 5 出,中脉有侧脉 4 ~ 6 对,上面脉上无毛或有时疏被短柔毛,下面脉上密被绒毛,有时短柔毛或稀绒毛状柔毛;叶柄长 2.5 ~ 6 cm,密被蛛丝状绒毛;托叶膜质,褐色,卵披针形,长 3 ~ 5 mm,宽 2 ~ 3 mm,顶端渐尖,边缘全缘,无毛。花杂性异株;圆锥花序疏散,与叶对生,分枝发达,长 4 ~ 14 cm;花序梗长 1 ~ 2 cm,被灰色或褐色蛛丝状绒毛;花梗无毛;花蕾倒卵圆形或椭圆形,顶端圆形;萼碟形,边缘近全缘;花瓣 5,呈帽状黏合脱落;雄蕊 5,花丝丝状,花药黄色,椭圆形或阔椭圆形,在雌花内雄蕊显著短而败育;花盘发达;雌蕊 1,子房卵圆形。果实圆球形,成熟时紫黑色,直径 1 ~ 1.3 cm;种子倒卵形,顶端圆形。花期 4 ~ 6 月,果期 6 ~ 10 月。

秋葡萄

拉丁学名:*Vitis romanetii* Roman. du Caill. ex Planch.　木质藤本,小枝圆柱形,有显著粗棱纹,密被短柔毛和有柄腺毛,腺毛长 1 ~ 1.5 mm;卷须常 2 或 3 分枝,每隔 2 节间断与叶对生。叶卵圆形或阔卵圆形,长 5.5 ~ 16 cm,宽 5 ~ 13.5 cm,微 5 裂或不分裂,基部深心形,基缺凹成锐角,有时两侧靠近,边缘有粗锯齿,齿端尖锐,上面绿色,初时疏被蛛丝状绒毛,以后脱落近无毛,下面淡绿色,初时被柔毛和蛛丝状绒毛,以后脱落变稀疏;基生脉 5 出,脉基部常疏生有柄腺体,中脉有侧脉 4 ~ 5 对,网脉上面微突出,下面突出,被短柔毛;叶柄长 2 ~ 6.5 mm,被短柔毛和有柄腺毛;托叶膜质褐色,卵披针形,长 7 ~ 14 mm,宽 3 ~ 5 mm,顶端渐尖,边缘全缘,无毛。

花杂性异株,圆锥花序疏散,长 5 ~ 13 cm,与叶对生,基部分枝发达,花序梗长 1.5 ~ 3.5 cm,密被短柔毛和有柄腺毛;花梗长 1.6 ~ 2 mm,无毛;花蕾倒卵椭圆形,高 1.5 ~ 2 mm,顶端圆形;萼碟形,高约 2 mm,几全缘,无毛;花瓣 5,呈帽状黏合脱落;雄蕊 5,花丝丝状,花药黄色,椭圆卵形,在雌花内雄蕊短而败育。果实球形,直径 0.7 ~ 0.8 cm,种子倒卵形,顶端圆形,微凹,基部有短喙,种脐在种子背面中部呈椭圆卵形,腹面中棱脊突起,两侧洼穴呈倒卵长圆形,向上达种子上部 1/3 处。花期 4 ~ 6 月,果期 7 ~ 9 月。

42 椴树科

拉丁学名:*Tiliaceae*　乔木灌木或草本。单叶互生,具基出脉,全缘或有锯齿,有时浅裂;托叶存在或缺,如果存在往往早落或有宿存。花两性或单性雌雄异株,辐射对称,排成聚伞花序或再组成圆锥花序;苞片早落,有时大而宿存;萼片通常 5 片,有时 4 片,分离或多少连生,镊合状排列;花瓣与萼片同数,分离,有时或缺;内侧常有腺体,或有花瓣状退化雄蕊,与花瓣对生;雌、雄蕊柄存在或缺;雄蕊多数,离生或基部连生成束,花药2室,纵裂或顶端孔裂;子房上位,2~6室,有时更多,每室有胚珠1至数颗,生于中轴胎座,花柱单生,有时分裂,柱头锥状或盾状,常有分裂。果为核果、蒴果、裂果,有时浆果状或翅果状,2~10室;种子无假种皮,胚乳存在,胚直,子叶扁平。

扁担杆

拉丁学名:*Grewia biloba* G. Don. 灌木或小乔木,多分枝;嫩枝被粗毛。叶薄革质,椭圆形或倒卵状椭圆形,长4~9 cm,宽2.5~4 cm,先端锐尖,基部楔形或钝,两面有稀疏星状粗毛,基出脉3条,两侧脉上行过半,中脉有侧脉3~5对,边缘有细锯齿;叶柄长4~8 mm,被粗毛;托叶钻形,长3~4 mm。聚伞花序腋生,多花,花序柄长不到1 cm;花柄长3~6 mm;苞片钻形,长3~5 mm;萼片狭长圆形,长4~7 mm,外面被毛,内面无毛;花瓣长1~1.5 mm;雌、雄蕊柄长均约为0.5 mm,有毛;雄蕊长约2 mm;子房有毛,花柱与萼片平齐,柱头扩大,盘状,有浅裂。核果红色,有2~4个分核。花期5~7月。

小花扁担杆

拉丁学名:*Grewia biloba* G. Don. var. parviflora (Bge.) Hand. ~Mazz. 落叶灌木,小枝和叶柄密生黄褐色短毛。叶菱状卵形或菱形,长3~13 cm,宽1.6~6 cm,边缘有不整齐的锯齿,下面的毛较密;聚伞花序与叶对生,有多数花;花淡黄色;核果红色,直径0.8~1.2 cm。

这个变种和原变种的区别在于叶下面密被黄褐色软茸毛,花朵较短小。

华椴

拉丁学名:*Tilia chinensis* Maxim. 乔木,嫩枝无毛,顶芽倒卵形,无毛。叶阔卵形,长5~10 cm,宽4.5~9 cm,先端急短尖,基部斜心形或近截形,上面无毛,下面被灰色星状茸毛,侧脉7~8对,边缘密具细锯齿;叶柄长3~5 cm,稍粗壮,被灰色毛。聚伞花序长4~7 cm,有花3朵,花序柄有毛,下半部与苞片合生;花柄长1~1.5 cm;苞片窄长圆形,长4~8 cm,无柄,上面有疏毛,下面毛较密;萼片长卵形,长约6 mm,外面有星状柔毛;花瓣长7~8 mm;退化雄蕊较花瓣短小;雄蕊长5~6 mm;子房被灰黄色星状茸毛,花柱长3~5 mm,无毛。果实椭圆形,长约1 cm,两端略尖,有5条棱突,被黄褐色星状茸毛。花期夏初。

粉椴

拉丁学名:*Tilia oliveri* Szysz. 乔木,树皮灰白色;嫩枝通常无毛,或偶有不明显微毛,顶芽秃净。叶卵形或阔卵形,长9~12 cm,宽6~10 cm,有时较细小,先端急锐尖,基部斜心形或截形,上面无毛,下面被白色星状茸毛,侧脉7~8对,边缘密生细锯齿;叶柄长3~5 cm,近秃净。聚伞花序长6~9 cm,有花6~15朵,花序柄长5~7 cm,有灰白色星状茸毛,下部3~4.5 cm与苞片合生;花柄长4~6 mm;苞片窄倒披针形,长6~10 cm,宽1~2 cm,先端圆,基部钝,有短柄,上面中脉有毛,下面被灰白色星状柔毛;萼片卵状披针形,长

5~6 mm,被白色毛;花瓣长6~7 mm;退化雄蕊比花瓣短;雄蕊约与萼片等长。果实椭圆形,被毛,有棱或仅在下半部有棱突,多少突起。花期7~8月。

少脉椴

拉丁学名:*Tilia paucicostata* Maxim. 乔木,嫩枝纤细,无毛,芽体细小,无毛或顶端有茸毛。叶薄革质,卵圆形,长6~10 cm,宽3.5~6 cm,有时稍大,先端急渐尖,基部斜心形或斜截形,上面无毛,下面秃净或有稀疏微毛,脉腋有毛丛,边缘有细锯齿;叶柄长2~5 cm,纤细,无毛。聚伞花序长4~8 cm,有花6~8朵,花序柄纤细,无毛;花柄长1~1.5 cm;苞片狭窄倒披针形,长5~8.5 cm,宽1~1.6 cm,上下两面近无毛,下半部与花序柄合生,基部有短柄长7~12 mm;萼片长卵形,长约4 mm,外面无星状柔毛;花瓣长5~6 mm;退化雄蕊比花瓣短小;雄蕊长约4 mm;子房被星状茸毛,花柱长2~3 mm,无毛。果实倒卵形,长6~7 mm。

43 锦葵科

拉丁学名:*Malvaceae* 灌木或乔木。常具星状毛。叶互生,通常为掌状脉,有时分裂,托叶常早落。花两性,辐射对称,萼片3~5枚,常有副萼3至多数。果为蒴果,分裂成数个果片,罕为浆果状。

木芙蓉

拉丁学名:*Hibiscus mutabilis* Linn. 落叶灌木或小乔木,小枝、叶柄、花梗和花萼均密被星状毛与直毛相混的细绵毛。叶宽卵形至圆卵形或心形,直径10~15 cm,常5~7裂,裂片三角形,先端渐尖,具钝圆锯齿,上面疏被星状细毛和点,下面密被星状细绒毛;主脉7~11条;叶柄长5~20 cm;托叶披针形,长5~8 mm,常早落。花单生于枝端叶腋间,花梗长5~8 cm,近端具节;小苞片8,线形,长10~16 mm,密被星状绵毛,基部合生;萼钟形,长2.5~3 cm,裂片5,卵形,渐尖头;花初开时白色或淡红色,后变深红色,直径约8 cm,花瓣近圆形,直径4~5 cm,外面被毛,基部具毛。蒴果扁球形,直径约2.5 cm,被淡黄色刚毛和绵毛;种子肾形,背面被长柔毛。

木槿

拉丁学名:*Hibiscus syriacus* Linn. 灌木,小枝密被黄色星状绒毛。叶菱形至三角状卵形,长3~10 cm,宽2~4 cm,具深浅不同的3裂或不裂,有明显3主脉,先端钝,基部楔形,边缘具不整齐齿缺,下面沿叶脉微被毛或近无毛;叶柄长约5~25 mm,上面被星状柔毛;托叶线形,长约6 mm,疏被柔毛。花单生于枝端叶腋间,花梗长4~14 mm,被星状短绒毛;小苞片6~8,线形,长6~15 mm,密被星状疏绒毛;花萼钟形,长14~20 mm,密被星状短绒毛,裂片5,三角形;花钟形,色彩有纯白色、淡粉红、淡紫色、紫红色等,花形呈钟状,有单瓣、复瓣、重瓣几种。直径5~6 cm,花瓣倒卵形,长3.5~4.5 cm,外面疏被纤毛和星状长柔毛;雄蕊柱长 3 cm;花柱枝无毛。蒴果卵圆形,直径约 12 mm,密被黄色星状绒毛;种子肾形,成熟种子黑褐色,背部被黄白色长柔毛。花期 7~10 月。

44 梧桐科

拉丁学名:*Sterculiaceae* 乔木或灌木,幼嫩部分常有星状毛,树皮常有黏液和富于纤维。叶互生,单叶,全缘、具齿或深裂,通常有托叶。花序腋生,排成圆锥花序、聚伞花序、总状花序或伞房花序;花单性、两性或杂性;萼片 5,或多或少合生,镊合状排列;花瓣 5 片或无花瓣,分离或基部与雌、雄蕊柄合生,排成旋转的覆瓦状排列;通常有雌、雄蕊柄;雄蕊的花丝常合生成管状,有 5 枚舌状或线状的退化雄蕊与萼片对生,或无退化雄蕊,花药 2室,纵裂;雌蕊由 2~5 个多少合生的心皮或单心皮所组成,子房上位。果通常为蒴果或蓇葖果,开裂或不开裂,极少为浆果或核果。

梧桐

拉丁学名:*Firmiana platanifolia*(L. F.)Marsili 落叶乔木,树干挺直,光洁,分枝高;树皮绿色或灰绿色,平滑,常不裂。小枝粗壮,绿色,芽鳞被锈色柔毛,株高 10~20 m,树皮乳光滑,片状剥落;嫩枝有黄褐色绒毛;老枝光滑,红褐色。叶大,阔卵形,宽 10~22 cm,长 10~21 cm,长比宽略短,基部截形、阔心形或稍呈楔形,裂片宽三角形,边缘有数个粗大锯齿,上下两面幼时被灰黄色绒毛,后变无毛;叶柄长 3~10 cm,密被黄褐色绒毛;托叶长 1~1.5 cm,基部鞘状,上部开裂。

圆锥花序长 20 cm,被短绒毛;花单性,无花瓣;萼管长约 2 mm,裂片 5,条状披针形,长约 10 mm,外面密生淡黄色短绒毛;雄花的雄蕊柱约与萼裂片等长,化约 15,生于雄蕊柱顶端;雌花的雌蕊具柄 5,心皮的子房部分离生,子房基部有退化雄蕊。蓇葖,在成熟前即裂开,纸质,长 7~9.5 cm;蓇葖果,种子球形,分为 5 个分果,分果成熟前裂开呈小艇状,种子生在边缘。果枝有球形果实,通长 2 个,常下垂,直径 2.5~3.5 cm。小坚果长约0.9 cm,基部有长毛。种子 4~5 粒,球形。种子在未成熟期时呈球状,青色,成熟后橙红色。花期 5 月,果期 9~10 月。

45 猕猴桃科

拉丁学名:*Actinidiaceae* 乔木、灌木或藤本,常绿、落叶或半落叶;毛被发达,多样。叶为单叶,互生,无托叶。花序腋生,聚伞式或总状式,或简化至 1 花单生。花两性或雌雄异株,辐射对称;花瓣 5 片或更多,覆瓦状排列,分离或基部合生;雄蕊 10~13,分 2 轮排列。果为浆果或蒴果;种子每室无数至 1 粒,具肉质假种皮,胚乳丰富。

藤山柳

拉丁学名:*Clematoclethra lasioclada* 老枝黑褐色,无毛;小枝被淡褐色绒毛,易秃净,果期在基部尚可见到残存绒毛。叶纸质,厚薄不定,卵形、倒卵形、椭圆形或矩圆形,长5~13 cm,宽3~8 cm,生长在岩山上的植株叶片缩小,仅长4.5~5.5 cm,宽3~4 cm,徒长枝上的叶较大,长可达10 cm,宽6 cm,顶端急尖或渐尖,基部圆形或微心形,徒长枝上的叶为阔卵形,基部心形,腹面绿色,除沿叶脉有绒毛外,余处无毛,背面沿叶脉有绒毛,边缘有纤毛状锯齿;叶柄长2.5~7 cm,初被绒毛,后变秃净,干后稍扁平。花序柄长约1.5 cm,被绒毛,通常有花3朵;小苞片披针形,有绒毛,花白色,萼片倒卵形,被绒毛;花瓣卵形,长约6 mm。果球形,干后径约5 mm。

46 山茶科

拉丁学名:*Theaceae* 落叶灌木或小乔木,树皮红褐色或黄褐色,平滑,呈片状剥落;嫩枝初时有柔毛,后变无毛,小枝红褐色或灰褐色;芽鳞通常7,卵形,外被绒毛。叶互生,纸质,椭圆形或长圆状椭圆形,长5~9 cm,宽2~4.5 cm,先端渐尖或骤然收短渐尖,基部棒形或近圆形,边缘疏生锯齿或细圆锯齿,上面无毛,下面疏被长柔毛,侧脉5~7对;叶柄带紫红色。花单朵腋生,白色,直径约5 cm;苞片2,叶状,卵形或卵圆形,长1.5~2 cm,先端急尖,外面有毛或无毛;萼片与苞片相似,但较小;花瓣5,宽倒卵形;蕊多数,花药丁字形着生;子房5室,密被柔毛,花柱长约10 mm。蒴果圆球形或近卵圆形至圆锥形。

油茶

拉丁学名:*Camellia oleifera* Abel 灌木或中乔木;嫩枝有粗毛。叶革质,椭圆形、长圆形或倒卵形,先端尖而有钝头,有时渐尖或钝,基部楔形,长5~7 cm,宽2~4 cm,有时较长,上面深绿色,发亮,中脉有粗毛或柔毛,下面浅绿色,无毛或中脉有长毛,侧脉在上面能见,在下面不很明显,边缘有细锯齿,有时具钝齿,叶柄长4~8 mm,有粗毛。

花顶生,近于无柄,苞片与萼片约10片,由外向内逐渐增大,阔卵形,长3~12 mm,背面有贴紧柔毛或绢毛,花后脱落,花瓣白色,5~7片,倒卵形,长2.5~3 cm,宽1~2 cm,有时较短或更长,先端凹入或2裂,基部狭窄,近于离生,背面有丝毛,至少在最外侧的有丝毛;雄蕊长1~1.5 cm,外侧雄蕊仅基部略连生,花药黄色,背部着生。蒴果球形或卵圆形,直径2~4 cm,3室或1室,3片或2片裂开,每室有种子1粒或2粒,果片厚3~5 mm,木质,中轴粗厚;苞片及萼片脱落后留下的果柄长3~5 mm,粗大,有环状短节。花期冬春间。

茶

拉丁学名:*Camellia sinensis* (L.) O. Kuntze 灌木或小乔木,嫩枝无毛。叶革质,长圆形或椭圆形,长4~12 cm,宽2~5 cm,先端钝或尖锐,基部楔形,上面发亮,下面无毛或初时有柔毛,侧脉5~7对,边缘有锯齿,叶柄长3~8 mm,无毛。花1~3朵腋生,白色,花柄长4~6 mm,有时稍长;苞片2,早落;萼片5,阔卵形至圆形,长3~4 mm,无毛,宿存;花瓣5~6,阔卵形,长1~1.6 cm,基部略连合,背面无毛,有时有短柔毛;雄蕊长8~13 mm,基部连生;子房密生白毛;花柱无毛,先端3裂,裂片长2～4 mm。蒴果3球形或1～2球形,高1.1～1.5 cm,每球有种子1～2粒。花期10月至次年2月。

翅柃

拉丁学名:*Eurya alata* Kobuski　灌木,全株均无毛;嫩枝具显著4棱,淡褐色,小枝灰褐色,常具明显4棱;顶芽披针形,渐尖,长5～8 mm,无毛。叶革质,长圆形或椭圆形,长4～7.5 cm,宽1.5～2.5 cm,顶端窄缩呈短尖,尖头钝,或偶有为长渐尖,基部楔形,边缘密生细锯齿,上面深绿色,有光泽,下面黄绿色,中脉在上面下陷,下面突起,侧脉6～8对,在上面不甚明显,偶有稍凹下,在下面通常略隆起;叶柄长约4 mm。花1～3朵簇生于叶腋,花梗长2～3 mm,无毛。雄花:小苞片2,卵圆形;萼片5,膜质或近膜质,卵圆形,顶端钝;花瓣5,白色,倒卵状长圆形,长3～3.5 mm,基部合生;雄蕊约15枚,花药不具分格。雌花:小苞片和萼片与雄花同;花瓣5,长圆形,长约2.5 mm。果实圆球形,直径约4 mm,成熟时蓝黑色。花期10～11月,果期次年6～8月。

紫茎

拉丁学名:*Stewartia sinensis* Rehd. et Wils.　小乔木,树皮灰黄色,嫩枝无毛或有疏毛,冬芽苞约7片。叶纸质,椭圆形或卵状椭圆形,长6～10 cm,宽2～4 cm,先端渐尖,基部楔形,边缘有粗齿,侧脉7～10对,下面叶腋常有簇生毛丛,叶柄长约1 cm。花单生,直径4～5 cm,花柄长4～8 mm;苞片长卵形,长2～2.5 cm,宽1～1.2 cm;萼片5,基部连生,长卵形,长1～2 cm,先端尖,基部有毛;花瓣阔卵形,长约2.5～3 cm,基部连生,外面有绢毛;雄蕊有短的花丝管,被毛;子房有毛。蒴果卵圆形,先端尖,宽1.5～2 cm。种子长约1 cm,有窄翅。花期6月。

47 柽柳科

拉丁学名:*Tamaricaceae*　灌木、半灌木或乔木。叶小,多呈鳞片状,互生,无托叶,通常无叶柄,多具泌盐腺体。花通常集成总状花序或圆锥花序,通常两性,整齐,花萼4～5深裂,宿存;花瓣4～5,分离,花后脱落或有时宿存;下位花盘常肥厚,蜜腺状;雄蕊4,5或多数,常分离,着生在花盘上,花药2室,纵裂;雌蕊1,由2～5心皮构成,子房上位,1室,侧膜胎座,或基底胎座;蒴果,圆锥形,室背开裂。种子多数,全面被毛或在顶端具芒柱,芒柱从基部或从一半开始被柔毛。

柽柳

拉丁学名:*Tamarix*　乔木或灌木,老枝直立,暗褐红色,光亮,幼枝稠密细弱,常开展而下垂,红紫色或暗紫红色,有光泽;嫩枝繁密纤细,悬垂。叶鲜绿色,从生木质化生长枝上生出的绿色营养枝上的叶长圆状披针形或长卵形,长1.5～1.8 mm,稍开展,先端尖,基部背面有龙骨状隆起,常呈薄膜质;上部绿色营养枝上的叶钻形或卵状披针形,半贴生,先端渐尖而内弯,基部变窄,长 1~3 mm,背面有龙骨状突起。每年开花两三次。每年春季开花,总状花序侧生在生木质化的小枝上,长 3~6 cm,宽 5~7 mm,花大而少,较稀疏而纤弱点垂,小枝下倾;有短总花梗,或近无梗,梗生有少数苞叶或无。花期 4~9 月。

48 大风子科

拉丁学名:*Flacourtiaceae* 常绿或落叶乔木或灌木,单叶,叶互生;托叶小。花小,辐射对称,单性或两性,通常雌雄异株或杂株;花序有总状花序、伞房花序、圆锥花序、丛生状花序等,花萼通常 2~7 片,花瓣存或缺;花托通常具腺体,雄蕊通常多数。果实为蒴果、浆果。种子有假种皮,少数有翅,有胚乳,子叶大。花微香,有蜜腺,属虫媒传粉植物,受孕率高,结果较多。花粉近球形、近长球形至长球形。

山桐子

拉丁学名:*Idesia polycarpa* 落叶乔木,树皮淡灰色,不裂;小枝圆柱形,细而脆,黄棕色,有明显的皮孔,冬日呈侧枝长于顶枝状态,枝条平展,近轮生,树冠长圆形,当年生枝条紫绿色,有淡黄色的长毛;冬芽有淡褐色毛,有 4~6 枚锥状鳞片。

叶薄革质或厚纸质,卵形或心状卵形,或为宽心形,长 13~16 cm,稀达 20 cm,宽 12~15 cm,先端渐尖或尾状,基部通常心形,边缘有粗的齿,齿尖有腺体,上面深绿色,光滑无毛,下面有白粉,沿脉有疏柔毛,脉腋有丛毛,基部脉腋更多,通常 5 基出脉,第二对脉斜升到叶片的 3/5 处;叶柄长 6~12 cm,或更长,圆柱状,无毛,下部有 2~4 个紫色、扁平腺体,基部稍膨大。

花单性,雌雄异株或杂性,黄绿色,有芳香,花瓣缺,排列成顶生下垂的圆锥花序,花序梗有疏柔毛,长 10~20 cm;雄花比雌花稍大,直径约 1.2 cm;萼片 3~6 片,通常 6 片,覆瓦状排列,长卵形,长约 6 mm,宽约 3 mm,有密毛;花丝丝状,被软毛,花药椭圆形,基部着生,侧裂,有退化子房;雌花比雄花稍小,直径约 9 mm;萼片 3~6 片,通常 6 片,卵形,内面有疏毛。果成熟期紫红色,扁圆形,高 3~5 mm,直径 5~7 mm,宽大于长,果梗细小,长 0.6~2 cm;种子红棕色,圆形。花期 4~5 月,果熟期 10~11 月。

毛叶山桐子

拉丁学名:*Idesia polycarpa* Maxim. var. *vestita* Diels 落叶乔木,树皮淡灰色,平滑,不裂;小枝圆柱形,细而脆,黄棕色,有明显的皮孔,冬日呈侧枝长于顶枝状态,枝条平展,近轮生,树冠长圆形,当年生枝条紫绿色,有淡黄色的长毛;冬芽有淡褐色毛,有 4~6 枚锥状鳞片。

叶薄革质或厚纸质,卵形或心状卵形,或为宽心形,长 13~16 cm,稀达 20 cm,宽 12~15 cm,先端渐尖或尾状,基部通常心形,边缘有粗的齿,齿尖有腺体,上面深绿色,光滑无毛,下面有密的柔毛。无白粉而为棕灰色;脉腋有丛毛,基部脉腋更多,通常 5 基出脉,第二对脉斜升到叶片的 3/5 处;叶柄长 6~12 cm,或更长,圆柱状,有短毛,下部有 2~4 个紫色、扁平腺体,基部稍膨大。

花单性,雌雄异株或杂性,黄绿色,有芳香,花瓣缺,排列成顶生下垂的圆锥花序,花序梗有疏柔毛,雄花比雌花稍大,直径约 1.2 cm;萼片 3~6 片,通常 6 片,覆瓦状排列,长卵形,长约 6 mm,宽约 3 mm,有密毛;花丝丝状,被软毛,花药椭圆形,基部着生,侧裂,有退化子房。雌花比雄花稍小,直径约 9 mm。浆果成熟期血红色,果实长圆形至圆球状,高大于宽,果梗细小,长 0.6~2 cm;种子红棕色,圆形。花期 4~5 月,果熟期 10~11 月。

山拐枣

拉丁学名:*Idesia sinensis* Oliv. 落叶乔木,树皮灰褐色,浅裂;小枝圆柱形,性脆,灰白色,幼时有短柔毛,老时无毛。叶厚纸质,卵形至卵状披针形,长 8~18 cm,宽 4~10 cm,先端渐尖或急尖,尖头有的长尾状,基部圆形或心形,有 2~4 个圆形紫色腺体,边缘有浅钝齿,上面深绿色,有光泽,脉上有毛,下面淡绿色,有短柔毛,掌状脉,中脉在上面凹,在下面突起,近对生的侧脉 5~8 对;叶柄长 2~6 cm,初时有疏长毛,果熟后近无毛。

花单性,雌雄同序,雌花在花序上端 1/3 处,二至四回的圆锥花序,顶生,有淡灰色毛;萼片 5,卵形,长 5~8 mm,外面有浅灰色毛,内面有紫灰色毛;花瓣缺。雌花比雄花稍大,直径 6~9 mm,退化雄蕊多数,短于子房,长约 4 mm;子房卵形,长 6~9 mm,1 室,有灰色毛,侧膜胎座 3 个。蒴果长圆形,长约 2 cm,直径约 1.5 cm,3 枚交错分裂,外果皮革质,有灰色毡毛,内果皮木质;种子多数,周围有翅,扁平。花期夏初,果期 5~9 月。

49 旌节花科

拉丁学名:*Stachyuraceae* 该科多为灌木或小乔木,有时为攀缘状灌木。落叶或常绿;小枝明显具髓。冬芽小,具 2~6 枚鳞片。单叶互生,膜质至革质,边缘具锯齿;托叶线状披针形,早落。总状花序或穗状花序腋生,直立或下垂;花小,整齐,两性或雌雄异株,具短梗或无梗;花梗基部具苞片 1 枚,花基部具小苞片 2 枚,基部连合;萼片 4,覆瓦状排列;花瓣 4,覆瓦状排列,分离或靠合;雄蕊 8,2 轮,花丝钻形,花药丁字着生,内向纵裂。

旌节花

拉丁学名:*Stachyurus chinensis* Franch. 灌木或小乔木,有时为攀缘状灌木;落叶或常绿;小枝明显具髓。冬芽小,具 2~6 枚鳞片。单叶互生,膜质至革质,边缘具锯齿;托叶线状披针形,早落。总状花序或穗状花序腋生,直立或下垂;花小,整齐,两性或雌雄异株,具短梗或无梗;花梗基部具苞片 1 枚,花基部具小苞片 2 枚,基部连合;萼片 4,覆瓦状排列;花瓣 4,覆瓦状排列,分离或靠合;雄蕊 8,花丝钻形,花药丁字着生,内向纵裂;子房上位,4 室,胚珠多数,着生于中轴胎座上;花柱短而单一,柱头头状,4 浅裂。果实为浆果,外果皮革质;种子小,多数,具柔软的假种皮,胚乳肉质,胚直立,子叶椭圆形,胚根短。

50 瑞香科

拉丁学名：*Thymelaeaceae* 多为灌木，单叶互生或对生，全缘，无托叶，叶柄短。花两性或单性，整齐，排列成头状花序、穗状花序或总状花序，有或无叶状苞片，花萼花冠状，圆筒形，顶端4~5裂，裂片通常覆瓦状排列；花瓣缺或鳞片状；雄蕊4,1轮或2轮，着生于花萼筒上；花盘环状、杯状或鳞片状。果实为核果、浆果或坚果。

芫花

拉丁学名：*Daphne genkwa* Sieb. et Zucc. 落叶灌木，多分枝；树皮褐色，无毛；小枝圆柱形，细瘦，干燥后多具皱纹，幼枝黄绿色或紫褐色，密被淡黄色丝状柔毛，老枝紫褐色或紫红色，无毛。叶对生，纸质，卵形或卵状披针形至椭圆状长圆形，长3~4 cm，宽1~2 cm，先端急尖或短渐尖，基部宽楔形或钝圆形，边缘全缘，上面绿色，干燥后黑褐色，下面淡绿色，干燥后黄褐色，幼时密被绢状黄色柔毛，老时则仅叶脉基部散生绢状黄色柔毛，侧脉5~7对，在下面较上面显著；叶柄短或几无，具灰色柔毛。

花比叶先开放，花紫色或淡蓝紫色，常3~6花簇生于叶腋或侧生，比叶先开放，易于与其他种相区别。

花梗短，具灰黄色柔毛；花萼筒细瘦，筒状，长6~10 mm，外面具丝状柔毛，裂片4，卵形或长圆形，长5~6 mm，宽约4 mm，顶端圆形，外面疏生短柔毛；雄蕊8,2轮，分别着生于花萼筒的上部和中部，花丝短，花药黄色，卵状椭圆形，伸出喉部，顶端钝尖。果实肉质，白色，椭圆形，长约4 mm，包藏于宿存的花萼筒的下部，具1粒种子。花期3~5月，果期6~7月。

瑞香

拉丁学名：*Daphne odora* Thunb. 常绿直立灌木；枝粗壮，通常二歧分枝，小枝近圆柱形，紫红色或紫褐色，无毛。叶互生，纸质，长圆形或倒卵状椭圆形，长7~13 cm，宽2.5~5 cm，先端钝尖，基部楔形，边缘全缘，上面绿色，下面淡绿色，两面无毛，侧脉7~13对，与中脉在两面均明显隆起；叶柄粗壮，长4~10 mm，散生极少的微柔毛或无毛。

花外面淡紫红色，内面肉红色，无毛，数朵至12朵组成顶生头状花序；苞片披针形或卵状披针形，长5~8 mm，宽2~3 mm，无毛，脉纹显著隆起；花萼筒管状，长6~10 mm，无毛，裂片4，心状卵形或卵状披针形，基部心脏形，与花萼筒等长或超过之；雄蕊8,2轮，下轮雄蕊着生于花萼筒中部以上，上轮雄蕊的花药1/2伸出花萼筒的喉部，花药长圆形。果实红色。花期3~5月，果期7~8月。

结香

拉丁学名：*Edgeworthia chrysantha* 灌木，小枝粗壮，褐色，常作三叉分枝，幼枝常被短柔毛，韧皮极坚韧，叶痕大，直径约5 mm。叶在花前凋落，长圆形，披针形至倒披针形，先端短尖,基部楔形或渐狭,长 8~20 cm,宽 2.5~5.5 cm,两面均被银灰色绢状毛,下面较多,侧脉纤细,弧形,每边 10~13 条,被柔毛。头状花序顶生或侧生,具花 30~50 朵,成绒球状,外围以 10 枚左右被长毛而早落的总苞;花序梗长 1~2 cm,被灰白色长硬毛;花芳香,无梗,花萼长 1.3~2 cm,宽 4~5 mm,外面密被白色丝状毛,内面无毛,黄色,顶端 4 裂,裂片卵形,长约 3.5 mm,宽约 3 mm;雄蕊 8,上列 4 枚与花萼裂片对生,下列 4 枚与花萼裂片互生,花丝短,花药近卵形。果椭圆形,绿色,长约 8 mm,直径约 3.5 mm,顶端被毛。花期冬末春初,果期春夏间。

51 胡颓子科

拉丁学名:*Elaeagnaceae* 　常绿或落叶直立灌木或攀缘藤本,有刺或无刺,全体被银白色或褐色至锈盾形鳞片或星状绒毛。单叶互生,全缘,羽状叶脉,具柄,无托叶。花两性或单性。单生或数花组成叶腋生的伞形总状花序,通常整齐,白色或黄褐色,具香气,虫媒花;花萼常连合成筒,顶端 4 裂,在子房上面通常明显收缩,花蕾时镊合状排列。

蔓胡颓子

拉丁学名:*Elaeagnus glabra* Thunb. 　常绿蔓生或攀缘灌木,无刺,幼枝密被锈色鳞片,老枝鳞片脱落,灰棕色。叶革质或薄革质,卵形或卵状椭圆形,长 4~12 cm,宽 2.5~5 cm,顶端渐尖或长渐尖、基部圆形,边缘全缘,微反卷,上面幼时具褐色鳞片,成熟后脱落,深绿色,具光泽,干燥后褐绿色,下面灰绿色或铜绿色,被褐色鳞片,侧脉 6~8 对,与中脉开展成 50°~60° 的角,上面明显或微凹下,下面突起;叶柄棕褐色,长 5~8 mm。花淡白色,下垂,密被银白色和散生少数褐色鳞片,常 3~7 朵密生于叶腋短小枝上成伞形总状花序;花梗锈色,长 2~4 mm;萼筒漏斗形,质较厚,长 4.5~5.5 mm,在裂片下面扩展,向基部渐窄狭,在子房上不明显收缩,裂片宽卵形,长 2.5~3 mm,顶端急尖,内面具白色星状柔毛,包围子房的萼管椭圆形,长约 2 mm;雄蕊花药长椭圆形,长约 1.8 mm。果实矩圆形,稍有汁,长 14~19 mm,被锈色鳞片,成熟时红色;果梗长 3~6 mm。花期 9~11 月,果期次年 4~5 月。

本种叶片卵形或卵状椭圆形,顶端渐尖,基部圆形,下面铜绿色或灰绿色;萼筒漏斗形,长 4.5~5.5 mm,在子房上不明显收缩,易于认识。

木半夏

拉丁学名:*Elaeagnus multiflora* Thunb. 　落叶直立灌木,通常无刺,幼枝细弱伸长,密被锈色或深褐色鳞片,老枝粗壮,圆柱形,鳞片脱落,黑褐色或黑色,有光泽。叶膜质或纸质,椭圆形或卵形至倒卵状阔椭圆形,长 3~7 cm,宽 1.2~4 cm,顶端钝尖或骤渐尖,基部钝形,全缘,上面幼时具白色鳞片或鳞毛,成熟后脱落,干燥后黑褐色或淡绿色,下面灰白色,密被银白色和散生少数褐色鳞片,侧脉 5~7 对,两面均不甚明显;叶柄锈色,长 4~6 mm。

花白色,被银白色和散生少数褐色鳞片,常单生新枝基部叶腋;花梗纤细,长 4～8 mm;萼筒圆筒形,长 5～6.5 mm,在裂片下面扩展,在子房上收缩,裂片宽卵形,长 4～5 mm,顶端圆形或钝形,内面具极少数白色星状短柔毛,包围子房的萼管卵形,深褐色;雄蕊着生花萼筒喉部稍下面,花丝极短,花药细小,矩圆形,花柱直立,微弯曲,无毛,稍伸出萼筒喉部,长度不超过雄蕊。果实椭圆形,长 12～14 mm,密被锈色鳞片,成熟时红色;果梗在花后伸长,长 15～49 mm。幼枝常具深褐锈色鳞片;叶纸质或膜质;萼筒圆筒形,长 5～6.5 mm,裂片宽卵形,长 4～5 mm,花柱无毛;果实长椭圆形,长 12～14 mm;其叶冬凋夏绿,春实夏熟,故称木半夏。花期 5 月,果期 6～7 月。

牛奶子

拉丁学名:*Elaeagnus umbellata* Thunb. 落叶灌木,常具刺,刺长 1～4 cm,幼枝密被银白色和少数黄褐色鳞片,有时全被深褐色或锈色鳞片,单叶互生;叶柄长 5～7 mm;叶纸质,椭圆形至卵状椭圆形,长 3～8 cm,宽 1～4 cm,先端钝尖或渐尖,基部圆形至楔形,边缘常皱卷至波状,上面幼时具银白色鳞片或星状毛,成熟后脱落,下面密被银白色和散生少数褐色鳞片。花较叶先开放,黄白色,芳香,外被银白色盾形鳞片,常 1～7 朵簇生于新枝基部;花梗白色,长 3～6 mm,花被筒圆筒状漏斗形,上部 4 裂,筒部较裂片为长;雄蕊 4,花丝极短,长为花丝的一半;花柱直立,疏生白色星状柔毛。果实近球形至卵圆形,长 5～7 mm,幼时绿色,被银白色或有时全被褐色鳞片,成熟时红色。花期 4～5 月,果期 7～8 月。

胡颓子

拉丁学名:*Elaeagnus pungens* Thunb. 常绿直立灌木,具刺,刺顶生或腋生,长 20～40 mm,有时较短,深褐色;幼枝微扁棱形,密被锈色鳞片,老枝鳞片脱落,黑色,具光泽。叶革质,椭圆形或阔椭圆形,长 5～10 cm,宽 1.8～5 cm,两端钝形或基部圆形,边缘微反卷或皱波状,上面幼时具银白色和少数褐色鳞片,成熟后脱落,具光泽,干燥后褐绿色或褐色,下面密被银白色和少数褐色鳞片,侧脉 7～9 对,与中脉开展成 50°～60°的角,近边缘分叉而互相连接,上面显著突起,下面不甚明显,网状脉在上面明显,下面不清晰;叶柄深褐色,长 5～8 mm。

花白色或淡白色,下垂,密被鳞片,1～3 花生于叶腋锈色短小枝上;花梗长 3～5 mm;萼筒圆筒形或漏斗状圆筒形,长 5～7 mm,在子房上骤收缩,裂片三角形或矩圆状三角形,长约 3 mm,顶端渐尖,内面疏生白色星状短柔毛;雄蕊的花丝极短,花药矩圆形,长约 1.5 mm;花柱直立,无毛,上端微弯曲,超过雄蕊。果实椭圆形,长 12～14 mm,幼时被褐色鳞片,成熟时红色,果核内面具白色丝状绵毛;果梗长 4～6 mm。花期 9～12 月,果期次年 4～6 月。

52 石榴科

拉丁学名：*Punicaceae*　落叶灌木或小乔木,有由短枝退化而成的刺。冬芽小,有 2 对鳞片。单叶,通常对生或簇生,有时呈螺旋状排列,无托叶,对生或近对生。花有雌雄两性,聚伞花序或单生,辐射对称,整齐,常周位,宿存筒状或壶状萼筒和子房合生,且高于子房,萼片 5~8,肉质,镊合状排列,花瓣 5~7,多褶皱,生于萼筒边缘,覆瓦状排列,雄蕊生于萼筒内壁上部,多数,花丝分离,细长,花药背部着生。

石榴

拉丁学名：*Punica granatum* L.　落叶灌木或小乔木,树冠丛状自然圆头形。树根黄褐色。生长强健,根际易生根蘖。树干呈灰褐色,上有瘤状突起。树冠内分枝多,嫩枝有棱,多呈方形。小枝柔韧,不易折断。一次枝在生长旺盛的小枝上交错对生,具小刺。刺的长短与品种和生长情况有关。旺树多刺,老树少刺。芽色随季节而变化,有紫、绿、橙三色。

叶对生或簇生,呈长披针形至长圆形,或椭圆状披针形,长 2~8 cm,宽 1~2 cm,顶端尖,表面有光泽,背面中脉突起;有短叶柄。花两性,依子房发达与否,有钟状花和筒状花之别,前者子房发达,善于受精结果,后者常凋落不实;一般 1 朵至数朵着生在当年生新梢顶端及顶端以下的叶腋间;萼片硬,肉质,管状,5~7 裂,与子房连生,宿存;花瓣倒卵形,与萼片同数而互生,覆瓦状排列。花有单瓣、重瓣之分。重瓣品种:雌雄蕊多瓣花而不孕,花瓣多达数十枚;花多红色,也有白色和黄、粉红、玛瑙等色。雄蕊多数,花丝无毛。雌蕊具花柱 1 个,长度超过雄蕊,心皮 4~8,子房下位。

成熟后变成大型而多室、多籽的浆果,每室内有多数籽粒;外种皮肉质,呈鲜红、淡红或白色,多汁,甜而带酸,即为可食用的部分;内种皮为角质,也有退化变软的,即软籽石榴。果石榴花期 5~6 月,榴花似火;果期 9~10 月。花石榴花期 5~10 月。

53 八角枫科

拉丁学名：*Alangiaceae*　落叶乔木或灌木,枝圆柱形,有时略呈"之"字形。单叶互生,有叶柄,无托叶,全缘或掌状分裂,基部两侧常不对称,羽状叶脉或由基部生出 3~7 条主脉呈掌状。花序腋生,聚伞状,小花梗常分节;苞片线形、钻形或三角形,早落。花两性,淡白色或淡黄色,通常有香气,花萼小,萼管钟形与子房合生,具 4~10 齿状的小裂片或近截形,花瓣 4~10,线形,在花芽中彼此密接,镊合状排列,基部常互相黏合或否,花开后花瓣的上部常向外反卷。

八角枫

拉丁学名：*Alangium chinense*(Lour.)Harms　落叶乔木或灌木,小枝略呈"之"字形,

幼枝紫绿色，无毛或有稀疏的疏柔毛，冬芽锥形，生于叶柄的基部内，鳞片细小。叶纸质，近圆形或椭圆形、卵形，顶端短锐尖或钝尖，基部两侧常不对称，一侧微向下扩张，另一侧向上倾斜，阔楔形、截形，长 13~19 cm，宽 9~15 cm，不分裂或 3~7 裂，裂片短锐尖或钝尖，叶上面深绿色，无毛，下面淡绿色，除脉腋有丛状毛外，其余部分近无毛；基出脉 3~5，呈掌状，侧脉 3~5 对；叶柄长 2.5~3.5 cm，紫绿色或淡黄色，幼时有微柔毛，后无毛。聚伞花序腋生，长 3~4 cm，被稀疏微柔毛，有花 7~30 朵，花梗长 5~15 mm；小苞片线形或披针形，长约 3 mm，常早落；总花梗长 1~1.5 cm，常分节；花冠圆筒形，长 1~1.5 cm，花萼长 2~3 mm，顶端分裂为 5~8 枚齿状萼片，长 0.5~1 mm，宽 2.5~3.5 mm；花瓣 6~8，线形，长 1~1.5 cm，宽约 1 mm，基部黏合，上部开花后反卷，外面有微柔毛，初为白色，后变黄色；雄蕊和花瓣同数而近等长，花丝略扁，长 2~3 mm，有短柔毛，花药长 6~8 mm，药隔无毛，外面有时有褶皱；花盘近球形。核果卵圆形，长 5~7 mm，直径 5~8 mm，幼时绿色，成熟后黑色，顶端有宿存的萼齿和花盘，种子 1 粒。花期 5~7 月，果期 7~11 月。

毛八角枫

拉丁学名：*Alangium kurzii* Craib 落叶小乔木，稀灌木，树皮深褐色，平滑；小枝近圆柱形；当年生枝紫绿色，有淡黄色绒毛和短柔毛，多年生枝深褐色，无毛，具稀疏的淡白色圆形皮孔。叶互生，纸质，近圆形或阔卵形，顶端长渐尖，基部心脏形或近心脏形，倾斜，两侧不对称，全缘，长 12~14 cm，宽 7~9 cm，上面深绿色，幼时除沿叶脉有微柔毛外，其余部分无毛，下面淡绿色，有黄褐色丝状微绒毛，叶上更密，主脉 3~5 条，在上面显著，下面突起，侧脉 6~7 对，上面微显，下面显著；叶柄长 2.5~4 cm，近圆柱形，有黄褐色微绒毛。聚伞花序有花 5~7 朵，总花梗长 3~5 cm，花梗长 5~8 mm；花萼漏斗状，常裂成锐尖形小萼齿 6~8，花瓣 6~8，线形，长 2~2.5 cm，基部黏合，上部开花时反卷，外面有淡黄色短柔毛，内面无毛，初白色，后变淡黄色；雄蕊 6~8，略短于花瓣；花丝稍扁，长 3~5 mm，有疏柔毛，花药长 12~15 mm，药隔有长柔毛；花盘近球形，微呈裂痕，有微柔毛；核果椭圆形或矩圆状椭圆形，长 1.2~1.5 cm，直径约 8 mm，幼时紫褐色，成熟后黑色，顶端有宿存的萼齿。花期 5~6 月，果期 9 月。

瓜木

拉丁学名：*Alangium platanifolium* (Sieb. et Zucc.) Harms 落叶灌木或小乔木，树皮平滑，灰色或深灰色；小枝纤细，近圆柱形，常稍弯曲，略呈"之"字形，当年生枝淡黄褐色或灰色，近无毛；冬芽圆锥状卵圆形，鳞片三角状卵形，覆瓦状排列，外面有灰色短柔毛。叶纸质，近圆形，顶端钝尖，基部近于心脏形或圆形，长 11~13 cm，宽 8~11 m，不分裂，分裂者裂片钝尖或锐尖至尾状锐尖，深仅达叶片长度的 1/3~1/4，边缘呈波状或钝锯齿状，上面深绿色，下面淡绿色，两面除沿叶脉或脉腋幼时有长柔毛或疏柔毛外，其余部分近无毛；主脉 3~5 条，由基部生出，常呈掌状，侧脉 5~7 对，和主脉相交成锐角，均在叶上面显著，下面微突起，小叶脉仅在下面显著；叶柄长 3.5~5 cm，圆柱形，基部粗壮，向顶端逐渐细弱，有稀疏的短柔毛或无毛。聚伞花序生于叶腋，长 3~3.5 cm，通常有花 3~5 朵，总花梗长 1.2~2 cm，花梗长 1.5~2 cm，几无毛，花梗上有线形小苞片 1 枚，长约 5 mm，早落,外面有短柔毛;花筱近钟形,外面具稀疏短柔毛,裂片5,三角形,长和宽均约1 mm,花瓣6~7,线形,紫红色,外面有短柔毛,近基部较密,长2.5~3.5 cm,宽1~2 mm,基部黏合,上部开花时反卷;雄蕊6~7,较花瓣短。核果长卵圆形或长椭圆形,长8~12 mm,直径4~8 mm,顶端有宿存的花萼裂片,有短柔毛或无毛,有种子1粒。花期3~7月,果期7~9月。

54 五加科

拉丁学名:*Araliaceae* 乔木、灌木或藤本,常有刺,茎枝的髓大,体内有分泌管或分泌腔,含挥发油、树脂、树胶或乳状汁;花整齐,两性或单性,萼齿小,花冠绿白色或黄绿色,子房下位,子房室与心皮同数,花柱离生或合成柱状,或无花柱而柱头直接生于子房上;虽花小而色不艳,但具香味,花盘隆起且分泌组织发达,伞形花序常再密集成鲜明而突出的大圆锥花序,适应虫媒传粉,果实为浆果或具核果,鸟类传播种子。

楤木

拉丁学名:*Aralia chinensis* L. 灌木或乔木,树皮灰色,疏生粗壮直刺;小枝通常淡灰棕色,有黄棕色绒毛,疏生细刺。叶为二回或三回羽状复叶,长60~110 cm;叶柄粗壮,长可达50 cm;托叶与叶柄基部合生,纸质,耳廓形,长约1.5 cm或更长,叶轴无刺或有细刺;羽片有小叶5~11,基部有小叶1对;小叶片纸质至薄革质,卵形、阔卵形或长卵形,长5~12 cm,宽3~8 cm,先端渐尖或短渐尖,基部圆形,上面粗糙,疏生糙毛,下面有淡黄色或灰色短柔毛,脉上更密,边缘有锯齿,侧脉7~10对,两面均明显,网脉在上面不甚明显,下面明显;小叶无柄或有长约3 mm的柄,顶生小叶柄长2~3 cm。

圆锥花序大,长30~60 cm;分枝长20~35 cm,密生淡黄棕色或灰色短柔毛;伞形花序直径1~1.5 cm,有花多数;总花梗长1~4 cm,密生短柔毛;苞片锥形,膜质,长3~4 mm,外面有毛;花梗长4~6 mm,密生短柔毛;花白色,芳香;萼无毛,长约1.5 mm,边缘有5个三角形小齿;花瓣5,卵状三角形,长1.5~2 mm;雄蕊5,花丝长约3 mm。果实球形,黑色,直径约3 mm,有5棱;宿存花柱长约1.5 mm,离生或合生至中部。花期7~9月,果期9~12月。

吴茱萸五加

拉丁学名:*A. evodiaefolius* Franch. 灌木或乔木,枝暗色,无刺,新枝红棕色,无毛,无刺。叶有3小叶,在长枝上互生,在短枝上簇生;叶柄长5~10 cm,密生淡棕色短柔毛,不久毛即脱落,仅叶柄先端和小叶柄相连处有锈色簇毛;小叶片纸质至革质,长6~12 cm,宽3~6 cm,中央小叶片椭圆形至长圆状倒披针形,或卵形,先端短渐尖或长渐尖,基部楔形或狭楔形,两侧小叶片基部歪斜,较小,上面无毛,下面脉腋有簇毛,边缘全缘或有锯齿,齿有或长或短的刺尖,侧脉6~8对,两面明显,网脉明显;小叶无柄或有短柄。伞形花序有多数或少数花,通常几个组成顶生复伞形花序,总花梗长2~8 cm,无毛;花梗长0.8~1.5 cm,花后延长,无毛;萼长1~1.5 mm,无毛,边缘全缘;花瓣5,长卵形,开花时反曲;雄蕊 5。果实球形或略长,黑色。花期 5~7 月,果期 8~10 月。

红毛五加

拉丁学名:*Eleutherococcus giraldii* 灌木,枝灰色;小枝灰棕色,无毛或稍有毛,密生直刺,刺向下,细长针状。叶有小叶 5,叶柄长 3~7 cm,无毛,小叶片薄纸质,倒卵状长圆形,长 2.5~6 cm,宽 1.5~2.5 cm,先端尖或短渐尖,基部狭楔形,两面均无毛,边缘有不整齐细重锯齿,网脉不明显;无小叶柄或几无小叶柄。伞形花序单个顶生,直径 1.5~2 cm,有花多数;总花梗粗短,长 5~7 mm,有时几无总花梗,无毛;花梗长 5~7 mm,无毛;花瓣 5,卵形,长约 2 mm;雄蕊 5,花丝长约 2 mm。果实球形,有 5 棱,黑色,直径约 8 mm。花期 6~7 月,果期 8~10 月。

糙叶五加

拉丁学名:*Acanthopanax henryi*(Oliv.)Harms 灌木,枝疏生下曲粗刺;小枝密生短柔毛,后毛渐脱落。叶有小叶 5,叶柄长 4~7 cm,密生粗短毛;小叶片纸质,椭圆形或卵状披针形,先端尖或渐尖,基部狭楔形,长 8~12 cm,宽 3~5 cm,上面深绿色,粗糙,下面灰绿色,脉上有短柔毛,边缘仅中部以上有细锯齿,侧脉 6~8 对,两面隆起而明显,网脉不明显;小叶柄长 3~6 mm,有粗短毛,有时几无小叶柄。伞形花序数个组成短圆锥花序,直径 1.5~2.5 cm,有花多数;总花梗粗壮,长 2~3.5 cm,有粗短毛,后毛渐脱落;花梗长 0.8~1.5 cm,无毛或疏生短柔毛;花瓣 5,长卵形,开花时反曲,无毛或外面稍有毛;雄蕊 5;花丝细长。果实椭圆球形,长约 8 mm,黑色,宿存花柱长约 2 mm。花期 7~9 月,果期 9~10 月。

中华常春藤

拉丁学名:*Hedera nepalensisvar* sinensis 常绿攀缘灌木;灰棕色或黑棕色,有气生根;一年生枝疏生锈色鳞片,鳞片通常有 10~20 条辐射肋。叶片革质,在不育枝上通常为三角状卵形或三角状长圆形,长 5~12 cm,宽 3~10 cm,先端短渐尖,基部截形,边缘全缘或 3 裂,花枝上的叶片通常为椭圆状卵形至椭圆状披针形,略歪斜而带菱形;叶柄细长,长 2~9 cm,有鳞片,无托叶。伞形花序单个顶生,或 2~7 个总状排列或伞房状排列成圆锥花序,直径 1.5~2.5 cm,有花 5~40 朵;总花梗长 1~3.5 cm,通常有鳞片;苞片小,三角形,长 1~2 mm;花梗长 0.4~1.2 cm;花淡黄白色或淡绿白色,芳香;萼密生棕色鳞片,边缘近全缘;花瓣 5,三角状卵形,长 3~3.5 mm,外面有鳞片;雄蕊 5,花丝长 2~3 mm,花药紫色;果实球形,红色或黄色,直径 7~13 mm;宿存花柱长 1~1.5 mm。花期 9~11 月,果期次年 3~5 月。

刺楸

拉丁学名:*Kalopanax septemlobus*(Thunb.)Koidz. 落叶乔木,树皮暗灰棕色;小枝淡黄棕色或灰棕色,散生粗刺;刺基部宽阔扁平,通常长 5~6 mm,基部宽 6~7 mm,在苗壮枝上的长达 1 cm 以上,宽 1.5 cm 以上。叶片纸质,在长枝上互生,在短枝上簇生,圆形或近圆形,直径 9~25 cm,掌状 5~7 浅裂,裂片阔三角状卵形至长圆状卵形,长不及全叶片的 1/2,苗壮枝上的叶片分裂较深,裂片长超过全叶片的 1/2,先端渐尖,基部心形,上面深绿色,无毛或几无毛,下面淡绿色,幼时疏生短柔毛,边缘有细锯齿,放射状主脉 5~7 条,两面均明显;叶柄细长,长 8~50 cm,无毛。

圆锥花序大,长 15~25 cm,直径 20~30 cm;伞形花序直径 1~2.5 cm,有花多数;总花梗细长,长 2~3.5 cm,无毛;花梗细长,无关节,无毛或稍有短柔毛,长 5~12 mm;花白色或淡绿黄色。果实球形,直径约 5 mm,蓝黑色。花期 7~10 月,果期 9~12 月。

通脱木

拉丁学名:*rice ~ paper plant*　常绿灌木或小乔木,茎粗壮,不分枝,幼稚时表面密被黄色星状毛或稍具脱落的灰黄色柔毛。茎粗大,白色,纸质;树皮深棕色,略有皱裂;新枝淡棕色或淡黄棕色,有明显的叶痕和大型皮孔。叶大,互生,聚生于茎顶;叶柄粗壮,圆筒形,长 30~50 cm;托叶膜质,锥形,基部与叶柄合生,有星状厚绒毛;叶片纸质或薄革质,掌状 5~11 裂,裂片通常为叶片全长的 1/3~1/2,倒卵状长圆形、卵状长圆形,每一裂片常有 2~3 个小裂片,全缘或有粗齿,上面深绿色,无毛,下面密被白色星状绒毛。伞形花序聚生成顶生或近顶生大型复圆锥花序,长达 50 cm 以上;萼密被星状绒毛,全缘或近全缘;花瓣三角状卵形,外面密被星状厚绒毛;雄蕊 5,与花瓣同数。果球形,熟时紫黑色。花期 10~12 月,果期次年 1~2 月。

55 山茱萸科

拉丁学名:*Cornaceae*　落叶乔木或灌木,单叶对生,通常叶脉羽状,边缘全缘或有锯齿,无托叶或托叶纤毛状。花两性或单性异株,为圆锥状、聚伞状、伞状或头状等花序,有苞片或总苞片;花 3~5 朵;花萼管状与子房合生,先端有齿状裂片 3~5;花瓣 3~5,通常白色,镊合状或覆瓦状排列;雄蕊与花瓣同数而与之互生,生于花盘的基部;子房下位,1~4 室,每室有 1 枚下垂的倒生胚珠,花柱短或稍长,柱头头状或截形,有时有 2~3 裂片。果为核果或浆果状核果;核骨质,种子 1~4 粒,种皮膜质或薄革质,胚小,胚乳丰富。

灯台树

拉丁学名:*Bothrocaryum controversum*　落叶乔木,树皮光滑,暗灰色或带黄灰色;枝开展,圆柱形,无毛或疏生短柔毛,当年生枝紫红绿色,二年生枝淡绿色,有半月形的叶痕和圆形皮孔。冬芽顶生或腋生,卵圆形或圆锥形,长 3~8 mm,无毛。叶互生,纸质,阔卵形、阔椭圆状卵形或披针状椭圆形,长 6~13 cm,宽 3.5~9 cm,先端突尖,基部圆形或急尖,全缘,上面黄绿色,无毛,下面灰绿色,密被淡白色平贴短柔毛,中脉在上面微凹陷,下面凸出,微带紫红色,无毛,侧脉 6~7 对,弓形内弯,在上面明显,下面凸出,无毛;叶柄紫红绿色,长 2~6.5 cm,无毛,上面有浅沟,下面圆形。伞房状聚伞花序,顶生,宽 7~13 cm,总花梗淡黄绿色,长 1.5~3 cm;雄蕊 4,着生于花盘外侧,与花瓣互生,花药椭圆形,淡黄色。核果球形,直径 6~7 mm,成熟时紫红色至蓝黑色;核骨质,球形,顶端有一个方形孔穴;果梗长 2.5 ~ 4.5 mm,无毛。花期 5 ~ 6 月,果期 7 ~ 8 月。

梾木

拉丁学名:*Swida macrophylla*(Wall.)Sojak　乔木,树皮灰褐色或灰黑色;幼枝粗壮,灰绿色,有棱角,微被灰色贴生短柔毛,不久变为无毛,老枝圆柱形,疏生灰白色椭圆形皮孔及半环形叶痕。冬芽顶生或腋生,狭长圆锥形,长 4 ~ 10 mm,密被黄褐色的短柔毛。叶对生,纸质,阔卵形或卵状长圆形,长 9 ~ 16 cm,宽 3.5 ~ 8.8 cm,先端锐尖或短渐尖,基部圆形,边缘略有波状小齿,上面深绿色,幼时疏被平贴小柔毛,后即近于无毛,下面灰绿色,密被或有时疏被白色平贴短柔毛,沿叶脉有淡褐色平贴小柔毛,中脉在上面明显,下面凸出,侧脉 5 ~ 8 对,弓形内弯,在上面明显,下面稍突起;叶柄长 1.5 ~ 3 cm,淡黄绿色,老后变为无毛,上面有浅沟,下面圆形,基部稍宽,略呈鞘状。伞房状聚伞花序顶生,宽 8 ~ 12 cm,疏被短柔毛;总花梗红色,长 2.4 ~ 4 cm;花白色,有香味;花萼裂片 4,宽三角形,稍长于花盘,外侧疏被灰色短柔毛;雄蕊 4,与花瓣等长或稍伸出花外,花药倒卵状长圆形。核果近于球形,直径 4.5 ~ 6 mm,成熟时黑色,近于无毛;核骨质,扁球形,直径 3 ~ 4 mm,两侧各有 1 条浅沟及 6 条脉纹。花期 6 ~ 7 月,果期 8 ~ 9 月。

小梾木

拉丁学名:*Swida paucinervis*(Hance.)Sojak　落叶灌木,树皮灰黑色,光滑;幼枝对生,绿色或带紫红色,略具 4 棱,被灰色短柔毛,老枝褐色,无毛。冬芽顶生及腋生,圆锥形至狭长形,长 2.5 ~ 8 mm,被疏生短柔毛。叶对生,纸质,椭圆状披针形、披针形,长 4 ~ 9 cm,宽 1 ~ 2.3 cm,先端钝尖或渐尖,基部楔形,全缘,上面深绿色,散生平贴短柔毛,下面淡绿色,被较少灰白色的平贴短柔毛或近于无毛,中脉在上面稍凹陷,下面凸出,被平贴短柔毛,侧脉通常 3 对,平行斜伸或在近边缘处弓形内弯,在上面明显,下面稍突起;叶柄长 5 ~ 15 mm,黄绿色,被贴生灰色短柔毛,上面有浅沟,下面圆形。

伞房状聚伞花序顶生,被灰白色贴生短柔毛,宽 3.5 ~ 8 cm;总花梗圆柱形,长 1.5 ~ 4 cm,略有棱角,密被贴生灰白色短柔毛;花小,白色至淡黄白色,直径 9 ~ 10 mm;花萼裂片 4,披针状三角形至尖三角形,长于花盘,淡绿色,外侧被紧贴的短柔毛;花瓣 4,狭卵形至披针形,先端急尖,质地稍厚,上面无毛,下面有贴生短柔毛;雄蕊 4,花丝淡白色,无毛,花药长圆卵形,淡黄白色,丁字形着生;子房下位,花托倒卵形;花梗细圆柱形,长 2 ~ 9 mm,被灰色及少数褐色贴生短柔毛。核果圆球形,直径 5 mm,成熟时黑色;核近于球形,骨质,直径约 4 mm,有 6 条不明显的肋纹。花期 6 ~ 7 月,果期 10 ~ 11 月。

毛梾木

拉丁学名:*Swida walteri*(Wanger.)Sojak　落叶乔木,树皮厚,黑褐色,纵裂而又横裂成块状;幼枝对生,绿色,略有棱角,密被贴生灰白色短柔毛,老后黄绿色,无毛。冬芽腋生,扁圆锥形,长约 1.5 mm,被灰白色短柔毛。叶对生,纸质,椭圆形、长圆椭圆形或阔卵形,长 4 ~ 12 cm,宽约 1.7 ~ 5.3 cm,先端渐尖,基部楔形,有时稍不对称,上面深绿色,下面淡绿色,密被灰白色贴生短柔毛,中脉在上面明显,下面凸出,侧脉 4 对,弓形内弯,在上面稍明显,下面突起。

叶柄长约3.5 cm,幼时被有短柔毛,后渐无毛,上面平坦,下面圆形。伞房状聚伞花序顶生,花密,宽7~9 cm,被灰白色短柔毛;总花梗长1.2~2 cm;花白色,有香味,直径约9.5 mm;花萼裂片4,绿色,齿状三角形,长约0.4 mm,与花盘近于等长,外侧被有黄白色短柔毛。

花瓣4,长圆披针形,上面无毛,下面有贴生短柔毛;雄蕊4,无毛,长4.8~5 mm,花丝线形,微扁,长约4 mm,花药淡黄色,长圆卵形,2室,丁字形着生;花盘明显,垫状或腺体状,无毛;花柱棍棒形,被有稀疏的贴生短柔毛,柱头小,头状,子房下位,花托倒卵形;花梗细圆柱形,有稀疏短柔毛。核果球形,直径6~7 mm,成熟时黑色,近于无毛;核骨质,扁圆球形,直径约5 mm,高约4 mm。花期5月,果期9月。

光皮梾木

拉丁学名:*Swida wilsoniana*(Wanger.)Sojak 落叶乔木,树皮灰色至青灰色,块状剥落;幼枝灰绿色,略具4棱,被灰色平贴短柔毛,小枝圆柱形,深绿色,老时棕褐色,无毛,具黄褐色长圆形皮孔。冬芽长圆锥形,长3~6 mm,密被灰白色平贴短柔毛。

叶对生,纸质,椭圆形或卵状椭圆形,长6~12 cm,宽2~5.5 cm,先端渐尖或突尖,基部楔形或宽楔形,边缘波状,微反卷,上面深绿色,有散生平贴短柔毛,下面灰绿色,密被白色乳头状突起及平贴短柔毛,主脉在上面稍显明,下面凸出,侧脉3~4对,弓形内弯,在上面稍显明,下面微突起;叶柄细圆柱形,长0.8~2 cm,幼时密被灰白色短柔毛,老后近于无毛,上面有浅沟,下面圆形。

顶生圆锥状聚伞花序,宽6~10 cm,被灰白色疏柔毛;总花梗细圆柱形,长2~3 cm,被平贴短柔毛;花小,白色,直径约7 mm;花萼裂片4,三角形,长0.4~0.5 mm,长于花盘,外侧被白色短柔毛;花瓣4,长披针形,上面无毛,下面密被灰白色平贴短柔毛;雄蕊4,花丝线形,与花瓣近于等长,无毛,花药线状长圆形,黄色,丁字形着生;花盘垫状,无毛;花柱圆柱形,有时上部稍粗壮,稀被贴生短柔毛,柱头小,头状,子房下位,花托倒圆锥形。核果球形,直径6~7 mm,成熟时紫黑色至黑色,被平贴短柔毛或近于无毛;核骨质,球形,直径4~4.5 mm,肋纹不显明。花期5月,果期10~11月。

红椋子

拉丁学名:*Swida hemsleyi*(Schneid. et Wanger.)Sojak 灌木或小乔木,树皮红褐色或黑灰色;幼枝红色,略有四棱,被贴生短柔毛;老枝紫红色至褐色,无毛,有圆形黄褐色皮孔。冬芽顶生和腋生,狭圆锥形,长3~8 mm,疏被白色短柔毛。叶对生,纸质,卵状椭圆形,长4.5~9.3 cm,宽1.8~4.8 cm,先端渐尖或短渐尖,基部圆形,有时两侧不对称,边缘微波状,上面深绿色,有贴生短柔毛,下面灰绿色,微粗糙,密被白色贴生短柔毛及乳头状突起,沿叶脉有灰白色及浅褐色短柔毛,中脉在上面凹下,下面突起,侧脉6~7对,弓形内弯,在上面凹下,下面凸出,脉腋多少具有灰白色及浅褐色丛毛,细脉网状,在上面稍凹下,下面略显明;叶柄细长,长0.7~1.8 cm,淡红色,幼时被灰色及浅褐色贴生短柔毛,上面有浅沟,下面圆形。

伞房状聚伞花序顶生,微扁平,宽5~8 cm,被浅褐色短柔毛;总花梗长3~4 cm,被淡红褐色贴生短柔毛。花小,白色,直径约 6 mm;花萼裂片 4,卵状至长圆状舌形;雄蕊 4,与花瓣互生,伸出花外,花丝线形,白色,无毛,花药 2 室,卵状长圆形,浅蓝色至灰白色,丁字形着生;花盘垫状,无毛或略有小柔毛,边缘波状;花柱圆柱形,柱头盘状扁头形,稍宽于花柱。核果近于球形,直径 4 mm,黑色,疏被贴生短柔毛。花期 6 月,果期 9 月。

尖叶四照花

拉丁学名:*Dendrobenthamia angustata*(Chun)W. P. Fang 常绿乔木或灌木,树皮灰色或灰褐色,平滑;幼枝灰绿色,被白色贴生短柔毛,老枝灰褐色,近于无毛。冬芽小,圆锥形,密被白色细毛。叶对生,革质,长圆椭圆形,长 7 ~ 9 cm,宽 2.5 ~ 4.2 cm,先端渐尖形,具尖尾,基部楔形或宽楔形,上面深绿色,嫩时被白色细伏毛,老后无毛,下面灰绿色,密被白色贴生短柔毛,中脉在上面明显,下面微突起,侧脉通常 3 ~ 4 对,弓形内弯,有时脉腋有簇生白色细毛;叶柄细圆柱形,嫩时被细毛,渐老则近于无毛。头状花序球形,总苞片 4,长卵形至倒卵形,先端渐尖或微突尖形,基部狭窄,初为淡黄色,后变为白色,两面微被白色贴生短柔毛;总花梗纤细,长 5.5 ~ 8 cm,密被白色细伏毛;花萼管状,裂片钝圆或钝尖形,有时截形,外侧有白色细伏毛,内侧上半部密被白色短柔毛;花瓣 4,卵圆形,先端渐尖,基部狭窄,下面有白色贴生短柔毛;雄蕊 4,较花瓣短。果序球形,直径约 2.5 cm,成熟时红色,被白色细伏毛;总果梗纤细,长 6 ~ 10.5 cm,紫绿色,微被毛。花期 6 ~ 7 月,果期 10 ~ 11 月。

四照花果

拉丁学名:*Dendronenthamia japonica* var. *chinensis* 落叶灌木至小乔木。花两性,集合成圆球状的头状花序,生于小枝顶端,具 20 ~ 30 朵花;有大型、白色的总苞片 4 枚;花瓣状,卵形或卵状披针形;5 ~ 6 月开花,光彩四照,故名曰"四照花"。核果聚为球形的聚合果,肉质,9 ~ 10 月成熟后变为紫红色,俗称"鸡素果"。高可达 9 m,小枝细,绿色,后变褐色,光滑。叶纸质,对生,卵形或卵状椭圆形,表面浓绿色,疏生白柔毛,叶背粉绿色,有白柔毛,并在脉腋簇生黄色或白色毛,叶脉羽状,作弧形向上弯曲,表面凹下,背面突起。花期 5 ~ 6 月,果期 9 ~ 10 月。

叶上花

拉丁学名:*Helwingia japonica*(Thunb.)Dietr. 常绿附生小灌木。单叶,常 4 ~ 5 叶密集,近于轮生,披针形至长圆状披针形,长 4 ~ 10 cm,宽 1.5 ~ 2.5 cm,两面平滑无毛,上面绿色,下面色较淡。花钟状,鲜红色,长 4 ~ 5 cm,常 3 ~ 4 朵集生于茎上。浆果球形。

附生于潮湿的杂木林中树上。幼枝紫绿色。叶革质或近革质,条状披针形或披针形,先端渐尖,基部楔形,中部以上疏生腺齿。雌雄异株。花小,淡绿色。雄花序具花 6 ~ 12 朵,雌花 1 ~ 3 朵簇生于叶面中脉基部。果长圆形。花期 4 ~ 5 月,果期 8 ~ 9 月。

青荚叶

拉丁学名:*Helwingia japonica*(Thunb.)Dietr. 落叶灌木,叶纸质,卵形、卵圆形,先端渐尖,极少数先端为尾状渐尖,叶基部阔楔形或近于圆形,边缘具刺状细锯齿;初夏开花,雌雄异株,花小,黄绿色,生于叶面中央的主脉上。核果球形,黑色。叶痕显著。叶纸质,卵形、卵圆形,长 3.5~9 cm,宽 2~6 cm,先端渐尖,基部阔楔形或近于圆形,边缘具刺状细锯齿;叶上面亮绿色,下面淡绿色;中脉及侧脉在上面微凹陷,下面微突出;叶柄长1~5 cm。

花淡绿色,3~5 数,花萼小,镊合状排列;雄花 4~12,呈伞形或密伞花序,常着生于叶上面中脉的 1/2~1/3 处;雄蕊 3~5,生于花盘内侧;雌花 1~3,着生于叶上面中脉的1/2~1/3 处;子房卵圆形或球形,柱头 3~5 裂。浆果幼时绿色,成熟后黑色,分核 3~5个。花期 4~5 月,果期 8~9 月。

山茱萸

拉丁学名:*Cornus officinalis* Sieb. et Zucc. 落叶乔木或灌木,树皮灰褐色;小枝细圆柱形,冬芽顶生及腋生,卵形至披针形,被黄褐色短柔毛。叶对生,纸质,卵状披针形或卵状椭圆形,长 5.5~10 cm,宽 2.5~4.5 cm,先端渐尖,基部宽楔形或近于圆形,全缘,上面绿色,无毛,下面浅绿色,脉腋密生淡褐色丛毛,中脉在上面明显,下面突起,近于无毛,侧脉 6~7 对,弓形内弯;叶柄细圆柱形,长 0.6~1.2 cm,上面有浅沟,下面圆形,稍被贴生疏柔毛。

伞形花序生于枝侧,有总苞片 4,卵形,厚纸质至革质,长约 8 mm,带紫色,两侧略被短柔毛,开花后脱落;总花梗粗壮,微被灰色短柔毛;花小,两性,先叶开放;花萼裂片 4,阔三角形,与花盘等长或稍长,长约 0.6 mm,无毛;花瓣 4,舌状披针形,长约 3.3 mm,黄色,向外反卷;雄蕊 4,与花瓣互生,长约 1.8 mm,花丝钻形,花药椭圆形,2 室;花盘垫状,无毛;子房下位,花托倒卵形,密被贴生疏柔毛,花柱圆柱形,柱头截形;花梗纤细,长 0.5~1cm,密被疏柔毛。核果长椭圆形,长 1.2~1.7 cm,直径 5~7 mm,红色至紫红色;核骨质,狭椭圆形,长约 12 mm,有几条不整齐的肋纹。花期 3~4 月,果期 9~10 月。

56 杜鹃花科

拉丁学名:*Ericaceae* 木本植物,大多常绿,少数落叶,陆生或附生。叶互生或轮生,不具托叶。花两性,辐射对称或略微两侧对称,单生或通常组成总状花序、圆锥花序或伞形花序;花萼通常 5 裂,宿存;花冠通常鲜艳合瓣,雄蕊为花冠裂片数的 2 倍,内向顶孔开裂,子房上位或下位,4~5 室。蒴果、浆果或核果。

照山白

拉丁学名:*Rhododendron micranthum* Turcz. 常绿灌木,茎灰棕褐色;枝条细瘦。幼枝被鳞片及细柔毛。叶近革质,倒披针形、长圆状椭圆形至披针形,长 3~4 cm,宽 0.4~1.2cm,顶端钝,急尖或圆,具小突尖,基部狭楔形,上面深绿色,有光泽,常被疏鳞片,下面黄绿色,被淡或深棕色有宽边的鳞片,鳞片相互重叠、邻接或相距为其直径的角状披针形或披针状线形,外面被鳞片,被缘毛;花冠钟状,长 4~8 mm,外面被鳞片,内面无毛,花裂片

5,较花管稍长;雄蕊10,花丝无毛;子房长1~3 mm,5~6室,密被鳞片,花柱与雄蕊等长或较短,无鳞片。蒴果长圆形,长5~6 mm,被疏鳞片。花期5~6月,果期8~11月。

杜鹃

拉丁学名:*Rhododendron simsii* Planch. 落叶灌木,分枝多而纤细,密被亮棕褐色扁平糙伏毛。叶革质,常集生枝端,卵形、椭圆状卵形或倒卵形至倒披针形,长1.5~5 cm,宽0.5~3 cm,先端短渐尖,基部楔形或宽楔形,边缘微反卷,具细齿,上面深绿色,疏被糙伏毛,下面淡白色,密被褐色糙伏毛,中脉在上面凹陷,下面凸出;叶柄长2~6 mm,密被亮棕褐色扁平糙伏毛。

花芽卵球形,鳞片外面中部以上被糙伏毛,边缘具睫毛。花2~3朵簇生枝顶;花梗长约8 mm,密被亮棕褐色糙伏毛;花萼5深裂,裂片三角状长卵形,长约5 mm,被糙伏毛,边缘具睫毛;花冠阔漏斗形,玫瑰色、鲜红色或暗红色,长3.5~4 cm,宽1.5~2 cm,裂片5,倒卵形,长2.5~3 cm,上部裂片具深红色斑点;雄蕊10,长与花冠相等,花丝线状,中部以下被微柔毛。蒴果卵球形,长达1 cm,密被糙伏毛;花萼宿存。花期4~5月,果期6~8月。

秀雅杜鹃

拉丁学名:*Rhododendron concinnum* Hemsl. 灌木,幼枝被鳞片。叶长圆形、椭圆形、卵形、长圆状披针形或卵状披针形,长2.5~7.5 cm,宽1.5~3.5 cm,顶端锐尖、钝尖或短渐尖,明显有短尖头,基部钝圆或宽楔形,上面或多或少被鳞片,有时沿中脉被微柔毛,下面粉绿色或褐色,密被鳞片,鳞片略不等大,中等大小或大,扁平,有明显的边缘,相距为其直径之半或邻接,极少相距为其直径;叶柄长0.5~1.3 cm,密被鳞片。

花序顶生或同时枝顶腋生,具花2~5朵,伞形着生;花梗长0.4~1.8 cm,密被鳞片;花萼小,5裂,裂片长0.8~1.5 mm,圆形、三角形或长圆形,有时花萼不发育呈环状,无缘毛或有缘毛;花冠宽漏斗状,略两侧对称,长1.5~3.2 cm,紫红色、淡紫或深紫色,内面有或无褐红色斑点,外面或多或少被鳞片或无鳞片,无毛或至基部疏被短柔毛;雄蕊不等长,近与花冠等长,花丝下部被疏柔毛。蒴果长圆形,长1~1.5 cm。花期4~6月,果期9~10月。

满山红

拉丁学名:*Rhododendron mariesii* Hemsl. et Wils. 落叶灌木,枝轮生,幼时被淡黄棕色柔毛,成长时无毛。叶厚纸质或近于革质,常2~3集生枝顶,椭圆形、卵状披针形或三角状卵形,长4~7.5 cm,宽2~4 cm,先端锐尖,具短尖头,基部钝或近于圆形,边缘微反卷,初时具细钝齿,后不明显,上面深绿色,下面淡绿色,幼时两面均被淡黄棕色长柔毛,后无毛或近于无毛,叶脉在上面凹陷,下面凸出,细脉与中脉或侧脉间的夹角近于90°;叶柄长5~7 mm,近于无毛。

花芽卵球形,鳞片阔卵形,顶端钝尖,外面沿中脊以上被淡黄棕色绢状柔毛,边缘具睫毛。花通常2朵顶生,先花后叶,出自于同一顶生花芽;花梗直立,常为芽鳞所包,长7~10 mm,密被黄褐色柔毛;花萼环状,5浅裂,密被黄褐色柔毛;花冠漏斗形,淡紫红色或紫红色,长3~3.5 cm,花冠管长约1 cm,基部径约4 mm,裂片5,深裂,长圆形,先端钝圆,上方裂片具紫红色斑点,两面无毛;雄蕊 8 ~ 10,不等长,比花冠短或与花冠等长,花丝扁平,无毛,花药紫红色。蒴果椭圆状卵球形,长 6 ~ 9 mm,密被亮棕褐色长柔毛。花期 4 ~ 5 月,果期 6 ~ 11 月。

乌饭树

拉丁学名:*Vaccinium bracteatum* Thunb. 常绿灌木,多分枝,枝条细,灰褐带红色,幼枝有灰褐色细柔毛,老叶脱落。叶片薄革质,椭圆形、菱状椭圆形、披针状椭圆形至披针形,长 4 ~ 9 cm,宽 2 ~ 4 cm,顶端锐尖,基部楔形,边缘有细锯齿,表面平坦,有光泽,两面无毛,侧脉 5 ~ 7 对,斜伸至边缘以内网结,与中脉、网脉在表面和背面均稍微突起;叶柄长 2 ~ 8 mm,通常无毛或被微毛。

总状花序顶生和腋生,长 4 ~ 10 cm,有多数花,序轴密被短柔毛;苞片叶状,披针形,长 0.5 ~ 2 cm,两面沿脉被微毛或两面近无毛,边缘有锯齿,宿存或脱落,小苞片 2,线形或卵形,长 1 ~ 3 mm,密被微毛或无毛;花梗短,长 1 ~ 4 mm,密被短毛或近无毛;萼筒密被短柔毛或茸毛,萼齿短小,三角形,长 1 mm 左右,密被短毛或无毛;花冠白色,筒状,有时略呈坛状,长 5 ~ 7 mm,外面密被短柔毛,内面有疏柔毛,口部裂片短小,三角形,外折;雄蕊内藏,长 4 ~ 5 mm,花丝细长,长 2 ~ 2.5 mm,密被疏柔毛,药室背部无距,药管长为药室的 2 ~ 2.5 倍;花盘密生短柔毛。浆果直径 5 ~ 8 mm,熟时紫黑色,外面通常被短柔毛。花期 6 ~ 7 月,果期 8 ~ 10 月。

无梗越橘

拉丁学名:*Vaccinium henryi* Hemsl. 落叶灌木,茎多分枝,幼枝淡褐色,密被短柔毛,生花的枝条细而短,呈左右曲折,老枝褐色,渐变无毛。叶多数,散生枝上,生花的枝条上叶较小,向上愈加变小,营养枝上的叶向上部变大,叶片纸质,卵形、卵状长圆形或长圆形,长 3 ~ 7 cm,宽 1.5 ~ 3 cm,顶端锐尖或急尖,明显具小短尖头,基部楔形、宽楔形至圆形,边缘全缘,通常被短纤毛,两面沿中脉有时连同侧脉密被短柔毛,叶脉在两面略微隆起;叶柄长 1 ~ 2 mm,密被短柔毛。花单生叶腋,有时由于枝条上部叶片渐变小而呈苞片状,在枝端形成假总状花序;花梗极短,长约 1 mm 或近于无梗,密被毛;小苞片 2,花期宽三角形,长不及 1 mm,顶端具短尖头,结果时通常变为披针形,长 2 ~ 3 mm,明显有 1 条脉,或有时早落;萼筒无毛,萼齿 5,宽三角形,长 0.5 ~ 1 mm,外面被毛或有时无毛;花冠黄绿色,钟状,长 3 ~ 4.5 mm,外面无毛;雄蕊 10,短于花冠,长 3 ~ 3.5 mm,花丝扁平,长 1.5 ~ 2 mm,被柔毛,药室背部无距,药管与药室近等长。浆果球形,略呈扁压状,直径 7 ~ 9 mm,熟时紫黑色。花期6 ~ 7 月,果期 9 ~ 10 月。

57 紫金牛科

拉丁学名:*Myrsinaceae* 灌木或乔木或攀缘灌木,有的为藤本。单叶互生,通常具腺点或脉状腺条纹,全缘或具各式齿,齿间有时具边缘腺点;无托叶。叶片通常具有明显的树脂腺或脉状腺条纹,花冠及果上亦有,有的叶缘齿间还有明显的边缘腺点;单叶,互生,无托叶。

紫金牛

拉丁学名:*Ardisia japonica*(Thunb.)Blume 小灌木或亚灌木,近蔓生,具匍匐生根的根茎;直立茎长达 30 cm,稀达 40 cm,不分枝,幼时被细微柔毛,以后无毛。叶对生或近轮生,叶片坚纸质或近革质,椭圆形至椭圆状倒卵形,顶端急尖,基部楔形,长 4 ~ 7 cm,宽 1.5 ~ 4 cm,边缘具细锯齿,多少具腺点,两面无毛或有时背面仅中脉被细微柔毛,侧脉 5 ~ 8 对,细脉网状;叶柄长 6 ~ 10 mm,被微柔毛。

亚伞形花序,腋生或生于近茎顶端的叶腋,总梗长约 5 mm,有花 3 ~ 5 朵;花梗长 7 ~ 10 mm,常下弯,二者均被微柔毛;花长 4 ~ 5 mm,有时 6 mm,花萼基部连合,萼片卵形,顶端急尖或钝,长约 1.5 mm 或略短,两面无毛,具缘毛,有时具腺点;花瓣粉红色或白色,广卵形,长 4 ~ 5 mm,无毛,具密腺点;雄蕊较花瓣略短,花药披针状卵形或卵形,背部具腺点;雌蕊与花瓣等长,子房卵珠形,无毛;胚珠 15 枚,3 轮。果球形,直径 5 ~ 6 mm,鲜红色转黑色,多少具腺点。花期 5 ~ 6 月,果期 11 ~ 12 月,有时 5 ~ 6 月仍有果。

铁仔

拉丁学名:*Myrsine africana* L. 灌木,小枝圆柱形,叶柄下延处多少具棱角,幼嫩时被锈色微柔毛。叶片革质或坚纸质,通常为椭圆状倒卵形,有时成近圆形、倒卵形、长圆形或披针形,长 1 ~ 2 cm,宽 0.7 ~ 1 cm,顶端广钝或近圆形,具短刺尖,基部楔形,边缘常从中部以上具锯齿,齿端常具短刺尖,两面无毛,背面常具小腺点,尤以边缘较多,侧脉很多,不明显,不连成边缘脉;叶柄短或几无,下延至小枝上。花簇生或近伞形花序,腋生,基部具 1 圈苞片;花梗长 0.5 ~ 1.5 mm,无毛或被腺状微柔毛;花 4 数,长 2 ~ 2.5 mm,花萼长约 0.5 mm,基部微微连合或近分离,萼片广卵形至椭圆状卵形,两面无毛,具缘毛及腺点;花冠在雌花中长为萼的 2 倍或略长,基部连合成管,管长为全长的 1/2 或更多;雄蕊微微伸出花冠,花丝基部连合成管,管与花冠管等长,基部与花冠管合生,上部分离,管口具缘毛,里面无毛;花药长圆形,与花冠裂片等大且略长,雌蕊长过雄蕊,子房长卵形或圆锥形,无毛,花柱伸长,柱头点尖、微裂、2 半裂或边缘流苏状;花冠在雄花中长为管长的 1 倍左右,花冠管长为全长的 1/2 或略短,外面无毛,里面与花丝合生部分被微柔毛,裂片卵状披针形,具缘毛及腺毛;雄蕊伸出花冠很多,花丝基部连合的管与花冠管合生且等长,上部分离,分离部分长为花药的 1/2 或略短,均被微柔毛,花药长圆状卵形,伸出花冠约 2/3;雌蕊在雄花中退化。果球形,直径达 5 mm,红色变紫黑色,光亮。花期 2 ~ 3 月,有时 5 ~ 6 月;果期 10 ~ 11 月,有时 2 月或 6 月。

58 柿树科

拉丁学名:*Ebenaceae* 乔木或灌木,落叶,少常绿;单叶互生,全缘,花单性,多雌雄异株;萼片宿存,果时增大;花冠合生,裂片旋转状排列;子房上位,中轴胎座;浆果,种子胚乳丰富。我国仅有柿属。

柿

拉丁学名:*Diospyros kaki* Thunb. 落叶大乔木,树皮深灰色至灰黑色,或者黄灰褐色至褐色,沟纹较密,裂成长方块状;树冠球形或长圆球形,老树冠直径达 10 ~ 13 m。枝开展,带绿色至褐色,无毛,散生纵裂的长圆形或狭长圆形皮孔;嫩枝初时有棱,有棕色柔毛或绒毛或无毛。冬芽小,卵形,长 2 ~ 3 mm,先端钝。

叶纸质,卵状椭圆形至倒卵形或近圆形,通常较大,长 5 ~ 18 cm,宽 2.8 ~ 9 cm,先端渐尖或钝,基部楔形、钝圆形或近截形,很少为心形,新叶疏生柔毛,老叶上面有光泽,深绿色,无毛,下面绿色,有柔毛或无毛,中脉在上面凹下,有微柔毛,在下面突起,侧脉每边 5 ~ 7 条,上面平坦或稍凹下,下面略突起,下部的脉较长,上部的较短,向上斜生,稍弯,将近叶缘网结,小脉纤细,在上面平坦或微凹下,连结成小网状;叶柄长 8 ~ 20 mm,变无毛,上面有浅槽。

花雌雄异株,但间或有雄株中有少数雌花,雌株中有少数雄花的,花序腋生,为聚伞花序;雄花序小,长 1 ~ 1.5 cm,弯垂,有短柔毛或绒毛,有花 3 ~ 5 朵,通常有花 3 朵,总花梗长约 5 mm,有微小苞片;雄花小,长 5 ~ 10 mm;花萼钟状,两面有毛,深 4 裂,裂片卵形,长约 3 mm,有睫毛;花冠钟状,不长过花萼的 2 倍,黄白色,外面或两面有毛,长约 7 mm,4 裂,裂片卵形或心形,开展,两面有绢毛或外面脊上有长伏柔毛,里面近无毛,先端钝,雄蕊 16 ~ 24 枚,着生在花冠管的基部,连生成对,腹面 1 枚较短,花丝短,先端有柔毛,花药椭圆状长圆形,顶端渐尖,药隔背部有柔毛,退化子房微小;花梗长约 3 mm。雌花单生叶腋,长约 2 cm,花萼绿色,有光泽,直径约 3 cm 或更大,深 4 裂,萼管近球状钟形,肉质,长约 5 mm,直径 7 ~ 10 mm,外面密生伏柔毛,里面有绢毛,裂片开展,阔卵形或半圆形,有脉,长约 1.5 cm,两面疏生伏柔毛或近无毛,先端钝或急尖,两端略向背后弯卷;花冠淡黄白色或黄白色而带紫红色,壶形或近钟形,较花萼短小,长和直径均为 1.2 ~ 1.5 cm,4 裂,花冠管近四棱形,直径 6 ~ 10 mm,裂片阔卵形,长 5 ~ 10 mm,宽 4 ~ 8 mm,上部向外弯曲;退化雄蕊 8 枚,着生在花冠管的基部,带白色,有长柔毛。

果形多种,有球形、扁球形、球形而略呈方形、卵形,直径 3.5 ~ 8.5 cm 不等,基部通常有棱,嫩时绿色,后变黄色、橙黄色,果肉较脆硬,老熟时果肉变成柔软多汁,呈橙红色或大红色等,有种子数粒;种子褐色,椭圆状,长约 2 cm,宽约 1 cm,侧扁,在栽培品种中通常无种子或有少数种子;宿存萼在花后增大增厚,宽 3 ~ 4 cm,方形或近圆形,近扁平,厚革质或干时近木质,外面有伏柔毛,后变无毛,里面密被棕色绢毛,裂片革质,宽 1.5 ~ 2 cm,长 1 ~ 1.5 cm,两面无毛,有光泽;果柄粗壮,长 6 ~ 12 mm。花期 5 ~ 6 月,果期 9 ~ 10 月。

油柿

拉丁学名:*Diospyros oleifera* Cheng 落叶乔木,树皮深灰色或灰褐色,呈薄片状剥落,露出白色的内皮;树冠阔卵形或半球形,枝叶中等疏密至略疏,约在树高一半处分枝。嫩枝、叶的两面、叶柄、雄花序、雄花的花萼和花冠裂片的上部、雌花的花萼、花冠裂片的两面、果柄等处有灰色、灰黄色或灰褐色柔毛。枝灰色、灰褐色或深褐色,疏生长柔毛或变无毛,散生纵裂的长圆形小皮孔。

冬芽卵形,略扁,外面的芽鳞无毛,内面的密生棕色柔毛。叶纸质,长圆形、长圆状倒卵形、倒卵形,少为椭圆形,长 6.5~17 cm,宽 3.5~10 cm,先端短渐尖,基部圆形,或近圆形而两侧稍不等,或为宽楔形,边缘稍背卷,上面深绿色,下面绿色,老叶的上面变无毛,中脉在上面稍凹下,在下面突起,侧脉每边 7~9 条,在上面微凹,上面稍突起,小脉很纤细,结成小网状,上面微凹,下面微突起,侧脉间有近横行的脉相连;叶柄长 6~10 mm。

花雌雄异株或杂性,雄花的聚伞花序生于当年生枝下部,腋生,单生,每花序有花 3~5 朵,有时更多,或中央 1 朵为雌花,且能发育成果;雄花长约 8 mm,花萼 4 裂,裂片卵状三角形,基部宽约 2 mm,先端钝;花冠壶形,长约 7 mm,花冠管长约 5 mm,4 裂,裂片旋转排列,近半圆形,长约 2 mm,宽约 3 mm,有睫毛;雄蕊 16~20 枚,着生在花冠管的基部,每 2 枚合生成对,腹面 1 枚较短,花丝短,有长硬毛;花药线形,长 4~5 mm,渐尖,药隔背面疏生长硬毛;退化子房微小,密生长柔毛;花梗短,长约 2 mm;雌花单生叶腋,较雄花大,长约 1.5 cm;花萼钟形,长约 1.2 cm,4 裂,深裂至中裂,裂片宽卵形或近半圆形,长约 7 mm,宽约 9 mm,先端骤短渐尖,两侧向背面反曲;花冠壶形或近钟形,多少四棱,长约 1 cm,外面在棱上疏生长柔毛,内面无毛,4 深裂,裂片旋转排列,宽卵形至近圆形,长约 8 mm,宽约 9 mm,先端向后反曲;退化雄蕊 12~14 枚,近线形,着生在花冠管基部,有长柔毛。

子房球形或扁球形,多少 4 棱,长约 4 mm,密被长伏毛;花柱 4 枚,基部合生,密被长柔毛,柱头 2 浅裂,或不规则的浅裂;花梗长约 7 mm,有长柔毛。果卵形、卵状长圆形、球形或扁球形,略呈 4 棱,长 4.5~7 cm,直径约 5 cm,嫩时绿色,成熟时暗黄色,有易脱落的软毛,有种子 3~8 粒不等;种子近长圆形,长约 2.5 cm,宽约 1.6 cm,棕色,侧扁;宿存花萼在花后增大,厚革质,直径约 4 cm,褐色,4 深裂,外面密生灰黄色或灰褐色长柔毛,内面密生伏卧的浅棕色绢毛,裂片近圆形或宽卵形,长 1.2~1.5 cm,宽约 1.5 cm,两侧向背后反曲;果柄粗短,长 8~10 mm,直径约 4 mm。花期 4~5 月,果期 8~10 月。

君迁子

拉丁学名:*Diospyros lotus* L. 落叶大乔木,幼树树皮平滑,浅灰色,老时则深纵裂;小枝灰色至暗褐色,具灰黄色皮孔;芽具柄,密被锈褐色盾状着生的腺体。叶多为偶数羽状复叶,长 8~16 cm,叶柄长 2~5 cm,叶轴具翅至翅不甚发达,与叶柄一样被有疏或密的短毛;小叶 10~16 枚,无小叶柄,对生,长椭圆形至长椭圆状披针形,长 8~12 cm,宽 2~3 cm,顶端常钝圆,基部歪斜,上方一侧楔形至阔楔形,下方一侧圆形,边缘有向内弯的细锯齿,上面被有细小的浅色疣状突起,沿中脉及侧脉被有极短的星芒状毛,下面幼时被有散生的短柔毛,成长后脱落而仅留有极稀疏的腺体。

雄性葇荑花序长 6~10 cm,单独生于去年生枝条上叶痕腋内,花序轴常有稀疏的星芒状毛。雄花常具 1 发育的花被片,雄蕊 5~12。雌性葇荑花序顶生,长 10~15 cm,花序轴密被星芒状毛及单毛,下端不生花的部分长达 3 cm,具 2 枚长达 5 mm 的不孕性苞片。雌花几乎无梗,苞片及小苞片基部常有细小的星芒状毛,并密被腺体。果序长 20~45 cm,果序轴常被有宿存的毛。果实长椭圆形,长 6~7 mm,基部常有宿存的星芒状毛;果

· 144 ·

翅狭,条形或阔条形,长 12 ~ 20 mm,宽 3 ~ 6 mm,具近于平行的脉。花期 4 ~ 5 月,果期 8 ~ 9 月。

59 山矾科

拉丁学名:*Symplocaceae*　灌木或乔木,单叶,互生,无托叶。花辐射对称,两性,排成穗状花序、总状花序、圆锥花序或团伞状花序,很少单生;萼通常 5 裂,宿存;花冠通常 5 裂,裂片分裂至近基部或中部;雄蕊多数,着生于花冠筒上;子房下位或半下位,顶端常具花盘和腺体,通常 3 室,花柱 1 枚,胚珠每室 2 ~ 4 颗。果为核果,顶端冠以宿存的萼裂片,通常具薄的中果皮和木质的核;核光滑或具棱,1 ~ 5 室,每室有种子 1 粒。

山矾

拉丁学名:*Symplocos caudata*　乔木,嫩枝褐色。叶薄革质,卵形、狭倒卵形、倒披针状椭圆形,长 3.5 ~ 8 cm,宽 1.5 ~ 3 cm,先端常呈尾状渐尖,基部楔形或圆形,边缘具浅锯齿或波状齿,有时近全缘;中脉在叶面凹下,侧脉和网脉在两面均突起,侧脉每边 4 ~ 6 条;叶柄长 0.5 ~ 1 cm。

总状花序长 2.5 ~ 4 cm,被展开的柔毛;苞片早落,阔卵形至倒卵形,密被柔毛,小苞片与苞片同形;花萼长 2 ~ 2.5 mm,萼筒倒圆锥形,无毛,裂片三角状卵形,与萼筒等长或稍短于萼筒,背面有微柔毛;花冠白色,5 深裂几达基部,长 4 ~ 4.5 mm,裂片背面有微柔毛;雄蕊 25 ~ 35 枚,花丝基部稍合生;花盘环状,无毛。核果卵状坛形,长 7 ~ 10 mm,外果皮薄而脆,顶端宿萼裂片直立,有时脱落。花期 2 ~ 3 月,果期 6 ~ 7 月。

白檀

拉丁学名:*Symplocos paniculata*（Thunb.）Miq.　落叶灌木或小乔木;嫩枝有灰白色柔毛,老枝无毛。叶膜质或薄纸质,阔倒卵形、椭圆状倒卵形或卵形,长 3 ~ 11 cm,宽 2 ~ 4 cm,先端急尖或渐尖,基部阔楔形或近圆形,边缘有细尖锯齿,叶面无毛或有柔毛,叶背通常有柔毛或仅脉上有柔毛;中脉在叶面凹下,侧脉在叶面平坦或微突起,每边 4 ~ 8 条;叶柄长 3 ~ 5 mm。

圆锥花序长 5 ~ 8 cm,通常有柔毛;苞片早落,通常条形,有褐色腺点;花萼长 2 ~ 3 mm,萼筒褐色,无毛或有疏柔毛,裂片半圆形或卵形,稍长于萼筒,淡黄色,有纵脉纹,边缘有毛;花冠白色,长 4 ~ 5 mm,5 深裂几达基部;雄蕊 40 ~ 60 枚,子房 2 室,花盘具 5 个突起的腺点。核果熟时蓝色,卵状球形,稍偏斜,长 5 ~ 8 mm,顶端宿萼裂片直立。

60 安息香科

拉丁学名:*Styracaceae*　乔木或灌木,常被星状毛或鳞片状毛。单叶,互生,无托叶。

总状花序、聚伞花序或圆锥花序,很少单花或数花丛生,顶生或腋生;小苞片小或无,常早落;花两性,很少杂性,辐射对称;花萼杯状、倒圆锥状或钟状,部分至全部与子房贴生或完全离生,核果,种子常有丰富的胚乳,扁或近圆形。

野茉莉

拉丁学名:*Styrax japonicus* Sieb. et Zucc 灌木或小乔木,树皮暗褐色或灰褐色,平滑;嫩枝稍扁,开始时被淡黄色星状柔毛,以后脱落变为无毛,暗紫色,圆柱形。叶互生,纸质或近革质,椭圆形或长圆状椭圆形至卵状椭圆形,长 4 ~ 10 cm,宽 2 ~ 5 cm,顶端急尖或钝渐尖,常稍弯,基部楔形或宽楔形,边近全缘或仅于上半部具疏离锯齿,上面除叶脉疏被星状毛外,其余无毛而稍粗糙,下面除主脉和侧脉汇合处有白色长毛外无毛,侧脉每边 5 ~ 7 条,第三级小脉网状,较密,两面均明显隆起;叶柄长 5 ~ 10 mm,上面有凹槽,疏被星状短柔毛。总状花序顶生,有花 5 ~ 8 朵,长 5 ~ 8 cm;有时下部的花生于叶腋;花序梗无毛;花白色,长 2 ~ 2.8 cm,花梗纤细,开花时下垂,长 2.5 ~ 3.5 cm,无毛;小苞片线形或线状披针形,长 4 ~ 5 mm,无毛,易脱落;花萼漏斗状,膜质,高 4 ~ 5 mm,宽 3 ~ 5 mm,无毛,萼齿短而不规则;花冠裂片卵形、倒卵形或椭圆形,长 1.6 ~ 2.5 mm,宽 5 ~ 7 mm,两面均被星状细柔毛,花蕾时作覆瓦状排列,花冠管长 3 ~ 5 mm。果实卵形,长 8 ~ 14 mm,直径 8 ~ 10 mm,顶端具短尖头,外面密被灰色星状绒毛,有不规则皱纹;种子褐色,有深皱纹。花期 4 ~ 7 月,果期 9 ~ 11 月。

垂珠花

拉丁学名:*Styrax dasyanthus* Perk. 乔木,树皮暗灰色或灰褐色;嫩枝圆柱形,密被灰黄色星状微柔毛,成长后无毛,紫红色。叶革质或近革质,倒卵形、倒卵状椭圆形或椭圆形,长 7 ~ 14 cm,宽 3.5 ~ 6.5 cm,顶端急尖或钝渐尖,尖头常稍弯,基部楔形或宽楔形,边缘上部有稍内弯角质细锯齿,两面疏被星状柔毛,以后渐脱落而仅叶脉上被毛,侧脉每边 5 ~ 7 条,常近基部两条相距较近,上面平坦,下面突起,第三级小脉网状,两面均明显隆起;叶柄长 3 ~ 7 mm,上面具沟槽,密被星状短柔毛。圆锥花序或总状花序顶生或腋生,具多花,长 4 ~ 8 cm,下部常 2 至多花聚生于叶腋;花序梗和花梗均密被灰黄色星状细柔毛;花白色,长 9 ~ 16 mm;花梗长 6 ~ 10 mm;小苞片钻形,生于花梗近基部,密被星状绒毛和星状长柔毛;花萼杯状,高 4 ~ 5 mm,宽 3 ~ 4 mm,外面密被黄褐色星状绒毛和星状长柔毛,萼齿 5,钻形或三角形;花冠裂片长圆形至长圆状披针形,长 6 ~ 8.5 mm,宽 1.5 ~ 2.5 mm,外面密被白色星状短柔毛,内面无毛,边缘稍狭内褶或有时重叠覆盖,花蕾时作镊合状排列或稍向内覆瓦状排列,花冠管长 2.5 ~ 3 mm,无毛;花丝扁平,下部联合成管,上部分离,分离部分的下部密被白色长柔毛,花药长圆形,长 4 ~ 5 mm;花柱较花冠长,无毛。果实卵形或球形,长 9 ~ 13 mm,直径 5 ~ 7 mm,顶端具短尖头,密被灰黄色星状短绒毛,平滑或稍具皱纹;种子褐色,平滑。花期 3 ~ 5 月,果期 9 ~ 12 月。

61 木樨科

拉丁学名:*Oleaceae* 乔木,直立或藤状灌木。叶对生,单叶、三出复叶或羽状复叶,全缘或具齿;无托叶;具叶柄;花萼 4 裂,花冠 4 裂,有时多达 12 裂,浅裂、深裂至近离生,或有时在基部成对合生。果为翅果、蒴果、核果、浆果或浆果状核果;种子具 1 枚伸直的胚;具胚乳或无胚乳;子叶扁平;胚根向下或向上。

流苏树

拉丁学名:*Chionanthus retusus* 落叶灌木或乔木,小枝灰褐色或黑灰色,圆柱形,开展,无毛,幼枝淡黄色或褐色,疏被或密被短柔毛。叶片革质或薄革质,长圆形、椭圆形或圆形,有时卵形或倒卵形至倒卵状披针形,长 3~12 cm,宽 2~6.5 cm,先端圆钝,有时凹入或锐尖,基部圆形或宽楔形至楔形,全缘或有小锯齿,叶缘稍反卷,幼时上面沿脉被长柔毛,下面密被或疏被长柔毛,叶缘具睫毛,老时上面沿脉被柔毛,下面沿脉密被长柔毛,其余部分疏被长柔毛或近无毛,中脉在上面凹入,下面突起,侧脉 3~5 对,两面微突起或上面微凹入,细脉在两面常明显微突起;叶柄长 0.5~2 cm,密被黄色卷曲柔毛。

聚伞状圆锥花序,长 3~12 cm,顶生于枝端,近无毛;苞片线形,长 2~10 mm,疏被或密被柔毛,花长 1.2~2.5 cm,单性而雌雄异株或为两性花;花梗长 0.5~2 cm,纤细,无毛;花萼长 1~3 mm,4 深裂,裂片尖三角形或披针形,长 0.5~2.5 mm;花冠白色,4 深裂,裂片线状倒披针形,长 1.5~2.5 cm,宽 0.5~3.5 mm,花冠管短,长 1.5~4 mm;雄蕊藏于管内或稍伸出,花丝长在 0.5 mm 之下,花药长卵形,长 1.5~2 mm,药隔突出;子房卵形,长 1.5~2 mm,柱头球形,稍 2 裂。果椭圆形,被白粉,长 1~1.5 cm,径 6~10 mm,呈蓝黑色或黑色。花期 3~6 月,果期 6~11 月。

连翘

拉丁学名:*Forsythia suspensa* 落叶灌木。枝开展或下垂,棕色、棕褐色或淡黄褐色,小枝土黄色或灰褐色,略呈四棱形,疏生皮孔,节间中空,节部具实心髓。叶通常为单叶,或 3 裂至三出复叶,叶片卵形、宽卵形或椭圆状卵形至椭圆形,长 2~10 cm,宽 1.5~5 cm,先端锐尖,基部圆形、宽楔形至楔形,叶缘除基部外具锐锯齿或粗锯齿,上面深绿色,下面淡黄绿色,两面无毛;叶柄长 0.8~1.5 cm,无毛。花通常单生或 2 至数朵着生于叶腋,先于叶开放;花梗长 5~6 mm;花萼绿色,裂片长圆形或长圆状椭圆形,长 6~7 mm,先端钝或锐尖,边缘具睫毛,与花冠近等长;花冠黄色,裂片倒卵状长圆形或长圆形,长 1.2~2 cm,宽 6~10 mm;在雌蕊长 5~7 mm 的花中,雄蕊长 3~5 mm,在雄蕊长 6~7 mm 的花中,雌蕊长约 3 mm。果卵球形、卵状椭圆形或长椭圆形,长 1.2~2.5 cm,宽 0.6~1.2 cm,先端喙状渐尖,表面疏生皮孔;果梗长 0.7~1.5 cm。花期 3~4 月,果期 7~9 月。

金钟花

拉丁学名:*Forsythia viridissima* Lindl. 落叶灌木,全株除花萼裂片边缘具睫毛外,其余均无毛。枝棕褐色或红棕色,直立,小枝绿色或黄绿色,呈四棱形,皮孔明显,具片状髓。叶片长椭圆形至披针形,或倒卵状长椭圆形,长 3.5~15 cm,宽 1~4 cm,先端锐尖,基部楔形,通常上半部具不规则锐锯齿或粗锯齿,上面深绿色,下面淡绿色,两面无毛,中脉和侧脉在上面凹入,下面突起;叶柄长 6~12 mm。

花 1~3 朵着生于叶腋,先于叶开放;花梗长 3~7 mm;花萼长 3.5~5 mm,裂片绿色,卵形、宽卵形或宽长圆形,长 2~4 mm,具睫毛;花冠深黄色,长 1.1~2.5 cm,花冠管长 5~6 mm,裂片狭长圆形至长圆形,长 0.6~1.8 cm,宽 3~8 mm,内面基部具橘黄色条纹,反卷;在雄蕊长 3.5~5 mm 的花中,雌蕊长 5.5~7 mm,在雄蕊长 6~7 mm 的花中,雌蕊长约 3 mm。果卵形或宽卵形,长 1~1.5 cm,宽 0.6~1 cm,基部稍圆,先端喙状渐尖,具皮孔;果梗长 3~7 mm。花期 3~4 月,果期 8~11 月。

白蜡树

拉丁学名:*Fraxinus chinensis* Roxb. 落叶乔木,树皮灰褐色,纵裂。芽阔卵形或圆锥形,被棕色柔毛或腺毛。小枝黄褐色,粗糙,无毛或疏被长柔毛,旋即秃净,皮孔小,不明显。羽状复叶长 15~25 cm;叶柄长 4~6 cm,基部不增厚;叶轴挺直,上面具浅沟,初时疏被柔毛,旋即秃净;小叶 5~7 枚,硬纸质,卵形、倒卵状长圆形至披针形,长 3~10 cm,宽 2~4 cm,顶生小叶与侧生小叶近等大或稍大,先端锐尖至渐尖,基部钝圆或楔形,叶缘具整齐锯齿,上面无毛,下面无毛或有时沿中脉两侧被白色长柔毛,中脉在上面平坦,侧脉 8~10 对,下面突起,细脉在两面突起,明显网结;小叶柄长 3~5 mm。

圆锥花序顶生或腋生枝梢,长 8~10 cm;花序梗长 2~4 cm,无毛或被细柔毛,光滑,无皮孔;花雌雄异株;雄花密集,花萼小,钟状,无花冠,花药与花丝近等长;雌花疏离,花萼大,桶状,长 2~3 mm。翅果匙形,长 3~4 cm,宽 4~6 mm,上中部最宽,先端锐尖,常呈犁头状,基部渐狭,翅平展,下延至坚果中部,坚果圆柱形,长约 1.5 cm;宿存萼紧贴于坚果基部,常在一侧开口深裂。花期 4~5 月,果期 7~9 月。

大叶白蜡

拉丁学名:*Fraxinus rhynchophylla* 树皮褐灰色,一年生枝条褐绿色,后变灰褐色,光滑,老时浅裂。芽广卵形,密被黄褐色绒毛或无毛。叶对生,奇数羽状复叶,小叶 3~7,多为 5,大型,广卵形、长卵形或椭圆状倒卵形;长 5~15 cm;顶端中央小叶特大,基部楔形或阔楔形,先端尖或钝尖,边缘有浅而粗的钝锯齿,下面脉上有褐毛,叶基下延,微呈翅状或与小叶柄结合。圆锥花序顶生于当年枝先端或叶腋;萼钟状或杯状;无花冠。翅果倒披针状,多变化,先端钝或凹,或有小尖。花期 5 月,果期 8~9 月。

女贞

拉丁学名:*Ligustrum lucidum* Ait. 叶片常绿,革质,卵形、长卵形或椭圆形至宽椭圆形,长 6~17 cm,宽 3~8 cm,先端锐尖至渐尖或钝,基部圆形或近圆形,有时宽楔形或渐狭,叶缘平坦,上面光亮,两面无毛,中脉在上面凹入,下面突起,侧脉 4~9 对,两面稍突起或有时不明显;叶柄长 1~3 cm,上面具沟,无毛。

圆锥花序顶生,长 8 ~ 20 cm,宽 8 ~ 25 cm;花序梗长 0.5 ~ 3 cm;花序轴及分枝轴无毛,紫色或黄棕色,果实具棱;花序基部苞片常与叶同型,小苞片披针形或线形,长 0.5 ~ 6 cm,宽 0.2 ~ 1.5 cm,凋落;花无梗或近无梗,花萼无毛,长 1.5 ~ 2 mm,齿不明显或近截形;花冠长 4 ~ 5 mm,花冠管长 1.5 ~ 3 mm,裂片长 2 ~ 2.5 mm,反折;花丝长 1.5 ~ 3 mm,花药长圆形,长 1 ~ 1.5 mm;花柱长 1.5 ~ 2 mm,柱头棒状。果肾形或近肾形,长 7 ~ 10 mm,径 4 ~ 6 mm,深蓝黑色,成熟时呈红黑色,被白粉;果梗长 0 ~ 5 mm。花期 5 ~ 7 月,果期 7 月至次年 5 月。

水蜡

拉丁学名:*Ligustrum obtusifolium* Sieb. et Zucc.　常绿灌木,幼枝具柔毛。单叶对生,叶椭圆形至长圆状倒卵形,长 3 ~ 5 cm,全缘,端尖或钝,背面或中脉具柔毛。圆锥花序顶生、下垂,长 4 ~ 5 cm,生长于侧面小枝上,花白色,芳香;花具短梗;萼具柔毛;花冠管长于花冠裂片 2 ~ 3 倍。核果黑色,椭圆形,稍被蜡状白粉。花期 6 月,果期 8 ~ 9 月。

小蜡

拉丁学名:*Ligustrum sinense* Lour.　落叶灌木或小乔木,小枝圆柱形,幼时被淡黄色短柔毛或柔毛,老时近无毛。叶片纸质或薄革质,卵形、椭圆状卵形、长圆形、长圆状椭圆形至披针形,或近圆形,长 2 ~ 7 cm,宽 1 ~ 3 cm,先端锐尖、短渐尖至渐尖,或钝而微凹,基部宽楔形至近圆形,或为楔形,上面深绿色,疏被短柔毛或无毛,或仅沿中脉被短柔毛,下面淡绿色,疏被短柔毛或无毛,常沿中脉被短柔毛,侧脉 4 ~ 8 对,上面微凹入,下面略突起;叶柄长 2 ~ 8 mm,被短柔毛。

圆锥花序顶生或腋生,塔形,长 4 ~ 11 cm,宽 3 ~ 8 cm;花序轴被较密淡黄色短柔毛或柔毛以至近无毛;花梗长 1 ~ 3 mm,被短柔毛或无毛;花萼无毛,长 1 ~ 1.5 mm,先端呈截形或呈浅波状齿;花冠长 3.5 ~ 5.5 mm,花冠管长 1.5 ~ 2.5 mm,裂片长圆状椭圆形或卵状椭圆形,长 2 ~ 4 mm;花丝与裂片近等长或长于裂片,花药长圆形,长约 1 mm。果近球形,径 5 ~ 8 mm。花期 3 ~ 6 月,果期 9 ~ 12 月。

小叶女贞

拉丁学名:*Ligustrum quihoui* Carr.　落叶灌木,小枝淡棕色,圆柱形,密被微柔毛,后脱落。叶片薄革质,形状和大小变异较大,披针形、长圆状椭圆形、椭圆形、倒卵状长圆形至倒披针形或倒卵形,长 1 ~ 4 cm,宽 0.5 ~ 2 cm,先端锐尖、钝或微凹,基部狭楔形至楔形,叶缘反卷,上面深绿色,下面淡绿色,常具腺点,两面无毛,中脉在上面凹入,下面突起,侧脉 2 ~ 6 对,不明显,在上面微凹入,下面略突起,近叶缘处网结不明显;叶柄长 0 ~ 5 mm,无毛或被微柔毛。

圆锥花序顶生,近圆柱形,长 4 ~ 15 cm,宽 2 ~ 4 cm,分枝处常有 1 对叶状苞片;小苞片卵形,具睫毛;花萼无毛,长 1.5 ~ 2 mm,萼齿宽卵形或钝三角形;花冠长 4 ~ 5 mm,花冠管长 2.5 ~ 3 mm,裂片卵形或椭圆形,长 1.5 ~ 3 mm,先端钝;雄蕊伸出裂片外,花丝与花冠裂片近等长或稍长。果倒卵形、宽椭圆形或近球形,长 5 ~ 9 mm,径 4 ~ 7 mm,呈紫黑色。花期 5 ~ 7 月,果期 8 ~ 11 月。

桂花

拉丁学名:*Osmanthus* sp.　桂花是常绿乔木或灌木,树皮灰褐色。小枝黄褐色,无毛。叶片革质,椭圆形、长椭圆形或椭圆状披针形,长 7 ~ 14.5 cm,宽 2.6 ~ 4.5 cm,先端渐尖,基部渐狭呈楔形或宽楔形,全缘或通常上半部具细锯齿,两面无毛,腺点在两面连成小水泡状突起,中脉在上面凹入,下面突起,侧脉 6 ~ 8 对,多达 10 对,在上面凹入,下面突起;叶柄长 0.8 ~ 1.2 cm,最长可达 15 cm,无毛。

聚伞状花序簇生于叶腋,或近于帚状,每腋内有花多朵;苞片宽卵形,质厚,长 2 ~ 4 mm,具小尖头,无毛;花梗细弱,长 4 ~ 10 mm,无毛;花极芳香;花萼裂片稍不整齐;花冠黄白色、淡黄色、黄色或橘红色,长 3 ~ 4 mm,花冠管仅长 0.5 ~ 1 mm;雄蕊着生于花冠管中部,花丝极短,长约 0.5 mm,花药长约 1 mm,药隔在花药先端稍延伸呈不明显的小尖头;雌蕊长约 1.5 mm,果歪斜,椭圆形,长 1 ~ 1.5 cm,呈紫黑色。花期 9 月至 10 月上旬,果期次年 3 月。

小叶丁香

拉丁学名:*Syringa pubescens* ssp. Microphylla　灌木,树皮灰褐色。小枝呈四棱形,无毛,疏生皮孔。叶片卵形、椭圆状卵形、菱状卵形或卵圆形。长 1.5 ~ 8 cm,宽 1 ~ 5 cm,先端锐尖至渐尖或钝,基部宽楔形至圆形,叶缘具睫毛,上面深绿色,无毛,下面淡绿色,被短柔毛、柔毛至无毛,常沿叶脉或叶脉基部密被或疏被柔毛,或为须状柔毛;叶柄长 0.5 ~ 2 cm,细弱,无毛或被柔毛。

圆锥花序直立,通常由侧芽抽生,长 5 ~ 16 cm,宽 3 ~ 5 cm;花序轴与花梗、花萼略带紫红色,无毛,花序轴明显四棱形;花梗短;花萼长 1.5 ~ 2 mm,截形或萼齿锐尖、渐尖或钝;花冠紫色,盛开时呈淡紫色,后渐近白色,长 0.9 ~ 1.8 cm,花冠管细弱,近圆柱形,长 0.7 ~ 1.7 cm,裂片展开或反折,长圆形或卵形,长 2 ~ 5 mm,先端略呈兜状而具喙。果通常为长椭圆形,长 0.7 ~ 2 cm,宽 3 ~ 5 mm,先端锐尖或具小尖头,或渐尖,皮孔明显。花期 5 ~ 6 月,果期 6 ~ 8 月。

紫丁香

拉丁学名:*Syringa oblata* Lindl.　灌木或小乔木,树皮灰褐色或灰色。小枝、花序轴、花梗、苞片、花萼、幼叶两面以及叶柄均无毛而密被腺毛。小枝较粗,疏生皮孔。叶片革质或厚纸质,卵圆形至肾形,宽常大于长,长 2 ~ 14 cm,宽 2 ~ 15 cm,先端短凸尖至长渐尖或锐尖,基部心形、截形至近圆形,或宽楔形,上面深绿色,下面淡绿色;萌枝上叶片常呈长卵形,先端渐尖,基部截形至宽楔形;叶柄长 1 ~ 3 cm。

圆锥花序直立,由侧芽抽生,近球形或长圆形,长 4 ~ 16 cm,宽 3 ~ 7 cm;花梗长 0.5 ~ 3 mm;花萼长约 3 mm,萼齿渐尖、锐尖或钝;花冠紫色,长 1.1 ~ 2 cm,花冠管圆柱形,长 0.8 ~ 1.7 cm,裂片呈直角开展,卵圆形、椭圆形至倒卵圆形,长 3 ~ 6 mm,宽 3 ~ 5 mm,先端内弯略呈兜状或不内弯。果倒卵状椭圆形、卵形至长椭圆形,长 1 ~ 1.5 cm,宽 4 ~ 8

mm,先端长渐尖,光滑。花期4~5月,果期6~10月。

雪柳

拉丁学名:*Fontanesia fortunei* Carr. 落叶灌木或小乔木,树皮灰褐色。枝灰白色,圆柱形,小枝淡黄色或淡绿色,四棱形或具棱角,无毛。叶片纸质,披针形、卵状披针形或狭卵形,长 3~12 cm,宽 0.8~2.6 cm,先端锐尖至渐尖,基部楔形,全缘,两面无毛,中脉在上面稍凹入或平,下面突起,侧脉 2~8 对,斜向上延伸,两面稍突起,有时在上面凹入;叶柄长 1~5 mm,上面具沟,光滑无毛。圆锥花序顶生或腋生。顶生花序长 2~6 cm,腋生花序较短,长 1.5~4 cm;花两性或杂性同株;苞片锥形或披针形,长 0.5~2.5 mm;花梗长 1~2 mm,无毛;花萼微小,杯状,深裂,裂片卵形,膜质,长约 0.5 mm;花冠深裂至近基部,裂片卵状披针形,长 2~3 mm,宽 0.5~1 mm,先端钝,基部合生;雄蕊花丝长 1.5~6 mm,伸出或不伸出花冠外,花药长圆形,长 2~3 mm。果黄棕色,倒卵形至倒卵状椭圆形,扁平,长 7~9 mm,先端微凹,花柱宿存,边缘具窄翅;种子长约 3 mm,具 3 棱。花期 4~6月,果期6~10月。

62 马钱科

拉丁学名:*Loganiaceae* 乔木、灌木、藤本或草本;根、茎、枝和叶柄通常具有内生韧皮部;植株无乳汁,毛被为单毛、星状毛或腺毛;通常无刺。单叶对生或轮生,全缘或有锯齿;通常为羽状脉,具叶柄,托叶存在或缺,分离或连合成鞘。果为蒴果、浆果或核果;种子通常小而扁平或椭圆状球形,有时具翅,有丰富的肉质或软骨质的胚乳,胚细小,直立,子叶小。

大叶醉鱼草

拉丁学名:*Buddleia davidii* 灌木,小枝外展而下弯,略呈四棱形;幼枝、叶片下面、叶柄和花序均密被灰白色星状短绒毛。叶对生,叶片膜质至薄纸质,狭卵形、狭椭圆形至卵状披针形,长 1~20 cm,宽 0.3~7.5 cm,顶端渐尖,基部宽楔形至钝,有时下延至叶柄基部,边缘具细锯齿,上面深绿色,被疏星状短柔毛,后变无毛;侧脉每边 9~14 条,上面扁平,下面微突起;叶柄长 1~5 mm;叶柄间具有 2 枚卵形或半圆形的托叶,有时托叶早落。总状或圆锥状聚伞花序,顶生,长 4~30 cm,宽 2~5 mm;花梗长 0.5~5 mm;小苞片线状披针形,长 2~5 mm;花冠淡紫色,后变为黄白色至白色,喉部橙黄色,芳香,长 7.5~14 mm,外面被疏星状毛及鳞片,后变为光滑无毛,花冠管细长,长 6~11 mm,直径 1~1.5 mm,内面被星状短柔毛,花冠裂片近圆形,长和宽均 1.5~3 mm,内面无毛,边缘全缘或具不整齐的齿;雄蕊着生于花冠管内壁中部,花丝短,花药长圆形,长 0.8~1.2 mm,基部心形。蒴果狭椭圆形或狭卵形,长 5~9 mm,直径 1.5~2 mm,2 瓣裂,淡褐色,无毛,基部有宿存花萼;种子长椭圆形,长 2~4 mm,两端具尖翅。花期 5~10 月,果期 9~12 月。

醉鱼草

拉丁学名:*Buddleja lindleyana* Fortune 灌木,茎皮褐色;小枝具 4 棱,棱上略有窄翅;幼枝、叶片下面、叶柄、花序、苞片及小苞片均密被星状短绒毛和腺毛。叶对生,萌芽枝条上的叶为互生或近轮生,叶片膜质,卵形、椭圆形至长圆状披针形,长 3 ~ 11 cm,宽 1 ~ 5 cm,顶端渐尖,基部宽楔形至圆形,边缘全缘或具有波状齿,上面深绿色,幼时被星状短柔毛,后变无毛,下面灰黄绿色;侧脉每边 6 ~ 8 条,上面扁平,干后凹陷,下面略突起;叶柄长 2 ~ 15 mm。穗状聚伞花序顶生,长 4 ~ 40 cm,宽 2 ~ 4 cm;苞片线形,长达 10 mm;小苞片线状披针形,长 2 ~ 3.5 mm;花紫色,芳香;花萼钟状,长约 4 mm,外面与花冠外面同被星状毛和小鳞片,内面无毛,花萼裂片宽三角形,长和宽约 1 mm;花冠长 13 ~ 20 mm,内面被柔毛,花冠管弯曲,长 11 ~ 17 mm,上部直径 2.5 ~ 4 mm,下部直径 1 ~ 1.5 mm,花冠裂片阔卵形或近圆形,长约 3.5 mm,宽约 3 mm;雄蕊着生于花冠管下部或近基部,花丝极短,花药卵形,顶端具尖头,基部耳状。果序穗状;蒴果长圆状或椭圆状,长 5 ~ 6 mm,直径 1.5 ~ 2 mm,无毛,有鳞片,基部常有宿存花萼;种子淡褐色,小,无翅。花期 4 ~ 10 月,果期 8 月至次年 4 月。

蓬莱葛

拉丁学名:*Gardneria multiflora* Makino 木质藤本,枝条圆柱形,有明显的叶痕;除花萼裂片边缘有睫毛外,全株均无毛。叶片纸质至薄革质,椭圆形、长椭圆形或卵形,少数披针形,长 5 ~ 15 cm,宽 2 ~ 6 cm,顶端渐尖或短渐尖,基部宽楔形、钝圆或圆形,上面绿色而有光泽,下面浅绿色;侧脉每边 6 ~ 10 条,上面扁平,下面突起;叶柄长 1 ~ 1.5 cm,腹部具槽;叶柄间托叶线明显;叶腋内有钻状腺体。花很多而组成腋生的 2 ~ 3 歧聚伞花序,花序长 2 ~ 4 cm;花序梗基部有 2 枚三角形苞片;花梗长约 5 mm,基部具小苞片;花 5 数;花萼裂片半圆形,长和宽均约 1.5 mm;花冠辐状,黄色或黄白色,花冠管短,花冠裂片椭圆状披针形至披针形,长约 5 mm,厚肉质;雄蕊着生于花冠管内壁近基部,花丝短,花药彼此分离,长圆形,长约 2.5 mm,基部 2 裂,4 室。浆果圆球状,直径约 7 mm,有时顶端有宿存的花柱,果成熟时红色;种子圆球形,黑色。花期 3 ~ 7 月,果期 7 ~ 11 月。

63 夹竹桃科

拉丁学名:*Apocynaceae* 乔木,直立灌木或木质藤木,也有多年生草本;具乳汁或水液;无刺,单叶对生、轮生,全缘,羽状脉;通常无托叶或退化成腺体,花两性,辐射对称,单生或多杂组成聚伞花序,顶生或腋生。果为浆果、核果、蒴果或蓇葖;种子通常一端被毛,有胚乳及直胚。

夹竹桃

拉丁学名:*Nerium indicum* Mill. 常绿直立大灌木,枝条灰绿色,含水液;嫩枝条具棱,被微毛,老时毛脱落。叶 3~4 枚轮生,下枝为对生,窄披针形,顶端急尖,基部楔形,叶缘反卷,长 11~15 cm,宽 2~2.5 cm,叶面深绿,无毛,叶背浅绿色,有多数洼点,幼时被疏微毛,老时毛渐脱落;中脉在叶面陷入,在叶背突起,侧脉两面扁平,纤细,密生而平行,每边达 120 条,直达叶缘;叶柄扁平,基部稍宽,长 5~8 mm,幼时被微毛,老时毛脱落;叶柄内具腺体。聚伞花序顶生,着花数朵;总花梗长约 3 cm,被微毛;花梗长 7~10 mm;苞片披针形,长约 7 mm,宽约 1.5 mm;花芳香;花萼 5 深裂,红色,披针形,长 3~4 mm,宽 1.5~2 mm,外面无毛,内面基部具腺体;花冠深红色或粉红色,栽培演变有白色或黄色,花冠为单瓣呈 5 裂时,其花冠为漏斗状,长和直径约 3 cm,其花冠筒圆筒形,上部扩大呈钟形,长 1.6~2 cm,花冠筒内面被长柔毛,花冠喉部具 5 片宽鳞片状副花冠,每片其顶端撕裂,并伸出花冠喉部之外,花冠裂片倒卵形,顶端圆形,长约 1.5 cm,宽约 1 cm;种子长圆形,基部较窄,顶端钝、褐色,种皮被锈色短柔毛,顶端具黄褐色绢质种毛。果期一般在冬春季,栽培很少结果。

细梗络石

拉丁学名:*Trachelospermum gracilipes* Hook. F. 攀缘灌木;幼枝被黄褐色短柔毛,老时无毛。叶膜质,无毛,椭圆形或卵状椭圆形,长 4~8.5 cm,顶部急尖或钝,基部急尖;叶柄长 3~5 mm,被疏短柔毛至无毛;叶腋间和叶腋外的腺体长约 1 mm;叶脉在叶面扁平,在叶背突起,每边侧脉约 10 条,斜曲上升至叶缘前网结。花序顶生或近顶生,着花多朵;总花梗长 2.5~4 cm;花白色,芳香;花蕾顶端渐尖;花萼裂片紧贴在花冠筒上,裂片卵状披针形,花萼内面基部具 10 个齿状腺体;花冠筒圆筒形,花冠喉部膨大,内面无毛,长 5~6 mm;雄蕊着生在花冠喉部,花药顶端露出花喉之外,花丝短,被柔毛;花盘环状,5 裂,围绕子房基部;种子多数,红褐色,线状长圆形,长 2~15 cm,宽约 2 mm,顶端被白色绢质种毛;种毛长 2.5~3.5 cm。花期 4~6 月,果期 8~10 月。

络石

拉丁学名:*Trachelospermum jasminoides*(Lindl.)Lem. 常绿木质藤本,茎赤褐色,圆柱形,有皮孔;小枝被黄色柔毛,老时渐无毛。叶革质或近革质,椭圆形至卵状椭圆形或宽倒卵形,长 2~10 cm,宽 1~4.5 cm,顶端锐尖至渐尖或钝,有时微凹或有小凸尖,基部渐狭至钝,叶面尤毛,叶背被疏短柔毛,老渐无毛;叶面中脉微凹,侧脉扁平,叶背中脉突起,侧脉每边 6~12 条,扁平或稍突起;叶柄短,被短柔毛,老渐无毛;叶柄内和叶腋外腺体钻形,长约 1 mm。二歧聚伞花序腋生或顶生,花多朵组成圆锥状,与叶等长或较长;花白色,芳香;总花梗长 2~5 cm,被柔毛,老时渐无毛;苞片及小苞片狭披针形,长 1~2 mm;花萼 5 深裂,裂片线状披针形,顶部反卷,长 2~5 mm,外面被有长柔毛及缘毛,内面无毛,基部具 10 枚鳞片状腺体;花蕾顶端钝,花冠筒圆筒形,中部膨大,外面无毛,内面在喉部及雄蕊着生处被短柔毛,长 5~10 mm,花冠裂片长 5~10 mm,无毛;雄蕊着生在花冠筒中部,腹部黏生在柱头上,花药箭头状,基部具耳,隐藏在花喉内;花盘环状 5 裂与子房等长;子房由 2 枚离生心皮组成,无毛,花柱圆柱状,柱头卵圆形,顶端全缘;每心皮有胚珠多颗,着生于 2 个并生的侧膜胎座上。蓇葖双生,叉开,无毛,线状披针形,向先端渐尖,长 10~20 cm,

宽 3 ~ 10 mm;种子多粒,褐色,线形,长 1.5 ~ 2 cm,直径约 2 mm,顶端具白色绢质种毛;种毛长 1.5 ~ 3 cm。花期 3 ~ 7 月,果期 7 ~ 12 月。

石血

拉丁学名:*Trachelospermum jasminoides* (Lindl.) Lem. var. heterophyllum Tsiang. 常绿木质藤本;茎皮褐色,嫩枝被黄色柔毛;茎和枝条以气根攀缘于树木、岩石或墙壁上。叶对生,具短柄,异形叶,通常披针形,长 4 ~ 8 cm,宽 0.5 ~ 3 cm,叶面深绿色,叶背浅绿色,叶面无毛,叶背被疏短柔毛;侧脉两面扁平。花白色;萼片长圆形,外面被疏柔毛;花冠高脚碟状,花冠筒中部膨大,外面无毛,内面被柔毛;花药内藏。花期夏季,果期秋季。

64 萝藦科

拉丁学名:*Asclepiadaceae* 多年生藤本、直立或攀缘灌木;根部木质或肉质呈块状。叶对生或轮生,具柄,全缘,羽状脉;叶柄顶端通常具有丛生的腺体,通常无托叶。聚伞花序通常伞形,有时成伞房状或总状,腋生或顶生;种子多数,其顶端具有丛生的白色绢质的种毛。

苦绳

拉丁学名:*Dregea sinensis* Hemsl. 攀缘木质藤本;茎具皮孔;幼枝具褐色绒毛。叶纸质、卵状心形或近圆形,基部心形,长 5 ~ 11 cm,叶面被短柔毛,老渐无毛,叶背被绒毛;侧脉每边约 5 条;叶柄长 1.5 ~ 4 cm,被绒毛,顶端具丛生小腺体。伞状聚伞花序腋生,着花多达 20 朵;萼片卵圆形至卵状长圆形,内面基部有腺体;花冠辐状,直径达 1.6 cm,外面白色,内面紫红色,冠片卵圆形,长 6 ~ 7 mm,宽 4 ~ 6 mm,顶端钝而有微凹,有缘毛。内部形态副花冠裂片肉质肿胀,端部内角锐尖;花药顶端有膜片;花粉块长圆形,直立;子房无毛,心皮离生,柱头圆锥状,基部五角形,顶端 2 裂。蓇葖果狭披针形,长 5 ~ 6 cm,直径约 1.2 cm,外果皮具波纹,被短柔毛;种子扁平,卵状长圆形,长约 9 mm,宽约 5 mm,顶端种毛长约 2 cm。花期 4 ~ 8 月,果期 7 ~ 10 月。

杠柳

拉丁学名:*Periploca sepium* Bunge. 落叶灌木,外皮灰棕色,内皮浅黄色。具乳汁,除花外,全株无毛;茎皮灰褐色;小枝通常对生,有细条纹,具皮孔。叶卵状长圆形,长 5 ~ 9 cm,宽 1.5 ~ 2.5 cm,顶端渐尖,基部楔形,叶面深绿色,叶背淡绿色;中脉在叶面扁平,在叶背微突起,侧脉纤细,两面扁平,每边 20 ~ 25 条;叶柄长约 3 mm。聚伞花序腋生,着花数朵;花序梗和花梗柔弱;花萼裂片卵圆形,长约 3 mm,宽约 2 mm,顶端钝,花萼内面基部有 10 个小腺体;花冠紫红色,辐状,张开直径约 1.5 cm,花冠筒短,长约 3 mm,裂片长圆状披针形,长约 8 mm,宽约 4 mm,中间加厚呈纺锤形,反折,内面被长柔毛,外面无毛;雄蕊着生在副花冠内面,并与其合生,彼此黏连并包围着柱头,背面被长柔毛。蓇葖 2,圆柱状,长 7～12 cm,直径约 5 mm,无毛,具有纵条纹;种子长圆形,长约 7 mm,宽约 1 mm,黑褐色,顶端具白色绢质种毛;种毛长约 3 cm。花期 5～6 月,果期 7～9 月。

65 紫草科

拉丁学名:*Boraginaceae* 多数为草本,较少为灌木或乔木,一般被有硬毛或刚毛。叶为单叶,互生,极少对生,全缘或有锯齿,不具托叶。花序为聚伞花序或镰状聚伞花序,极少花单生,有苞片或无苞片。花两性,辐射对称,很少左右对称;果实为含 1～4 粒种子的核果。种子直立或斜生,种皮膜质,无胚乳,胚伸直,很少弯曲,子叶平,肉质,胚根在上方。

粗糠树

拉丁学名:*Ehretia macrophylla* Wall. 落叶乔木,树皮灰褐色,纵裂;枝条褐色,小枝淡褐色,均被柔毛。叶宽椭圆形、椭圆形、卵形或倒卵形,长 8～25 cm,宽 5～15 cm,先端尖,基部宽楔形或近圆形,边缘具开展的锯齿,上面密生具基盘的短硬毛,极粗糙,下面密生短柔毛;叶柄长 1～4 cm,被柔毛。聚伞花序顶生,呈伞房状或圆锥状,宽 6～9 cm,具苞片或无;花无梗或近无梗;苞片线形,长约 5 mm,被柔毛;花萼长 3.5～4.5 mm,裂至近中部,裂片卵形或长圆形,具柔毛;花冠筒状钟形,白色至淡黄色,芳香,长 8～10 mm,基部直径约 2 mm,喉部直径 6～7 mm,裂片长圆形,长 3～4 mm,比筒部短;雄蕊伸出花冠外,花药长 1.5～2 mm;花柱长 6～9 mm,无毛,分枝长 1～1.5 mm。核果黄色,近球形,直径 10～15 mm,内果皮成熟时分裂为 2 个具 2 粒种子的分核。花期 3～5 月,果期 6～7 月。

厚壳树

拉丁学名:*Ehretia thyrsiflora* (Sieb. et Zucc.) Nakai 落叶乔木,具条裂的黑灰色树皮;枝淡褐色,平滑,小枝褐色,无毛,有明显的皮孔;腋芽椭圆形,扁平,通常单一。叶椭圆形、倒卵形或长圆状倒卵形,长 5～13 cm,宽 4～5 cm,先端尖,基部宽楔形,边缘有整齐的锯齿,齿端向上而内弯,无毛;叶柄长 1.5～2.5 cm,无毛。聚伞花序圆锥状,长 8～15 cm,宽 5～8 cm,被短毛或近无毛;花多数,密集,小形,芳香;花萼长 1.5～2 mm,裂片卵形,具缘毛;花冠钟状,白色,长 3～4 mm,裂片长圆形,开展,长 2～2.5 mm,较筒部长;雄蕊伸出花冠外,花药卵形,花丝长 2～3 mm,着生花冠筒基部以上 0.5～1 mm 处。核果黄色或橘黄色,直径 3～4 mm;核具皱褶,成熟时分裂为 2 个具 2 粒种子的分核。

66 马鞭草科

拉丁学名:*Verbenaceae* 灌木或乔木,稀为草本。幼茎常四棱形;单叶或复叶;对生,无托叶;花两性,两侧对称,常二唇形;花序多样,花萼 4～5 裂,筒状连合,宿存;花瓣 4～5,覆瓦状排列;雄蕊 4,常 2 强,生于花冠筒上;有花盘但不显著;子房上位,通常由 2 心皮组成,全缘或 4 裂,2～4 室,少有 2～10 室,每室有 1～2 胚珠。核果或浆果,小坚果;无胚乳。

华紫珠

拉丁学名:*Callicarpa cathayana*　灌木,小枝纤细,幼嫩稍有星状毛,老后脱落。叶片椭圆形或卵形,长 4~8 cm,宽 1.5~3 cm,顶端渐尖,基部楔形,两面近于无毛,而有显著的红色腺点,侧脉 5~7 对,在两面均稍隆起,细脉和网脉下陷,边缘密生细锯齿;叶柄长 4~8 mm。聚伞花序细弱,宽约 1.5 cm,3~4 次分歧,略有星状毛,花序梗长 4~7 mm,苞片细小;花萼杯状,具星状毛和红色腺点,萼齿不明显或钝三角形;花冠紫色,疏生星状毛,有红色腺点,花丝等于或稍长于花冠,花药长圆形,长约 1.2 mm,药室孔裂。果实球形,紫色,径约 2 mm。花期 5~7 月,果期 8~11 月。

老鸦糊

拉丁学名:*Callicarpa giraldii*　灌木,小枝圆柱形,灰黄色,被星状毛。叶片纸质,宽椭圆形至披针状长圆形,长 5~15 cm,宽 2~7 cm,顶端渐尖,基部楔形或下延成狭楔形,边缘有锯齿,表面黄绿色,稍有微毛,背面淡绿色,疏被星状毛和细小黄色腺点,侧脉 8~10 对,主脉、侧脉和细脉在叶背隆起,细脉近平行;叶柄长 1~2 cm。聚伞花序宽 2~3 cm,4~5 次分歧,被毛与小枝同;花萼钟状,疏被星状毛,老后常脱落,具黄色腺点,长约 1.5 mm,萼齿钝三角形;花冠紫色,稍有毛,具黄色腺点,长约 3 mm;雄蕊长约 6 mm,花药卵圆形。果实球形,初时疏被星状毛,熟时无毛,紫色,径 2.5~4 mm。花期 5~6 月,果期 7~11 月。

紫珠

拉丁学名:*Callicarpa bodinieri* Levl.　灌木,小枝、叶柄和花序均被粗糠状星状毛。叶片卵状长椭圆形至椭圆形,长 7~18 cm,宽 4~7 cm,顶端长渐尖至短尖,基部楔形,边缘有细锯齿,表面干后暗棕褐色,有短柔毛,背面灰棕色,密被星状柔毛,两面密生暗红色或红色细粒状腺点;叶柄长 0.5~1 cm。

聚伞花序宽 3~4.5 cm,4~5 次分歧,花序梗长不超过 1 cm;苞片细小,线形;花柄长约 1 mm;花萼长约 1 mm,外被星状毛和暗红色腺点,萼齿钝三角形;花冠紫色,长约 3 mm,被星状柔毛和暗红色腺点;雄蕊长约 6 mm,花药椭圆形,细小,药隔有暗红色腺点,药室纵裂;子房有毛。果实球形,熟时紫色,无毛。花期 6~7 月,果期 8~11 月。

窄叶紫珠

拉丁学名:*Callicarpa japonica* Thunb var. angustata Rehd　叶片质地较薄,倒披针形或披针形,绿色或略带紫色,长 6~10 cm,宽 2~3 cm,两面常无毛,有不明显的腺点,侧脉 6~8 对,边缘中部以上有锯齿;叶柄长不超过 0.5 cm。聚伞花序宽约 1.5 cm,花序梗长约 6 mm;萼齿不显著,花冠长约 3.5 mm,花丝与花冠约等长,花药长圆形,药室孔裂。果实径约 3 mm。花期 5~6 月,果期 7~10 月。

臭牡丹

拉丁学名:*Clerodendrum bungei* Sterd. 灌木,有臭味;花序轴、叶柄密被褐色、黄褐色或紫色脱落性的柔毛;小枝近圆形,皮孔显著。叶对生,叶片纸质,宽卵形或卵形,长8~20 cm,宽5~15 cm,顶端尖或渐尖,基部宽楔形、截形或心形,边缘具粗或细锯齿,侧脉4~6对,表面散生短柔毛,背面疏生短柔毛和散生腺点或无毛,基部脉腋有数个盘状腺体;叶柄长4~17 cm。房状聚伞花序顶生,密集;苞片叶状,披针形或卵状披针形,长约3 cm,早落或花时不落,早落后在花序梗上残留突起的痕迹,小苞片披针形,长约1.8 cm;花萼钟状,长2~6 mm,被短柔毛及少数盘状腺体,萼齿三角形或狭三角形,长1~3 mm;花冠淡红色、红色或紫红色,花冠管长2~3 cm,裂片倒卵形,长5~8 mm;雄蕊及花柱均突出花冠外;花柱短于、等于或稍长于雄蕊;柱头2裂,子房4室。核果近球形,径0.6~1.2 cm,成熟时蓝黑色。花、果期5~11月。

臭梧桐

拉丁学名:*C. trichotomum* Thunb. 灌木或小乔木,幼枝、叶柄、花序轴等多少被黄褐色柔毛或近于无毛,老枝灰白色,具皮孔,髓白色,有淡黄色薄片状横隔。叶片纸质,卵形、卵状椭圆形或三角状卵形,长5~16 cm,宽2~13 cm,顶端渐尖,基部宽楔形至截形,偶有心形,表面深绿色,背面淡绿色,两面幼时被白色短柔毛,老时表面光滑无毛,背面仍被短柔毛或无毛,或沿脉毛较密,侧脉3~5对,全缘或有时边缘具波状齿;叶柄长2~8 cm。伞房状聚伞花序顶生或腋生,通常二歧分枝,疏散,末次分枝着花3朵,花序长8~18 cm,花序梗长3~6 cm,多少被黄褐色柔毛或无毛;苞片叶状,椭圆形,早落;花萼蕾时绿白色,后紫红色,基部合生,中部略膨大,顶端尖;花香,花冠白色或带粉红色,花冠管细,长约2 cm,顶端5裂,裂片长椭圆形,长5~10 mm,宽3~5 mm;雄蕊4,花丝与花柱同伸出花冠外。核果近球形,径6~8 mm,成熟时外果皮蓝紫色。花、果期6~11月。

豆腐柴

拉丁学名:*Premna microphylla* Turcz. 直立灌木;幼枝有柔毛,老枝变无毛。叶揉后有臭味,卵状披针形、椭圆形、卵形或倒卵形,长3~13 cm,宽1.5~6 cm,顶端急尖至长渐尖,基部渐狭窄下延至叶柄两侧,全缘至有不规则粗齿,无毛至有短柔毛;叶柄长0.5~2 cm。聚伞花序组成顶生塔形的圆锥花序;花萼杯状,绿色,有时带紫色,密被毛至几无毛,但边缘常有睫毛,近整齐的5浅裂;花冠淡黄色,外有柔毛和腺点,花冠内部有柔毛,以喉部较密。核果紫色,球形至倒卵形。花、果期5~10月。

黄荆

拉丁学名:*Vitex negundo* L. 落叶灌木或小乔木,小枝四棱形,密生灰白色绒毛。掌状复叶,小叶5,少有3;小叶片长圆状披针形至披针形,顶端渐尖,基部楔形,全缘或每边有少数粗锯齿,表面绿色,背面密生灰白色绒毛;中间小叶长4~13 cm,宽1~4 cm,两侧小叶依次递小,若具5小叶时,中间3片小叶有柄,最外侧的2片小叶无柄或近于无柄。

聚伞花序排成圆锥花序式,顶生,长 10～27 cm,花序梗密生灰白色绒毛;花萼钟状,顶端有 5 裂齿,外有灰白色绒毛;花冠淡紫色,外有微柔毛,顶端 5 裂,二唇形;雄蕊伸出花冠管外。核果近球形,黑色,径约 2 mm;宿萼接近果实的长度。花期 4～6 月,果期 7～10 月。

牡荆

拉丁学名:*Vitex negundo* L.　落叶灌木或小乔木,多分枝,有香味。新枝四方形,密被细毛。新叶为绿色,花淡紫色,着生于当年生枝端。叶对生,间有 3 叶轮生;掌状 5 出复叶,枝端间有 3 出复叶;中间 3 小叶披针形,长 6～10 cm,宽 2～3 cm,基部楔形;先端长尖,边具粗锯齿;两面绿色,并有细微油点,两面沿叶脉有短细毛,嫩叶背面毛较密;两侧小叶卵形,长为中间小叶的 1/4～2/4;总叶柄长 3～6 cm,密被黄色细毛。圆锥状花序顶生或侧生,长至 30 cm,密被粉状细毛;小苞细小,线形,有毛,着生于花梗基部;花萼钟状,上端 5 裂;花冠淡紫色,长约 6 mm 或稍长,外面细毛密生,上端裂成 2 唇,上唇 2 裂,下唇 3 裂;雄蕊 4,2 强,伸出花管;子房球形,柱头 2 裂。浆果黑色,宿萼包蔽过半。花期 7～8 月。

67 玄参科

拉丁学名:*Scrophulariaceae*　草本、灌木或少有乔木。叶互生、下部对生而上部互生、或全对生、或轮生,无托叶。花序总状、穗状或聚伞状,常合成圆锥花序,向心或更多离心。花常不整齐;萼下位,常宿存,5 少有 4 基数;果为蒴果,少有浆果状,生于一游离的中轴上或着生于果片边缘的胎座上;种子细小,有时具翅或有网状种皮,脐点侧生或在腹面,胚乳肉质或缺少;胚伸直或弯曲。

兰考泡桐

拉丁学名:*Paulownia elongata*　落叶乔木,树干通直,树冠宽阔、圆卵形或扁球形。树冠宽圆锥形,全体具有星状绒毛;小枝褐色,有突起的皮孔;叶片通常卵状心脏形,顶端渐狭长而锐头,基部心脏形或近圆形,上面毛不久脱落,下面密被无柄的树枝状毛;花序枝的侧枝不发达,花序金字塔形,聚伞花序,萼倒圆锥形,基部渐狭,分裂,管部的毛易脱落;花冠漏斗状钟形,紫色至粉白色;子房和花柱有腺体;蒴果卵形,种子有翅;连翅长 5～6 mm。主干通直,树冠分两棚。树冠稀疏,发叶晚,根系深,生长快。花期 4～5 月,果期秋季。

楸叶泡桐

拉丁学名:*Paulownia catalpifolia* Gong Tong　大乔木,树冠为高大圆锥形,树干通直。叶片通常长卵状心脏形,长为宽的 2 倍,顶端长渐尖,全缘或波状而有角,上面无毛,下面密被星状绒毛。花序枝的侧枝不发达,花序金字塔形或狭圆锥形,长一般在 35 cm 以下,小聚伞花序有明显的总花梗,与花梗近等长;萼浅钟形,在开花后逐渐脱毛,浅裂达 1/3～2/5 处,萼齿三角形或卵圆形;花冠浅紫色,长 7～8 cm,较细,管状漏斗形,内部常密布紫色细斑点。蒴果椭圆形,幼时被星状绒毛,长4.5~5.5 cm,果皮厚达3 mm。花期4月,果期7~8月。

本种和兰考泡桐相近,但后者叶形较宽,卵状心脏形,长和宽几相等或长稍大于宽;花冠漏斗状钟形,较宽,顶端直径4~5 cm;果实卵形。和白花泡桐的区别在于后者花冠在基部不突然膨大,而逐渐向上扩大,稍稍向前曲,腹部无明显纵褶;果实较大,长6~10 cm,长圆形或长圆状椭圆形。

白花泡桐

拉丁学名:*Paulownia fortunei*（Seem.）Hemsl.　乔木树冠圆锥形,主干直,树皮灰褐色;幼枝、叶、花序各部和幼果均被黄褐色星状绒毛,但叶柄、叶片上面和花梗渐变无毛。叶片长卵状心脏形,有时为卵状心脏形,长达20 cm,顶端长渐尖或锐尖头,其凸尖长达2 cm,新枝上的叶有时2裂,下面有星毛及腺,成熟叶片下面密被绒毛,叶柄长达12 cm。花序枝几无或仅有短侧枝,故花序狭长几成圆柱形,长约25 cm,小聚伞花序有花3~8朵,总花梗几与花梗等长,或下部者长于花梗,上部者略短于花梗;萼倒圆锥形,长2~2.5 cm,花后逐渐脱毛,分裂至1/4或1/3处,萼齿卵圆形至三角状卵圆形,至果期变为狭三角形;花冠管状漏斗形,白色仅背面稍带紫色或浅紫色,长8~12 cm,管部在基部以上不突然膨大,而逐渐向上扩大,稍稍向前曲,外面有星状毛,腹部无明显纵褶,内部密布紫色细斑块;雄蕊长3~3.5 cm,有疏腺。蒴果长圆形或长圆状椭圆形,长6~10 cm,果皮木质,厚3~6 mm;种子连翅长6~10 mm。花期3~4月,果期7~8月。

毛泡桐

拉丁学名:*Paulownia tomentosa*（Thunb.）Steud.　乔木,树冠宽大伞形,树皮褐灰色;小枝有明显皮孔,幼时常具黏质短腺毛。叶片心脏形,长达40 cm,顶端锐尖头,全缘或波状浅裂,上面毛稀疏,下面毛密或较疏,老叶下面的灰褐色树枝状毛常具柄和3~12条细长丝状分枝,新枝上的叶较大,其毛常不分枝,有时具黏质腺毛;叶柄常有黏质短腺毛。花序枝的侧枝不发达,长约为中央主枝的一半,故花序为金字塔形或狭圆锥形,长一般在50 cm以下,少有更长,小聚伞花序的总花梗长1~2 cm,几与花梗等长,具花3~5朵;萼浅钟形,长约1.5 cm,外面绒毛不脱落,分裂至中部或裂过中部,萼齿卵状长圆形,在花中锐头或稍钝头至果中钝头;花冠紫色,漏斗状钟形,长5~7.5 cm。雄蕊长达2.5 cm;子房卵圆形,有腺毛,花柱短于雄蕊。蒴果卵圆形,幼时密生黏质腺毛,长3~4.5 cm,宿萼不反卷,果皮厚约1 mm;种子连翅长2.5~4 mm。花期4~5月,果期8~9月。

该种在被毛疏密、花枝及花冠大小、萼齿尖钝等方面常因生境和海拔高低而有变异,生长在海拔较高处,有花枝变小、萼齿在花期较钝、花冠稍短缩的趋势。

68 紫葳科

拉丁学名:*Bignoniaceae*　乔木、灌木或藤本植物,少为草本。叶对生或轮生,单叶或

1~3回羽状复叶,无托叶。花两性,二唇形,单生或总状花序或圆锥花序,花萼钟形,上部平截或5齿裂,花冠合瓣,5裂,裂片覆瓦状排列,呈二唇形,上唇2裂,下唇3裂,雄蕊与花冠裂片互生,着生于花冠筒上,花粉长球形或扁球形。

凌霄花

拉丁学名:*Campsis grandiflora* 攀缘藤本,茎木质,表皮脱落,枯褐色。叶对生,为奇数羽状复叶;小叶7~9枚,卵形至卵状披针形,顶端尾状渐尖,基部阔楔形,两侧不等大,长3~6 cm,宽1.5~3 cm,侧脉6~7对,两面无毛,边缘有粗锯齿;叶轴长4~13 cm;小叶柄长约5 mm。顶生疏散的短圆锥花序,花序轴长15~20 cm。花萼钟状,长约3 cm,分裂至中部,裂片披针形,长约1.5 cm。花冠内面鲜红色,外面橙黄色,长约5 cm,裂片半圆形。雄蕊着生于花冠筒近基部,花丝线形,细长,长2~2.5 cm,花药黄色,"个"字形着生。花柱线形,长约3 cm,柱头扁平,蒴果顶端钝。花期5~8月。

灰楸

拉丁学名:*Catalpa fargesii* Bur. 落叶乔木,幼枝、花序、叶柄均有分枝毛;树皮粗糙,灰褐色至灰白色,有纵纹及裂隙,并有少数圆形突起的皮孔;叶对生;叶柄长3~10 cm;叶片厚纸质,先端渐尖,基部截形或微心形,侧脉4~5对,基部有3出脉,叶幼时表面微有分枝毛,背面较密,以后变无毛;顶生伞房状总状花序,有花7~15朵;花萼2裂至近基部,裂片卵圆形;花冠淡红色至淡紫色,长约3.2 cm;雄蕊2枚,内藏,退化雄蕊3枚,花丝着生于花冠基部;花柱丝形,长约2.5 cm;蒴果细圆柱形,下垂;果片革质,2裂;种子椭圆状线形,薄膜质。花期3~5月,果期6~11月。

梓树

拉丁学名:*Catalpa ovata* G. Don. (《Flora of China》) 落叶乔木,树冠伞形,主干通直平滑,呈暗灰色或者灰褐色,嫩枝具稀疏柔毛。圆锥花序顶生,长10~18 cm,花序梗,微被疏毛,长12~28 cm;花梗长3~8 mm,疏生毛;花萼圆球形,2唇开裂,长6~8 mm;花萼2裂,裂片广卵形,顶端锐尖。蒴果线形,下垂,深褐色,长20~30 cm,粗5~7 mm,冬季不落;叶对生或近于对生,有时轮生,叶阔卵形,长宽相近,长约25 cm,顶端渐尖,基部心形,全缘或浅波状。花柱丝形,柱头2裂。花期6~7月,果期8~10月。

69 茜草科

拉丁学名:*Rubiaceae* 乔木、灌木或草本,有时为藤本,少数为具肥大块茎的适蚁植物;叶对生或有时轮生,有时具不等叶性,通常全缘,极少有齿缺;托叶通常生叶柄间,较少生叶柄内,浆果、蒴果或核果,或干燥而不开裂,或为分果。

香果树

拉丁学名:*Emmenopterys Henryi* Oliv. 落叶大乔木,树皮灰褐色,鳞片状;小枝有皮孔,粗壮,扩展。叶纸质或革质,阔椭圆形、阔卵形或卵状椭圆形,长 6 ~ 30 cm,宽 3.5 ~ 14.5 cm,顶端短尖或骤然渐尖,基部短尖或阔楔形,全缘,上面无毛或疏被糙伏毛,下面较苍白;托叶大,三角状卵形,早落。圆锥状聚伞花序顶生;花芳香,花梗长约 4 mm;萼管长约 4 mm,裂片近圆形,具缘毛,脱落,变态的叶状萼裂片呈白色、淡红色或淡黄色,纸质或革质,匙状卵形或广椭圆形;花丝被绒毛。蒴果长圆状卵形或近纺锤形,长 3 ~ 5 cm,径 1 ~ 1.5 cm,无毛或有短柔毛,有纵细棱;种子多数,小而有阔翅。花期 6 ~ 8 月,果期 8 ~ 11 月。

70 忍冬科

拉丁学名:*Caprifoliaceae* 灌木或木质藤本,有时为小乔木或小灌木,落叶或常绿,很少为多年生草本。茎干有皮孔或否,有时纵裂,木质松软,常有发达的髓部。叶对生,很少轮生,多为单叶,全缘、具齿或有时羽状或掌状分裂,具羽状脉,极少具基部或离基 3 出脉或掌状脉,有时为单数羽状复叶;叶柄短,有时两叶柄基部连合,通常无托叶,有时托叶形小而不显著或退化成腺体。果实为浆果、核果或蒴果,具 1 至多数种子;种子具骨质外种皮,平滑或有槽纹,内含 1 枚直立的胚和丰富、肉质的胚乳。

六道木

拉丁学名:*Abelia dielsii* Rehb. 落叶灌木,幼枝被倒生硬毛,老枝无毛;叶矩圆形至矩圆状披针形,长 2 ~ 6 cm,宽 0.5 ~ 2 cm,顶端尖至渐尖,基部钝至渐狭成楔形,全缘或中部以上羽状浅裂而具 1 ~ 4 对粗齿,上面深绿色,下面绿白色,两面疏被柔毛,脉上密被长柔毛,边缘有睫毛;叶柄长 2 ~ 4 mm,基部膨大且成对相连,被硬毛。花粉红色,7 ~ 9 月花开不断。幼枝带红褐色,被倒生刚毛。叶对生或 3 叶轮生,叶长圆形或长圆状披针形,全缘或疏生粗齿,具缘毛。双花生于枝梢叶腋,无总梗。花萼筒被短刺毛,裂片 4。花冠白色至淡红色,裂片 4。果微弯,疏被刺毛。花期 5 月,果期 8 ~ 9 月。

南方六道木

拉丁学名:*Zabelia dielsii*（Graebn.）Makino 落叶灌木,当年生小枝红褐色,老枝灰白色。叶长卵形、矩圆形、倒卵形、椭圆形至披针形,变化幅度很大,长 3 ~ 8 cm,宽 0.5 ~ 3 cm,嫩时上面散生柔毛,下面除叶脉基部被白色粗硬毛外,光滑无毛,顶端尖或长渐尖,基部楔形、宽楔形或钝圆形,全缘或有 1 ~ 6 对齿牙,具缘毛;叶柄长 4 ~ 7 mm,基部膨大,散生硬毛。花 2 朵生于侧枝顶部叶腋。果实长 1 ~ 1.5 cm;种子柱状。花期 4 月下旬至 6 月上旬,果熟期 8 ~ 9 月。

二翅六道木

拉丁学名:*Abelia macrotera* Rehd. 落叶灌木,幼枝红褐色,光滑。叶卵形至椭圆状卵形,长 3 ~ 8 cm,宽 1.5 ~ 3.5 cm,顶端渐尖或长渐尖,基部钝圆形或阔楔形至楔形,边缘具疏锯齿及睫毛,上面绿色,叶脉下陷,疏生短柔毛,下面灰绿色,中脉及侧脉基部密生白色柔毛。聚伞花序常由未伸展的带叶花枝所构成,含数朵花,生于小枝顶端或上部叶腋;花大,长 2.5～5 cm;苞片红色,披针形。果实长 0.6～1.5 cm,被短柔毛。花期 5～6 月,果熟期 8～10 月。

糯米条

拉丁学名:*Abelia chinensis* R. Br.　落叶多分枝灌木,嫩枝纤细,红褐色,被短柔毛,老枝树皮纵裂。叶有时 3 枚轮生,圆卵形至椭圆状卵形,顶端急尖或长渐尖,基部圆形或心形,长 2～5 cm,宽 1～3.5 cm,边缘有稀疏圆锯齿,上面初时疏被短柔毛,下面基部主脉及侧脉密被白色长柔毛,花枝上部叶向上逐渐变小。聚伞花序生于小枝上部叶腋,由多数花序集合成圆锥状花簇,总花梗被短柔毛,果期光滑;花芳香,具 3 对小苞片;小苞片矩圆形或披针形,具睫毛;果实具宿存而略增大的萼裂片。

忍冬

拉丁学名:*Lonicera japonica* Thunb.　半常绿藤本;幼枝淡红褐色,密被黄褐色、开展的硬直糙毛、腺毛和短柔毛,下部常无毛。叶纸质,卵形至矩圆状卵形,有时卵状披针形,极少有 1 至数个钝缺刻,长 3～5 cm,顶端尖或渐尖,少有钝、圆或微凹缺,基部圆形或近心形,有糙缘毛,上面深绿色,下面淡绿色,小枝上部叶通常两面均密被短糙毛,下部叶常平滑无毛而下面多少带青灰色;叶柄长 4～8 mm,密被短柔毛。总花梗通常单生于小枝上部叶腋,与叶柄等长或稍短,下方者则长达 2～4 cm,密被短柔毛,并夹杂腺毛;苞片大,叶状,卵形至椭圆形,长达 2～3 cm,两面均有短柔毛或有时近无毛。果实圆形,直径 6～7 mm,熟时蓝黑色,有光泽;种子卵圆形或椭圆形,褐色,长约 3 mm,中部有一突起的脊,两侧有浅的横沟纹。花期 4～6 月,果熟期 10～11 月。

接骨木

拉丁学名:*Sambucus williamsii*　落叶灌木或小乔木,老枝淡红褐色,具明显的长椭圆形皮孔,髓部淡褐色。羽状复叶,有小叶 2～3 对,有时仅 1 对或多达 5 对,侧生小叶片卵圆形、狭椭圆形至倒矩圆状披针形,长 5～15 cm,宽 1.2～7 cm,顶端尖、渐尖至尾尖,边缘具不整齐锯齿,有时基部或中部以下具 1 至数枚腺齿,基部楔形或圆形,有时心形,两侧不对称,最下一对小叶有时具长约 0.5 cm 的柄,顶生小叶卵形或倒卵形,顶端渐尖或尾尖,基部楔形,具长约 2 cm 的柄,初时小叶上面及中脉被稀疏短柔毛,后光滑无毛,叶搓揉后有臭气;托叶狭带形,或退化成带蓝色的突起。花与叶同出,圆锥形聚伞花序顶生,长 5～11 cm,宽 4～14 cm,具总花梗,花序分枝多成直角开展,有时被稀疏短柔毛,随即光滑无毛。果实红色,极少蓝紫黑色,卵圆形或近圆形,直径 3～5 mm;分核 2～3 枚,卵圆形至椭圆形,长 2.5～3.5 mm,略有皱纹。花期一般 4～5 月,果熟期 9～10 月。

宜昌荚蒾

拉丁学名:*Viburnum erosum* Thunb.　落叶灌木,幼枝密被星状毛和柔毛,冬芽小而有毛。叶对生;叶柄长 3 ~ 5 mm,有钻形托叶;叶纸质,卵形至卵状披针形,长 3.5 ~ 7 cm,宽 1.5 ~ 3.5 cm,先端渐尖,基部心形,边缘有牙齿,叶面粗糙,上面疏生有疣基的叉毛,下面密生星状毡毛,近基部两侧有少数腺体,侧脉 6 ~ 9 对,伸达齿端,与叶主脉在叶上面凹陷,在下面突起。核果卵圆形,长约 7 mm,红色;核扁,具 3 条浅腹沟和 2 条浅背沟。花期 4 ~ 5 月,果期 6 ~ 9 月。

参 考 文 献

[1] 郑万钧,傅立国. 中国植物志第七卷[M]. 北京:科学出版社,1978.

[2] 王战,方振富. 中国植物志第二十卷[M]. 北京:科学出版社,1984.

[3] 匡可任,李沛琼. 中国植物志第二十一卷[M]. 北京:科学出版社,1979.

[4] 陈焕镛,黄成就. 中国植物志第二十二卷[M]. 北京:科学出版社,1998.

[5] 张秀实,吴征镒. 中国植物志第二十三卷[M]. 北京:科学出版社,1998.

[6] 丘华兴,林有润. 中国植物志第二十四卷[M]. 北京:科学出版社,1988.

[7] 关可俭. 中国植物志第二十七卷[M]. 北京:科学出版社,1979.

[8] 应俊生. 中国植物志第二十九卷[M]. 北京:科学出版社,2001.

[9] 刘玉壶. 中国植物志第三十卷[M]. 北京:科学出版社,1996.

[10] 曾建飞,霍春雁. 中国植物志第一卷[M]. 北京:科学出版社,2004.

[11] 李锡文. 中国植物志第三十一卷[M]. 北京:科学出版社,1982.

[12] 张宏达. 中国植物志第三十五卷[M]. 北京:科学出版社,1979.

[13] 俞德俊. 中国植物志第三十六卷[M]. 北京:科学出版社,1974.

[14] 陈德昭. 中国植物志第三十九卷[M]. 北京:科学出版社,1988.

[15] 黄成就. 中国植物志第四十三卷[M]. 北京:科学出版社,1998.

[16] 李秉滔. 中国植物志第四十四卷[M]. 北京:科学出版社,1994.

[17] 郑勉,闵禄. 中国植物志第四十五卷[M]. 北京:科学出版社,1980.

[18] 方文培. 中国植物志第四十六卷[M]. 北京:科学出版社,1981.

[19] 刘玉壶,罗献瑞. 中国植物志第四十七卷[M]. 北京:科学出版社,1985.

[20] 陈艺林. 中国植物志第四十八卷[M]. 北京:科学出版社,1982.

[21] 张宏达. 中国植物志第四十九卷[M]. 北京:科学出版社,1989.

[22] 谷碎芝. 中国植物志第五十二卷[M]. 北京:科学出版社,1999.

[23] 何景,曾沧江. 中国植物志第五十四卷[M]. 北京:科学出版社,1978.

[24] 方文培,胡文光. 中国植物志第五十六卷[M]. 北京:科学出版社,1990.

[25] 方瑞征. 中国植物志第五十七卷[M]. 北京:科学出版社,1999.

[26] 陈介. 中国植物志第五十八卷[M]. 北京:科学出版社,1979.

[27] 李树刚. 中国植物志第六十卷[M]. 北京:科学出版社,1987.

[28] 张美珍,邱莲卿. 中国植物志第六十一卷[M]. 北京:科学出版社,1992.

[29] 蒋英,李秉滔. 中国植物志第六十三卷[M]. 北京:科学出版社,1977.

[30] 吴征镒. 中国植物志第六十四卷[M]. 北京:科学出版社,1989.

[31] 钟补求. 中国植物志第六十七卷[M]. 北京:科学出版社,1979.

[32] 王文采. 中国植物志第六十九卷[M]. 北京:科学出版社,1990.

[33] 罗献瑞. 中国植物志第七十一卷[M]. 北京:科学出版社,1999.

[34] 徐柄声. 中国植物志第七十二卷[M]. 北京:科学出版社,1988.

[35] 王遂义. 河南树木志[M]. 郑州:河南科学技术出版社,1991.